高等职业教育高水平专业群创新系列教材·机电类

数控编程技术

主　编　潘　冬
副主编　张晨亮　郝　凯　曹　健
主　审　李俊涛　赵小刚

北京理工大学出版社
BEIJING INSTITUTE OF TECHNOLOGY PRESS

内 容 提 要

本书将理论与实操融合到一起，适合于一体化教学。主要内容包括数控技术概述、数控编程基础、数控车床编程、数控铣床编程、加工中心编程、数控电火花线切割编程、数控特种加工技术等。本书列举了大量来自生产一线的数控加工编程实例，按照模块进行教学，实用性强，宗旨明确，紧密围绕数控编程加工这一主题展开。全书内容系统、完整，且编排轻重有度，在强化基础知识的同时，注重核心能力的培养，习题针对性强，有利于学生进行数控专业知识的学习和提高数控编程技能。

本书可作为高等院校数控技术应用专业的教材，也可作为机械制造、模具和机电一体化等专业的教学用书，还可作为从事数控技术工作的工程技术人员的参考用书。

版权专有 侵权必究

图书在版编目（CIP）数据

数控编程技术 / 潘冬主编. —北京：北京理工大学出版社，2021.2（2021.3重印）
ISBN 978-7-5682-9569-7

Ⅰ.①数… Ⅱ.①潘… Ⅲ.①数控机床—程序设计 Ⅳ.①TG659

中国版本图书馆CIP数据核字（2021）第031837号

出版发行 /	北京理工大学出版社有限责任公司
社　　址 /	北京市海淀区中关村南大街5号
邮　　编 /	100081
电　　话 /	（010）68914775（总编室）
	（010）82562903（教材售后服务热线）
	（010）68948351（其他图书服务热线）
网　　址 /	http://www.bitpress.com.cn
经　　销 /	全国各地新华书店
印　　刷 /	河北鸿祥信彩印刷有限公司
开　　本 /	787毫米×1092毫米　1/16
印　　张 /	19.5
字　　数 /	474千字
版　　次 /	2021年2月第1版　2021年3月第2次印刷
定　　价 /	49.80元

责任编辑 / 高雪梅
文案编辑 / 高雪梅
责任校对 / 周瑞红
责任印制 / 李志强

图书出现印装质量问题，请拨打售后服务热线，本社负责调换

前言

随着我国制造业的高速发展，机械产品的数量和品种不断增加，用户对产品的性能要求和精度要求越来越高。数控技术也得到了快速的发展，数控机床被广泛应用，培养能够熟练掌握数控机床编程、操作的应用型技术技能人才成为目前的迫切需求。

数控编程技术是机械类专业一门重要的专业核心课程，它对于提高学生的数控机床应用技能有重要的作用。本书按照打好基础、提升应用能力、符合高职培养目标的思路，结合编者多年的教学、培训经验编写。

本书系统介绍了数控加工工艺、FANUC 系统编程、SIEMENS 系统编程、数控特种加工技术等知识，并在每章后面都配有"思考练习"，以便于学生将所学的知识融会贯通。

本书的编写特点如下：

（1）紧密围绕数控编程技术这一主题展开，突出数控编程核心能力的培养；

（2）内容系统、完整，轻重有度，易于理解，便于学习及教学的开展；

（3）工艺、编程结合，解决典型零件的实际编程问题，实用性强。

本书注重理论知识的实际应用和学生实践能力的培养，从学生的认知规律出发，以适应培养生产一线应用型技术技能人才的需求。本书既有理论，又有大量典型实例，且精选的实例均经过实践检验，内容体系符合教学规律。本书通过对大量实例的讲述，重点突出数控加工工艺和数控加工编程等数控加工技术的基本思路与关键问题，使学生能够把握学习要点，基本掌握数控加工技术的方法与技巧，以提高解决实际问题的能力，具有较高的实用价值。

本书由陕西国防工业职业技术学院潘冬担任主编；由陕西服装工程学院郝凯、曹健，陕西国防工业职业技术学院张晨亮担任副主编。本书第 2、3、4、5 章由潘冬编写，第 1 章由郝凯编写，第 6 章由张晨亮编写，第 7 章由曹健编写。全书由陕西国防工业职业技术学院李俊涛、赵小刚担任主审,他们对本书提出了很多宝贵意见,在此衷心感谢!

在编写过程中,编者参阅和引用了有关院校、工厂、科研院所的一些资料和文献,并到相关企业进行了调研、学习,得到了许多同行专家、教授、工程技术人员的支持和帮助,在此深表感谢。同时对编写过程中参考的多部数控技术、数控加工工艺、数控加工编程及相关著作的作者表示深深的谢意。

由于编者经验不足,书中存在的缺漏之处在所难免,恳请广大读者批评指正。

编 者

目 录

第1章 数控技术概述 ·· 1
  1.1 数控机床简介 ··· 1
  1.2 数控加工工艺基础 ··· 12

第2章 数控编程基础 ·· 36
  2.1 数控编程概述 ··· 36
  2.2 数控机床坐标系 ·· 37
  2.3 编程格式 ··· 44

第3章 数控车床编程（FANUC系统） ·· 51
  3.1 数控车床介绍 ··· 51
  3.2 数控车床工艺基础及基本编程指令 ··· 54
  3.3 固定循环和复合循环编程指令 ··· 73
  3.4 数控编程应用实例 ··· 92

第4章 数控铣床编程（SIEMENS系统） ··· 113
  4.1 数控铣床介绍 ·· 113
  4.2 数控铣床基本指令编程 ·· 117
  4.3 孔加工固定循环功能指令编程 ··· 133
  4.4 子程序及特殊功能应用 ·· 144

4.5 数控铣床编程应用实例 151

第5章 加工中心编程 178
5.1 加工中心介绍 178
5.2 加工中心基本指令编程 187
5.3 子程序及特殊功能指令编程 212
5.4 加工中心编程实例 228

第6章 数控电火花线切割编程 246
6.1 电火花线切割概述 246
6.2 电火花线切割加工编程 249
6.3 数控电火花线切割编程实例 258

第7章 数控特种加工技术 266
7.1 特种加工概述 266
7.2 电火花加工 270
7.3 电化学加工 274
7.4 激光加工 279
7.5 电子束和离子束加工 283
7.6 超声加工 289
7.7 快速成型技术和3D打印 295
7.8 其他类特种加工 302

参考文献 306

第 1 章　数控技术概述

通过本章内容的学习,了解数控技术的发展过程、现状及发展趋势;熟悉数控机床的加工特点、性能指标;掌握数控机床的组成、工作原理、分类;掌握并能应用数控加工工艺进行刀具、夹具、量具的正确选择;掌握数控加工走刀路线的设计方法;掌握数控加工工艺规程的设计方法。

1.1　数控机床简介

数控机床是数字控制机床(Computer Numerical Control Machine Tools)的简称,是一种装有程序控制系统的自动化机床。该控制系统能够逻辑地处理具有控制编码或其他符号指令规定的程序,并将其译码,用代码化的数字表示,通过信息载体输入数控装置,经运算处理后由数控装置发出各种控制信号,控制机床的动作,按图纸要求的形状和尺寸,自动地将零件加工出来。

数控机床较好地解决了复杂、精密、小批量、多品种的零件加工问题,是一种柔性的、高效能的自动化机床,代表了现代机床控制技术的发展方向,是一种典型的机电一体化产品。

1.1.1　数控机床的产生与发展

1. 数控机床的产生

随着生产和科学技术的发展,机械产品日趋精密、复杂,而且改型频繁,因此,对加工机械产品的机床提出了新的要求,即高性能、高精度和高自动化。在机械产品中单体和小批量产品占 70%～80%。由于这类产品的生产要求机床与工艺装备具有较强的适应变化的能力,通用机床无法满足要求。1946 年第一台电子计算机的问世,为数控机床的产生奠定了基础。

数控机床最早产生于美国。1947 年数控机床的设想产生,是为了精确制作直升机叶片的样板。1949 年美国 PARSONS 公司和麻省理工学院开始研制数控机床,于 1952 年试制成了世界上第一台三坐标数控镗铣床。

2. 数控机床的发展

1952 年第一台数控机床问世后,随着微电子技术、控制技术、通信技术的不断发展,数控系统也在不断地更新换代,先后经历了电子管(1952 年)、晶体管(1959 年)、集成电路板（1965年）、小型计算机（1968年）、微处理器（1974年）和基于工程PC机的通用型CNC系统六代数控系统。其中，前三代为第一阶段称为硬件直接数控，简称为NC系统阶段；后三代为第二阶段称为计算机软件数控系统，简称为CNC系统阶段。我国从1958年由清华大学和北京机床研究所研制了第一台数控机床以来，也同样经历了六代历史。我国与世界上其他国家机床的发展情况对比见表1-1。

表1-1 我国与世界上其他国家机床的发展情况对比

	世界上其他国家产生年份	我国产生年份
第一代电子管数控系统	1952	1958
第二代晶体管数控系统	1959	1964
第三代集成电路板数控系统	1965	1972
第四代小型计算机数控系统	1968	1978
第五代微处理器数控系统	1974	1981
第六代基于工程PC机的通用型CNC系统	1990	1992

1.1.2 数控机床的工作原理及组成

1. 数控机床的工作原理

根据被加工零件图纸进行工艺分析，编制加工程序，将加工程序输入数控装置中完成轨迹插补运算，控制伺服系统机床本体的执行机构的运动轨迹，加工出符合零件图要求的工件。

图1-1所示为数控机床的主要工作流程。其主要流程为：加工程序编制、程序输入、轨迹插补运算、伺服控制和机床加工。

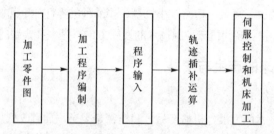

图1-1 数控机床的主要工作流程

（1）加工程序编制。加工程序编制前，首先根据被加工零件图纸所规定的零件形状、尺寸、材料及技术要求等，确定加工零件的工艺过程、工艺参数，然后用数控机床编程手册规定的代码和程序格式编写零件加工程序清单。

加工程序的编写方法通常有手工编程和自动编程两种，分别针对简单零件加工和复杂零件加工。

（2）程序输入。加工程序输入的方法根据数控机床输入装置不同而有所不同。数控装置读入过程有两种方式：一种是边读边加工，此为间歇式操作方法；另一种是将加工程序全部读入数控装置内部的存储器，加工时再从存储器中往外调用。

加工程序较短时，可用手动数据输入方式，即用键盘直接将程序输入到数控装置中。

（3）轨迹插补运算。加工程序输入到数控装置后，在控制软件的支持下，数控装置进行一系列处理和计算。运算结果以脉冲信号的形式输出到伺服系统中。

零件的开头是由直线、圆弧或其他曲线组成的，这就要求数控机床的刀具必须按零件形状和尺寸的要求进行运动，即按图形轨迹运动。所谓轨迹插补就是在线段的起点和终点的坐标之间进行数据点的密化，求出一系列中间点的坐标值，并向相应坐标输出脉冲信号。

（4）伺服控制和机床加工。数控装置输出插补脉冲信号经过信号转换，功率放大，通过伺服电机和机械传动机构，使机床的执行部件带动刀具进行加工，加工出满足图纸要求的零件。

2．数控机床的组成

如图 1-2 所示，数控机床的结构主要由输入输出设备、数控设备、伺服系统、辅助控制装置、测量反馈装置和机床本体等部分组成。

（1）输入输出设备。输入输出设备的主要作用是编制程序、输入数据和程序、输出显示和打印。这一部分的硬件有键盘、显示器、磁盘输入机、打印机等。高性能数控机床还包含自动编程机或 CAD/CAM 系统。

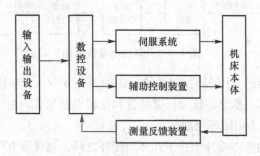

图 1-2　数控机床的主要结构

（2）数控设备。数控设备是数控机床的核心。其根据输入的数据和程序，完成数值计算、逻辑判断、轨迹插补等功能。数控设备一般由专用工业计算机及可编程控制器组成。可编程控制器主要完成机床辅助功能、主轴选速功能和换刀功能的控制。

（3）伺服系统。伺服系统包括伺服电动机、伺服控制线路、驱动电路和执行机构。其主要功能是将数控装置产生的脉冲信号转化为机床执行机构的速度和位移。伺服电动机可以是步进电动机、直流伺服电动机、交流伺服电动机。伺服控制和驱动电路为各自的相应电路。

（4）辅助控制装置。辅助控制装置主要包括自动换刀装置（ATC）、工作自动交换装置（APC）、自动排屑装置、冷却装置、工件装夹控制等部分。机床加工功能与类型不同，所包含的辅助控制装置部分也不同。

（5）测量反馈装置。测量反馈装置的主要功能是将机床本体执行机构的速度和位置信号测量出来反馈到数控装置中。常用的检测装置有脉冲编码器、旋转变压器、感应同步器、光栅、磁栅、磁尺等。

（6）机床本体。机床本体是被控制的对象，是数控机床的主体，一般都需要对它进行位移、速度和各种开关量的控制。它与普通机床相比较，同样由主传动机构、进给传动机构、工作台、床身及立柱等部分组成,但数控机床的整体布局、外观造型、传动机构、刀具系统及操作机构等方面都作了很大改进,具有良好的伺服性能。

1.1.3 数控机床的分类及性能指标

1. 数控机床的分类

数控机床的品种规格繁多,各行业都有自己的分类方法。一般可以用以下四种方法来分类:

(1)按伺服控制方式分类。

1)开环控制系统。开环控制系统框图如图 1-3 所示。开环控制系统由驱动电路、步进电动机和机床工作台组成。这类伺服控制没有检测反馈装置。其工作原理为:数控装置每发出一个进给脉冲,经驱动电路放大后,驱动步进电机转一个角度,再经过机械机构带动工作台移动。

开环控制系统的特点是结构简单,成本低,但由于步进电动机的步距和机械结构都存在一定精度误差,不能实现高精度的位置控制。这类系统适用于中小型经济型数控机床。

图 1-3 开环控制系统框图

2)半闭环控制系统。半闭环控制系统框图如图 1-4 所示。半闭环控制系统由驱动电路、伺服电动机、机床工作台、速度反馈装置和比较电路组成。由于机床工作台不包括在反馈电路中,因此被称为半闭环控制。

半闭环控制系统的特点是性能介于开环与闭环之间,精度没有闭环高,调试维修却比闭环容易,因此应用广泛。

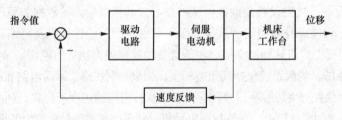

图 1-4 半闭环控制系统框图

3)闭环控制系统。闭环控制系统框图如图 1-5 所示。闭环控制系统由驱动电路、伺服电动机、机床工作台、速度反馈装置、位置反馈装置和比较电路组成。这类系统带有位移和速度检测装置,直接对工作台的实际位移量进行检测。伺服电动机通常采用直流伺服电动机或交流伺服电动机。其工作原理为:速度检测元件将伺服电动机的转速反馈回去,位置检测装置将工作台的位移反馈回去,在比较电路中与指令值进行比较,用比较后得出的差值进行位置控制,直至差值为零。这类系统可以消除包括工作台传动链内的传动误差,因而精度高。

闭环控制系统的特点是定位精度高,但系统复杂、成本高,调试和维修都较困难。一般用于精度要求高的数控机床。

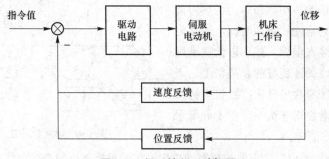

图1-5 闭环控制系统框图

4)复合控制系统。将以上三种控制方式的特点有选择地集中,可以组成复合控制系统。由于开环控制系统稳定性好、成本低、精度差,而闭环系统稳定性差,所以为了互为补充,以满足某些机床特别是大型数控机床的需求,宜采用复合控制系统。复合控制系统常用以下两种方式:

①开环补偿型。开环补偿型是在系统基本驱动上附加一个校正伺服电路,通过装载工作台上位置检测装置的反馈信号来校正机械系统的误差。

②半闭环补偿型。半闭环补偿型的特点是在半闭环系统基本驱动上附加工作台上的位置检测装置,实现全闭环。

(2)按工艺用途分类。

1)普通数控机床。普通数控机床的工艺与通用机床相似,不同的是普通数控机床需要有数控车、铣、钻、镗及磨床等工艺,而且它的自动化程度高、精度高。

2)数控加工中心。数控加工中心是带刀库和自动换刀装置的数控机床。典型的加工中心有镗铣加工中心和车削加工中心。

在加工中心上,可使零件一次装夹后,进行多种工艺、工序的集中、连续的加工,这样能极大地减少机床的台数。由于减少装配工件、更换和调整刀具的辅助时间,从而提高机床的工作效率;同时,又由于减少每次装夹的定位误差,从而对两点之间移动速度和运动轨迹没有严格要求,可以沿多个坐标同时移动,也可以沿各个坐标先后移动。一般为了减少移动时间和提高终点位置精度,可先快后慢。

3)多坐标轴数控机床。有些复杂形状的零件,用3坐标的数控机床无法加工,如飞机机翼曲面等复杂零件的加工,需要3个以上的坐标的合成才能加工出所需要的曲面形状。于是出现了多坐标联动的数控机床。现在常用的有4、5、6坐标联动的数控机床。

4)数控特种加工机床。数控特种加工机床包括数控电火花加工机床、数控线切割机床、数控激光切割机床等。

(3)按机床的运动轨迹分类。

1)点位控制系统。点位控制系统的数控机床是指机床移动部件只能实现由一个位置到另一个位置的精确移动,在移动和定位过程中不进行任何加工,机床移动部件的运动路线并不影响加工的孔距精度。数控系统只需要控制行程终点的坐标值，而不控制点与点之间的运动轨迹，因此，几个坐标轴之间的运动不需要保持严格的传动联系。为了尽可能地减少移动部件的运动和定位时间，通常先快速移动到接近终点坐标，然后以低速准确移动到定位点，以保证良好的定位精度。点位控制的数控机床有数控钻床、数控坐标镗床、数控冲床和数控折弯机等。图1-6所示为数控钻床的工作原理。

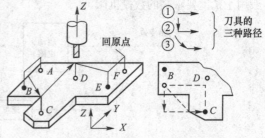

图1-6 数控钻床工作原理

2）直线控制数控机床。直线控制数控机床不仅要求控制点的准确定位，而且要求控制刀具以一定的速度沿直线平行的方向进行加工。机床具有主轴转速的选择与控制，切削速度与刀具的选择及循环加工等辅助功能。直线控制数控机床有简易数控车床、数控铣床等。

3）轮廓控制数控机床。轮廓控制数控机床也称连续控制数控机床，其控制特点是能够对两个或两个以上运动坐标的位移和速度同时进行连续相关的控制。为了满足刀具沿工件轮廓的相对运动轨迹符合工件加工轮廓的表面要求，必须将坐标运动的位移控制和速度控制按照规定的比例关系精确地协调起来。因此，在这类控制方式中，就要求数控装置具有插补运算功能，即根据程序输入的基本数据（如直线的终点坐标、圆弧的终点坐标和圆心的终点坐标或半径），通过数控系统内插补运算器的数学处理，将直线或曲线的形状描述出来。同时，一边计算，一边根据计算结果向各坐标轴控制器分配脉冲，从而控制各坐标轴的联动位移量与所要求轮廓相符。在运动过程中刀具对工件表面连续进行切割，可以进行各种斜线、圆弧、曲线的加工。

（4）按数控系统功能水平分类。数控系统分类界限是有限的、相对的。不同时期划分标准不同，就目前发展的水平来看，可将各类型的数控机床分为高档、中档和低档三类（表1-2）。其中，高档和中档一般称为全功能数控机床或标准型数控机床；低档数控机床称为经济型数控机床。经济型数控机床是指由单片机和步进电动机组成的数控系统，它功能简单，价格低，主要用于数控车床、数控电火花线切割机床及机床设备改造等场合。

表1-2 数控系统不同档次的功能及指标

功能	低档	中档	高档
系统分辨率/μm	10	1	0.1
G00加速度/(m·min^{-1})	3~8	10~24	24~100
伺服类型	开环及步进电机	半闭环及直、交流伺服电机	闭环及直、交流伺服电机
联动轴数	2~3轴	2~4轴	5轴或5轴以上
通信功能	无	RS232C或DNC	RS232C、DNC、MAP
显示功能	数码管显示	CRT：图形，人机对话	CRT：三维图形，自诊断
内装PLC	无	有	强功能内装PLC
CPU	8位，16位	16位，32位	32位，64位
结构	单片机或单板机	单微处理机或多微处理机	分布式多微处理机

2. 数控机床的主要性能指标

数控机床的主要性能指标有规格指标、精度指标、运动指标、可靠性指标。

(1) 数控机床的规格指标。规格指标是指数控机床的基本功能，主要有以下几个方面：

1) 行程范围。行程范围是指坐标轴可控的运动区间。其是直接体现机床加工能力的指标参数，一般指数控机床坐标轴 X、Y、Z 的行程大小构成的空间加工范围。

2) 摆角范围。摆角范围是指摆角坐标轴可控的摆角区间，数控机床摆角的大小也直接影响加工零件空间部位的能力。

3) 主轴功率和进给轴扭矩。主轴功率和进给轴扭矩反映数控机床的加工能力，同时，也可以间接反映该数控机床的刚度和强度。

4) 控制轴数和联动轴数。控制轴数是指机床数控装置能够控制的坐标数目；联动轴数是指机床数控装置控制的坐标轴同时达到空间某一点的坐标数目，它反映数控机床的曲面加工能力。

5) 刀具系统。刀具系统主要是指刀库容量及换刀时间。其对数控机床的生产率有直接影响。刀库容量是指刀库能存放加工所需要的刀具数量。目前，常见的中小型加工中心多为 16～60 把，大型加工中心达 100 把以上。换刀时间是指带有自动交换刀系统的数控机床，将主轴上使用的刀具与安装在刀库上的下一工序需要用的刀具进行交换所需要的时间。目前国内一般在 10～20 s 内完成换刀。

(2) 数控机床的精度指标。

1) 分辨率和脉冲当量。分辨率是指两个相邻的分散细节之间可以分辨的最小间隔；脉冲当量是指数控系统每发出一个脉冲信号，机床机械运动机构就产生一个相应的位移量，通常称其为脉冲当量。脉冲当量是设计数控机床的原始数据之一，其数值的大小决定数控机床的加工精度和表面质量。目前，普通数控机床的脉冲当量一般采用 0.001 mm；简易数控机床的脉冲当量一般采用 0.01 mm；精密或超精密数控机床的脉冲当量采用 0.000 1 mm。

2) 定位精度和重复定位精度。

①定位精度是指数控机床工作台等移动部件所达到的实际位置的精度。而实际运动位置与指令位置之间的差值称为定位误差。引起定位误差的因素包括伺服系统、检测系统、进给系统误差及移动部件导轨的几何误差等。定位误差直接影响零件加工的尺寸精度。一般数控机床的定位精度为 ±0.01 mm。

②重复定位精度是指在相同的条件下，采用相同的操作方法，重复进行同一动作时，所得到结果的一致程度。重复定位精度受伺服系统特性、进给系统的间隙与刚性及摩擦特性等因素的影响。一般情况下，重复定位精度是呈正态分布的偶然性误差，它影响批量加工零件的一致性，是一项非常重要的性能指标。一般数控机床的重复定位精度为 ±0.005 mm。

3) 分度精度。分度精度是指分度工作台在分度时，理论要求回转的角度值和实际回转的角度值的差值。分度精度既影响零件加工部位在空间的角度位置，也影响孔系加工的同轴度等。

(3) 数控机床的运动指标。

1) 主轴转速。数控机床的主轴一般均采用直流或交流主轴电动机驱动，选用高速精密轴承支承，保证主轴具有较宽的调速范围和足够高的回转精度、刚度及抗震性。目前，数控机床主轴转速已普遍达到 5 000～10 000 r/min，甚至更高。特别是电主轴的出现，适应了高速加工和高精度加工的要求。

2）进给速度。数控机床的进给速度是影响零件加工质量、生产效率及刀具寿命的主要因素。其受数控装置的运算速度、机床动态特性及工艺系统刚度等因素的限制。目前，国内数控机床的进给速度可达 10～15 m/min，国外为 15～30 m/min。

（4）数控机床的可靠性指标。

1）平均无故障时间（Mean Time Between Failure，MTBF）。MTBF 是指一台数控机床在使用中平均两次故障间隔的时间，即数控机床在寿命范围内总工作时间和总故障次数之比，为

$$MTBF = \frac{总工作时间}{总故障次数}$$

显然，这段时间越长越好。

2）平均修复时间（Mean Time To Repair，MTTR）。MTTR 是指一台数控机床从开始出现故障到能正常工作所用的平均修复时间，即

$$MTTR = \frac{总故障停机时间}{总故障次数}$$

考虑到实际系统出现故障总是难免的，故对于可维修的系统，总希望一旦出现故障，修复的时间越短越好，即 MTTR 越短越好。

3）平均有效度 A。如果将 MTBF 视为设备正常工作的时间，将 MTTR 视为设备不能工作的时间，那么正常工作时间与总时间之比称为设备的平均有效度 A，即

$$A = \frac{平均无故障时间}{平均无故障时间 + 故障平均修复时间} = \frac{MTBF}{MTBF + MTTR}$$

平均有效度反映了设备提供正常使用的能力，是衡量设备可靠性的一个重要指标。

1.1.4 数控机床的加工特点与适用范围

1. 数控机床的加工特点

（1）加工精度高，具有稳定的加工质量。数控机床是按数字形式给出的指令进行加工的，脉冲当量普遍达到 0.001 mm，且传动链之间的间隙得到了有效补偿。同时，数控机床的传动装置与床身结构具有很高的刚度和热稳定性，容易保证零件尺寸的一致性。因此，数控机床不仅具有较高的加工精度，而且质量稳定。

（2）生产效率高、经济效益好。数控机床的刚性大，粗加工零件时可以进行大切削用量的强力切削，移动部件的空行程时间短，工件装夹时间短，更换零件时几乎不需要调整机床，有效地缩短了加工时间。同时，由于数控机床对市场需求响应快，生产效率高，使总成本下降，可获得良好的经济效益。

（3）对加工对象的适应性强。数控机床多坐标轴联动控制，能够加工形状复杂的零件。数控机床改变加工零件时，只需改变加工程序，可节省生产准备时间。数控加工特别适用于单件、小批量、加工难度和精度要求较高的零件的加工；适应模具等产品单件生产的特点，为模具的制造提供了合适的加工方法。

（4）自动化程度高，劳动强度低。数控机床加工是自动进行的，工件加工过程不需要人工干预，且自动化程度较高，大大改善了操作者的劳动强度。

（5）有利于现代化管理。数控机床使用数字信息与标准代码处理、传递信息，使用了计算机控制方法，为计算机辅助设计、制造及管理一体化奠定了基础。

（6）具有很强的通信功能。数控机床通常具有 RS-232 接口，有的还备有 DNC 接口，可以与 CAD/CAM 软件的设计与制造相结合。高档机床还可以与 MAP（制造自动化协议）相连，接入工厂的通信网络，适应 FMS（柔性制造系统）、CIMS（计算机集成制造系统）的应用要求。

（7）可靠性高。采用数控机床进行机械产品的加工，通过试件加工后，利用设备的自动化程度高、数控加工刀具标准化、数控机床夹具规范化的特点，能够有效降低人为误差，产品一致性好、稳定性高。

当然，数控机床在应用中也有其不足之处：

（1）初期投资大。

（2）维护费用高。

（3）对操作者的技能水平及管理人员的素质要求较高。

因此，应合理地选择与使用数控机床，提高经济效益。

2．数控机床的适用范围

（1）生产批量小的零件（100 件以下）；

（2）需要进行多次改型设计的零件；

（3）加工精度要求高、结构形状复杂的零件，如箱体类，曲线、曲面类零件；

（4）需要精确复制和尺寸一致性要求高的零件；

（5）昂贵的零件，这种零件虽然生产量不大，但是如果加工中因出现差错而报废，将产生巨大的经济损失。

1.1.5 数控技术发展现状与趋势

随着科学技术的发展，数控技术的发展有着广阔的空间，未来数控技术的发展趋势和研究方向主要有以下几个方面。

1．高精度化

高精度化一直都是数控机床加工所追求的指标。其包括数控机床制造几何精度和机床使用的几何精度。普通中等规格加工中心的定位精度已从 20 世纪 80 年代初期的 $\pm 12\,\mu m/300\,mm$，提高到 20 世纪 90 年代初期的 $\pm 2 \sim \pm 5\,\mu m/$ 全程。如日本 KITAMURA 公司的 SONICMILL-2 型立式加工中心，主轴转速为 20 000 r/min，快进速度为 24 m/min，其定位精度为 $\pm 3\,\mu m/$ 全程；

美国 BOSTON DIGITAL 公司的 VECTOR 系列立式加工中心，主轴转速为 10 000 r/min，双向定位精度为 2μm。

提高数控机床的加工精度，一般是通过减少数控系统误差，提高数控机床基础部件结构特性和热稳定性，采用补偿技术和辅助措施来达到的。在减小 CNC 系统误差方面，通常采取提高数控系统分辨率，使 CNC 控制单元精细化，提高位置检测精度及在位置伺服系统中为改善伺服系统的响应特性，采用前馈与非线性控制等方法。在采用补偿技术方面，采用齿轮间隙补偿、丝杆螺母误差补偿及热变形误差补偿等技术。通过上述措施，近年来机床的加工精度也有很大提高。普通级数控机床的加工精度已由原来的 ±10μm 提高到 ±5μm，精密级从 ±5μm 提高到 ±1.5μm。预计将来普通加工和精密加工精度还将提高几倍，而超精密加工已进入纳米时代。

2. 高可靠性

数控机床的可靠性是数控机床产品质量的一项关键性指标。数控机床能否发挥其高性能、高精度、高效率，并获得良好的效益，关键取决于其可靠性。近年来，已在数控机床产品中应用了可靠性技术，并获得了明显的进展。

衡量可靠性的重要量化指标是平均无故障时间（MTBF），作为数控机床的大脑——数控系统的 MTBF 值已经由 20 世纪 70 年代时大于 3 000 h 提高到 20 世纪 90 年代初的大于 30 000 h。日本 FANUC 公司 CNC 系统已达到 125 个月。

数控机床整机的可靠性水平也有显著的提高，整机的 MTBF 值由 20 世纪 80 年代初的 100～200 h 提高到现在的 1 000 h 以上。

目前，很多企业正在对可靠性设计技术、可靠性试验技术、可靠性评价技术、可靠性增长技术，以及可靠性管理与可靠性保证体系等进行深入研究和广泛应用，期望使数控机床整机可靠性提高到一个新水平，增强市场的竞争能力。

3. 高柔性化

柔性是数控机床最主要的特点，也是在数控机床的各种发展趋势中，隐含在所有新开发技术中的主导思想。

柔性化是指机床适应加工对象变化的能力，传统的自动化生产线，由于是由机械或刚性连接和控制的，当被加工对象变化时，调整很困难，甚至是不可能的，有时只得全部更新、更换。数控机床的出现，开创了柔性自动化加工的新纪元，对于满足加工对象的变化，已具有很强的适应能力。目前，在进一步提高单机柔性化的同时，正努力向单元柔性化和系统柔性化的方向发展。体现系统柔性化的 FMC 和 FMS 发展迅速。美国 FMC 的安装平均增长率达到 72.85%，日本 FMC 的安装平均增长率达到 24.26%。1994 年年初，世界各国已投入运行的 FMS 约有 3 000 个，其中日本拥有 2 100 多个，占世界首位。在现已运行的 FMS 中，50% 的 FMS 由美国制造商提供，另外 50% 由日本和德国厂商提供。

近年来，不仅中小批量的生产在努力提高柔性化能力，在大批量生产中，也积极向柔性化方面转向。例如，出现了 PLC 控制的可调组合机床、数控多轴加工中心、换刀换箱式加工中心、数控三坐标动力单元等具有柔性的高效加工中心和介于传统自动线与 FMS 之间的柔性自动线（FTL）。近年来，日本组合机床和自动线（包括部分其他形式的专用机床）产量的数控化率已达32%～39%；德国组合机床和自动线产量的数控化率为18%～62%。这些数字表明，近十年来，组合机床的数控化发展十分迅速。

4. 复合化

复合化包括工序复合化和功能复合化。数控机床的发展模糊了粗、精加工工序的概念。加工中心的出现，又将车、铣、镗、钻等工序集中到一台机床来完成，打破了传统的工序界限和分开加工的工艺规程。一台具有自动换刀装置、自动交换工作台和自动转换立卧主轴头的镗铣加工中心，不仅一次装夹便可完成镗、铣、钻、铰、攻螺纹和检验等工序，而且还可以完成箱体件五个面粗、精加工的全部工序。

近年来，又相继出现了许多跨度更大的、功能更集中的复合化数控机床。如美国CINNATIMILACRON公司的冲孔、成型与激光切割复合机床，WHITNEY公司的等离子加工与冲压复合机床等。

5. 高速度化

提高生产率是机床技术发展追求的基本目标之一，而实现这个目标的最主要、最直接的方法就是提高切削速度和减少辅助时间。

提高主轴转速是提高切削速度的最有效的方法。近十年来，主轴转速已翻了几番。20世纪80年代中期，中等规格的加工中心主轴最高转速为4 000～6 000 r/min，20世纪90年代初期提高到8 000～12 000 r/min，目前有的已达到10万 r/min以上。

减少非切削时间，主要体现在提高快速移动速度和缩短换刀时间与工作台交换时间，目前，快速移动速度已由十年前的8～12 m/min，提高到现在的18～24 m/min。30～40 m/min的机床也稳定用于生产，提高移动速度达到100 m/min，因而大大减少了非切削时间。

在缩短换刀时间和工作台交换时间方面也取得了较大进展。数控车床刀架的转位时间从过去的1～3 s减少到0.4～0.6 s。加工中心由于刀库和换刀结构的改进，使换刀时间从5～10 s减少到0.5～3 s。而工作台交换时间也由12～20 s减少到6～10 s，有的达到2.5 s以内。

6. 设计CAD和宜人化

数控机床的设计是一项要求较高、综合性强、工作量大的工作。因此，应用CAD技术就更有必要，更迫切。随着计算机应用的普及和软件技术的发展，CAD技术得到了广泛发展，不仅可以替代人工完成浩繁的绘图工作，更重要的是可以进行设计方案选择和对大件、整机的静态、动态特性的分析、计算、预测和优化设计，可以对整机各工作部件进行动态仿真。在模块化的基础上，采用CAD可以自动快速生成市场需要的产品，在设计阶段就可以看到产品的三维几何模型和逼真的色彩。CAD技术的应用还可以大大提高工作效率，提高设计的一次成功率，从而缩短试制周期，降低成本，增强市场竞争能力。

宜人化是一种新的设计思想和观点。其将功能设计与美学设计有机地结合在一起，是技术与经济、文化、艺术的协调统一。其核心是使产品变为更具魅力，成为更适销对路的商品，引导人们进入一种新的生活方式和工作方式。工业先进国家早已将其广泛应用于各种产品的设计中。因此，它是经济腾飞，提高市场竞争能力的重要手段。目前，国外机床

生产厂家为了能在方案设计阶段就知道其产品的外观造型、色彩配制的效果,因而,普遍采用计算机辅助工艺造型设计技术,相继开发了商品化的 CAD 软件系统,致使国际市场上的数控机床的品类、结构、造型、色彩发生了日新月异的变化,使用户在感受操作安全、使用方便、性能可靠的同时,还能体会一种舒适感、满足感,令人在愉快心情中完成工作。

7. 制造系统自动化

自 20 世纪 80 年代中期以来,以数控机床为主体的加工自动化已从"点"发展到"线"的自动化和"面"的自动化。在国外已出现 FA 和 CIM 工厂的雏形实体。尽管由于这种高自动化的技术还不够完备,投资过大,回收期较长,但数控机床的高自动化及向 FMC、FMS 的系统集成方向发展的总趋势仍是机械制造业发展的主流。

制造系统的自动化除进一步提高其自动编程、自动换刀、自动上下料、自动加工等自动化程度外,在自动检测、自动监控、自动诊断、自动对刀、自动传输、自动调度、自动管理等方面也得到进一步发展,同时,也提高了其标准化的适应能力,达到"无人化"管理正常生产的目标。

1.2 数控加工工艺基础

规定产品或零部件制造工艺过程和操作方法等的工艺文件称为工艺规程。其中,规定零件机械加工工艺过程和操作方法等的工艺文件称为机械加工工艺规程。其是在具体的生产条件下,最合理或较合理的工艺过程和操作方法,并按规定的形式书写成工艺文件,经审批后用来指导生产的。

1.2.1 数控加工工艺规程

1. 机械加工工艺规程的作用

(1) 工艺规程是指导生产的主要技术文件。工艺规程是在总结广大工人和技术人员实践经验的基础上,依据工艺理论和必要的工艺试验而制定的。按照工艺规程组织生产可以实现高质、优产和最佳的经济效益。

(2) 工艺规程是生产、组织和管理工作的基本依据。从工艺规程所涉及的内容可以看出,在生产管理中,原材料和毛坯的供应,机床设备、工艺装备的调配,专用工艺装备的设计和制造,作业计划的编排,劳动力的组织及生产成本的核算等都是以工艺规程作为基本依据的。

(3) 工艺规程是生产准备和技术准备的基本依据。根据工艺规程能正确地确定生产所需的机床和其他设备的种类、规格、数量,车间的面积,机床的布置,工人的工种、等级和数量及辅助部分的安排等。

2. 制定数控加工工艺规程的原则

制定数控加工工艺规程的基本要求是在保证产品质量的前提下,尽量提高生产效率和降低成本,使经济效益最大化。另外,还应在充分利用本企业现有数控加工生产条件的基础上，尽可能采用国内外的先进工艺技术和经验，并保证工人具有良好而安全的劳动条件。同时，工艺规程还应做到正确、完整、统一和清晰，所用术语、符号、单位、编号等都要符合相应标准，并积极采用国际标准。

3．制定数控加工工艺规程的主要依据

（1）产品的全套装配图和零件图。

（2）产品的技术设计说明书。产品的技术设计说明书是针对技术设计中确定的产品结构、工作原理和技术性能等方面的说明性文件。

（3）产品的验收质量标准。

（4）产品的生产纲领及生产类型。

（5）工厂的生产条件。工厂的生产条件包括毛坯的生产条件或协作关系，工厂设备和工艺装备的情况，数控加工设备和数控加工工艺装备的配备情况，工人的技术等级，各种工艺资料，如工艺手册、图册和各种标准。

（6）国内外同类产品的有关工艺资料。

4．制定数控加工工艺规程的步骤

（1）收集和熟悉制定工艺规程的有关资料图纸，进行零件的结构工艺性分析。

（2）确定毛坯的类型及制造方法。

（3）选择定位基准。

（4）拟订数控加工工艺路线。

（5）确定数控加工工序的工序余量、工序尺寸及其公差。

（6）确定数控加工工序的设备，刀、夹、量具和辅助工具。

（7）确定数控加工工序的切削用量及时间定额。

（8）确定数控加工工序的技术要求及检验方法。

（9）进行技术经济分析。

（10）填写工艺文件。

5．数控加工工艺文件

编写数控加工专用技术文件是数控加工工艺设计的内容之一。这些专用技术文件既是数控加工及产品验收的依据，也是需要操作者遵守、执行的规程，有的则是加工程序的具体说明或附加说明，目的是让操作者更加明确程序的内容、装夹方式、各个加工部位所选用的刀具及其他问题。为加强技术文件管理，数控加工专用技术文件也应标准化、规范化，但目前国内尚无统一的标准，下面介绍几种数控加工专用技术文件，供参考使用。

（1）机械加工工艺过程卡。机械加工工艺过程卡描述整个零件加工所经过的工艺路线（包括毛坯、机械加工和热处理等）。其是制定其他工艺文件的基础，也是生产技术准备、编制作业计划和组织生产的依据。这种卡由于各工序的说明不够具体，故一般不能直接指导工人操作，多供生产管理方面使用。

（2）数控加工工序卡。数控加工工序卡与普通加工工序卡有许多相似之处，只是所附的工艺草图应注明工件坐标系的位置、对刀点，要进行编程的简要说明，如所用机床型号、程序介质、程序编号、刀具补偿方式及切削参数（即主轴转速、进给速度、最大切削深度等）的确定，见表1-3。

表1-3 数控加工工序卡

单位		产品名称或代号		零件名称		零件图号	
工序简图		车间		使用设备			
		工艺序号		程序编号			
		夹具名称		夹具编号			
工步号	工步作业内容	加工面	刀具号	刀补量	主轴转速	进给速度	背吃刀量	备注
编制		审核		批准		年 月 日	共 页	第 页

工序卡中工序简图的要求如下：

1）简图可按比例缩小，用尽量少的投影视图表达。简图也可以只画出与加工部位有关的局部视图，除加工面、定位面、夹紧面、主要轮廓面外，其余线条可省略，以必需、明了为度。

2）被加工表面用粗实线（或红线）表示，其余均用细实线。

3）应标明本工序的工序尺寸、公差及粗糙度要求。

4）定位、夹紧表面应以规定的符号标明。

（3）数控刀具卡。数控加工时，对刀具的要求十分严格，一般要在机外对刀仪上预先调整刀具的直径和长度。数控刀具卡反映刀具编号、刀具结构、尾柄规格、组合件名称代号、刀片型号和材料等，它是组装刀具和调整刀具的依据。

（4）数控加工走刀路线图。在数控加工中，常常要注意并防止刀具在运动过程中与夹具或工件发生意外碰撞，为此必须设法告诉操作者关于编程中的刀具运动路线（如从哪里下刀、在哪里抬刀、哪里是斜下刀等）；为简化走刀路线图，一般可采用统一约定的符号来表示，不同的机床可以采用不同的图例与格式。

（5）装夹图和零件设定卡。装夹图和零件设定卡应表示出数控加工原点定位方法和夹紧方法，并应注明加工原点设置位置和坐标方向、使用的夹具名称和编号等。

（6）数控编程程序清单。数控编程程序清单阐明了工艺人员对数控加工工序的技术要求和工序说明，以及数控加工前应保证的加工余量。其是编程人员和工艺人员协调工作和编制数控程序的重要依据之一。

1.2.2 数控机床夹具

1. 夹具工作原理

（1）工件的安装。工件的安装包括两个方面的内容：

1）定位。使同一工序中的一批工件都能准确地安放在机床的合适位置上，使工件相对于刀具及机床占有正确的加工位置。

2）夹紧。工件定位后，还需要对工件压紧夹牢，使其在加工过程中不发生位置变化。

（2）工件的安装方法。当零件较复杂、加工面较多时，需要经过多道工序的加工，其位置精度取决于工件的安装方式和安装精度。工件常用的安装方法如下：

1）直接找正安装。用划针、百分表等工具直接找正工件位置并加以夹紧的方法称为直接找正安装法。此法生产率低，精度取决于工人的技术水平和测量工具的精度，一般只用于单件小批生产。

2）划线找正安装。先用划针划出要加工表面的位置，再按划线用划针找正工件在机床上的位置并加以夹紧。由于划线既费时，又需要技术高的划线工，所以，一般用于批量不大、形状复杂而笨重的工件或低精度毛坯的加工。

3）用夹具安装。用夹具安装是将工件直接安装在夹具的定位元件上。这种安装方法迅速方便，定位精度较高而且稳定，生产率较高，广泛用于中批生产以上的生产类型。

用夹具安装工件的方法有以下几个特点：

①工件在夹具中的正确定位是通过工件上的定位基准面与夹具上的定位元件相接触而实现的。因此，不再需要找正，便可将工件夹紧。

②由于夹具预先在机床上已调整好位置，因此，工件通过夹具相对于机床也就占有了正确的位置。

③通过夹具上的对刀装置，保证了工件加工表面相对于刀具的正确位置。

由此可见，在使用夹具的情况下，机床、夹具、刀具和工件所构成的工艺系统，环环相扣，相互之间保持正确的加工位置，从而保证工序的加工精度。显然，工件的定位是其中极为重要的一个环节。

2. 数控机床夹具简介

在现代自动化生产中，数控机床的应用已越来越广泛。数控机床夹具必须适应数控机床的高精度、高效率、多方向同时加工、数字程序控制及单件小批生产的特点。为此，对数控机床夹具提出了一系列新的要求。

（1）推行标准化、系列化和通用化；

（2）发展组合夹具和拼装夹具，降低生产成本；

（3）提高精度；

（4）提高夹具的高效自动化水平。

3. 数控机床夹具的分类

（1）数控车床夹具。数控车床夹具主要有三爪自定心卡盘、四爪单动卡盘、花盘等。

1）三爪自定心卡盘可自动定心，装夹方便，应用较广，但它夹紧力较小，不便于夹持外形不规则的工件。

2）四爪单动卡盘，其四个爪都可以单独移动，安装工件时需要找正，夹紧力大，适用于装夹毛坯及截面形状不规则和不对称的较重、较大的工件。

3）通常用花盘装夹不对称和形状复杂的工件，装夹工件时需要反复校正和平衡。

（2）数控铣床夹具。数控铣床常用夹具是平口钳，先将平口钳固定在工作台上，找正钳口，再将工件装夹在平口钳上，这种方式装夹方便，应用广泛，适用于装夹形状规则的小型工件。

（3）加工中心夹具。数控回转工作台是各类数控铣床和加工中心的理想配套附件，有立式工作台、卧式工作台和立卧两用回转工作台等不同类型产品。立卧两用回转工作台在使用过程中可分别以立式和水平两种方式安装于主机工作台上。工作台工作时，利用主机的控制系统或专门配套的控制系统，完成与主机相协调的各种必需的分度回转运动。

为了扩大加工范围，提高生产效率，加工中心除有沿 X、Y、Z 三个坐标轴的直线进给运动外，往往还带有 A、B、C 三个回转坐标轴的圆周进给运动。数控回转工作台作为机床的一个旋转坐标轴由数控装置控制，并且可以与其他坐标联动，使主轴上的刀具能加工到工件除安装面及顶面外的周边。回转工作台除用来进行各种圆弧加工或与直线坐标进给联动进行曲面加工外，还可以实现精确的自动分度。因此，回转工作台已成为加工中心一个不可缺少的部件。

（4）组合夹具。组合夹具是一种标准化、系列化、通用化程度很高的工艺装备，我国目前已基本普及。组合夹具由一套预先制造好的不同形状、不同规格、不同尺寸的标准元件及部件组装而成。

1）组合夹具的特点。组合夹具一般是为某一工件的某一工序组装的专用夹具，也可以组装成通用可调夹具或成组夹具。组合夹具适用于各类机床，但以钻模和车床夹具用得最多。

组合夹具将专用夹具的设计、制造、使用、报废的单向过程变为组装、拆散、清洗入库、再组装的循环过程。可用几小时的组装周期代替几个月的设计制造周期，从而缩短了生产周期；节省了工时和材料，降低了生产成本；还可以减少夹具库房面积，有利于管理。

组合夹具的元件精度高，耐磨性好，并且能实现完全互换，元件精度一般为 IT6～IT7 级。用组合夹具加工的工件，位置精度一般可达 IT8～IT9 级；若精心调整，可以达到 IT7 级。

由于组合夹具有很多优点，又特别适用于新产品试制和多品种小批量生产，所以近年来发展迅速，应用较广。组合夹具的主要缺点是体积较大，刚度较差，一次投资多，成本高，这使组合夹具的推广应用受到一定限制。

2）组合夹具的分类，组合夹具可分为槽系和孔系两大类。

①槽系组合夹具。

a.槽系组合夹具的规格。为了适应不同工厂、不同产品的需要，槽系组合夹具分大、中、小型三种规格。其主要参数见表1-4。

表1-4 槽系组合夹具的主要结构要素及性能

规格	槽宽 /mm	槽距 /mm	连接螺栓 /(mm×mm)	键用螺钉 /mm	支承件截面 /(mm×mm)	最大载荷 /N	工件最大尺寸 /(mm×mm×mm)
大型	$16_0^{+0.08}$	75±0.01	M16×1.5	M5	75×75 90×90	200 000	2 500×2 500×1 000
中型	$12_0^{+0.08}$	60±0.01	M12×1.5	M5	60×60	100 000	1 500×1 000×500
小型	$8_0^{+0.015}$ $6_0^{+0.015}$	30±0.01	M8、M6	M3、M2.5	30×30 22.5×22.5	50000	500×250×250

b. 槽系组合夹具的元件。

a）基础件。如图1-7所示为长方形、圆形、方形及基础角铁等基础件。它们常作为组合夹具的夹具体。

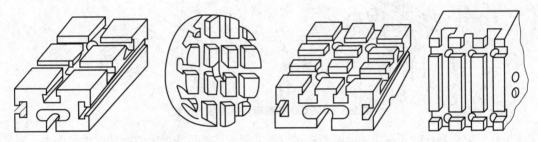

图1-7 基础件

b）支承件。组合夹具有V形支承、长方支承、加肋角铁和角度支承等支承件。它们是组合夹具中的骨架元件，数量最多，应用最广。它既可作为各元件之间的连接件，又可作为大型工件的定位件。

c）定位件。组合夹具的定位件有平键、T形键、圆形定位销、菱形定位销、圆形定位盘、定位接头、方形定位支承、六菱定位支承座等。其主要用于工件的定位及元件之间的定位。

d）导向件。组合夹具的导向件有固定钻套，快换钻套，钻模板，左、右偏心钻模板，立式钻模板等。它们主要用于确定刀具与夹具的相对位置，并起引导刀具的作用。

e）夹紧件。组合夹具的夹紧件主要有弯压板、摇板、U形压板、叉形压板等。其主要用于压紧工件，也可用作垫板和挡板。

f）紧固件。组合夹具的紧固件有各种螺栓、螺钉、垫圈、螺母等。其主要用于紧固组合夹具中的各种元件及压紧被加工件。由于紧固件在一定程度上影响整个夹具的刚性，所以螺纹件均采用细牙螺纹，可增加各元件之间的连接强度。同时，所选用的材料、制造精度及热处理等要求均高于一般标准紧固件。紧固件用来压紧工件，且各元件之间均采用槽用方头螺栓、螺钉、螺母、垫圈等紧固件紧固。

g）其他元件。组合夹具的其他元件还有三爪支承、支承环、手柄、连接板、平衡块等。其是指除以上六类元件外的各种辅助元件。

②孔系组合夹具。目前许多发达国家都有自己的孔系组合夹具。图1-8所示为德国

BIUCO公司的孔系组合夹具组装示意。元件与元件之间用两个销钉定位，一个螺钉紧固。定位孔孔径有10 mm、12 mm、16 mm、20 mm四个规格；相应的孔距为30 mm、40 mm、50 mm、80 mm；孔径公差为H7，孔距公差为±0.01 mm。

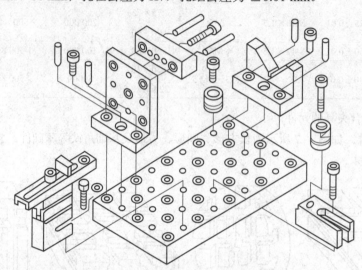

图1-8　BIUCO孔系组合夹具组装示意

孔系组合夹具的元件用一面两圆柱销定位，属允许使用的过定位；其定位精度高，刚性比槽系组合夹具好，组装可靠，体积小，元件的工艺性好，成本低，可用作数控机床夹具。但组装时元件的位置不能随意调节，常用偏心销钉或部分开槽元件进行弥补。

（5）拼装夹具。拼装夹具是在成组工艺基础上，用标准化、系列化的夹具零部件拼装而成的夹具。其有组合夹具的优点，比组合夹具有更好的精度和刚性、更小的体积和更高的效率，因而较适合柔性加工的要求，常用作数控机床夹具。

1.2.3　数控机床刀具

1. 数控机床刀具的特点

数控机床刀具的特点是标准化、系列化、规格化、模块化和通用化。为了达到高效、多能、快换、经济的目的，对数控机床使用的刀具有以下要求：

（1）具有较高的强度、较好的刚度和抗震性能；

（2）高精度、高可靠性和较强的适应性；

（3）能够满足高切削速度和大进给量的要求；

（4）刀具耐磨性及刀具的使用寿命长，刀具材料和切削参数与被加工件材料之间要适宜；

（5）刀片与刀柄要通用化、规格化、系列化、标准化，相对主轴要有较高位置精度，转位、拆装时要求重复定位精度高，安装调整方便。

2. 数控机床刀具分类

（1）按照刀具材料，数控机床刀具可分为高速钢刀具、硬质合金刀具、陶瓷刀具、立方氮化硼刀具和金刚石刀具。

(2)按照刀具结构,数控机床刀具可分为整体式、焊接式、机夹式(可转位和不转位)、内冷式和减振式。

(3)按照切削工艺,数控机床刀具可分为车削刀具、孔加工刀具(如钻头、丝锥和镗刀等)、铣削刀具等。

(4)按照数控工具系统的发展,数控机床刀具由整体式工具系统向模块式工具系统发展,有利于提高劳动生产率,提高加工效率,提高产品质量。标准化数控刀具已形成了三大系统,即车削刀具系统、钻削刀具系统和镗铣刀具系统。

3．常用数控刀具结构

(1)整体式刀具结构。整体式刀具是指刀具切削部分和夹持部分为一体式结构的刀具。制造工艺简单,刀具磨损后可以重新修磨。

(2)机夹式刀具结构。机夹式刀具是指刀片在刀体上的定位形式。

机夹式刀具可分为机夹可转位刀具和机夹不可转位刀具。数控机床一般使用标准的机夹可转位刀具。

机夹可转位刀具一般由刀片、刀垫、刀体和刀片定位夹紧元件组成,如图1-9所示。

可转位刀片的夹紧方式有楔块上压式、杠杆式、螺钉上压式。

机夹可转位刀具要求：夹紧可靠、定位准确、排屑流畅、结构简单、操作方便。

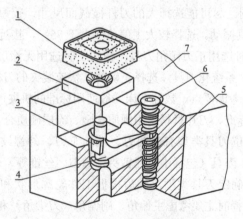

图1-9 机夹可转位刀具

1—刀片；2—刀垫；3—卡簧；4—杠杆；5—弹簧；6—螺钉；7—刀柄

(3)可转位刀片的代码。机夹式可转位刀片的代码由10位字符组成。常用代码为W(不等角六边形)、S(正方形)、T(等边三角形)。

(4)加工中心的刀具系统。加工中心要实现自动换刀,数控机床和刀具的相应部分应有相适应的结构和装置。刀具夹装部分一定具有相同的大小和形状。因此,"数控刀具"的含义应该理解为"数控工具系统"。

常用的刀库结构有链轮式和转盘式。

1)刀柄。刀柄是机床主轴和刀具之间的连接工具,能够安装各种刀具,已经标准化和系列化。

加工中心上一般采用7∶24圆锥刀柄,这类刀柄不自锁,换刀方便。

高速加工时采用直刀柄（HSK）。

2) 工具系统。工具系统一般由与机床主轴连接的锥柄、延伸部分的连杆和工作部分的刀具组成。

镗铣类工具系统可分为整体式结构和模块式结构两类。

①整体式结构。整体式结构将锥柄和连杆制造在一起。我国 TSG82 属于这类，缺点是使用的锥柄型号较多。

②模块式结构。模块式结构由主柄模块、中间模块和工作模块组成。如瑞士的山特维克公司的模块式刀具系统。

4．数控机床刀具的选择

（1）选择刀具时应考虑的因素。

1) 被加工工件的材料类别（黑色金属、有色金属或合金）；

2) 工件毛坯的成型方法（铸造、锻造、型材等）；

3) 切削加工工艺方法（车、铣、钻、扩、铰、镗，粗加工、半精加工、精加工等）；

4) 工件的结构与几何形状、精度、加工余量及刀具能承受的切削用量等因素；

5) 其他因素，包括生产条件和生产类型。

（2）刀具的选择。

1) 刀具的选择原则。尽可能选择大的刀杆横截面尺寸、较短的长度尺寸以提高刀具的强度和刚度，减小刀具振动。选择较大主偏角（大于 75°，接近 90°）。粗加工时选用负刃倾角刀具，精加工时选用正刃倾角刀具；精加工时选用无涂层刀片及小的刀尖圆弧半径。尽可能选择标准化、系列化刀具。选择正确的、快速装夹的刀杆刀柄。

2) 选择车削刀具的考虑要点。数控车床一般使用标准的机夹可转位刀具。机夹可转位刀具的刀片和刀体都有标准，刀片材料采用硬质合金、涂层硬质合金等。

数控车床机夹可转位刀具类型有外圆刀、端面车刀、外螺纹刀、切断刀具、内圆刀具、内螺纹刀具、孔加工刀具（包括中心孔钻头、镗刀、丝锥等）。

首先根据加工内容确定刀具类型，然后根据工件轮廓形状和走刀方向来选择刀片形状，如图 1-10 所示。选择时主要考虑主偏角、副偏角（刀尖角）和刀尖半径值。

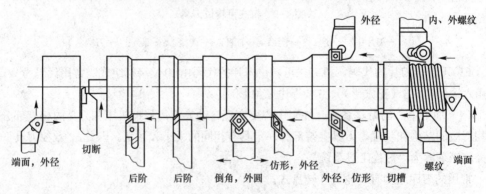

图 1-10 刀片形状选择

可转位刀片的选择：

①刀片材料选择：高速钢、硬质合金、涂层硬质合金、陶瓷、立方碳化硼或金刚石。

②刀片尺寸选择：有效切削刃长度、主偏角等。

③刀片形状选择：依据表面形状、切削方式、刀具寿命等。

④刀片的刀尖半径选择：粗加工、工件直径大、要求刀刃强度高、机床刚度大时选大刀尖半径值；精加工、切深小、细长轴加工、机床刚度小时选小刀尖半径值。

3）选择铣削刀具应考虑以下要点：

在数控铣床上使用的刀具主要有立铣刀、面铣刀、球头刀、环形刀、鼓形刀和锥形刀等。常用到面铣刀、立铣刀、球头铣刀和环形铣刀。除此之外，还有各种孔加工刀具，如钻头（锪钻、铰刀、丝锥等）、镗刀等。面铣刀（也称端铣刀）的圆周表面和端面上都有切削刃，多制成套式镶齿结构和刀片机夹可转位结构，刀齿材料为高速钢或硬质合金，刀体为40Cr；立铣刀是数控机床上用得最多的一种铣刀。立铣刀的圆柱表面和端面上都有切削刃，它们可同时进行切削，也可单独进行切削。其结构有整体式和机夹式等，高速钢和硬质合金是铣刀工作部分的常用材料。

模具铣刀由立铣刀发展而成，可分为圆锥形立铣刀、圆柱形球头立铣刀和圆锥形球头立铣刀三种。其柄部有直柄、削平型直柄和莫氏锥柄。其结构特点是球头或端面上布满切削刃，圆周刃与球头刃圆弧连接，可以作径向和轴向进给。铣刀工作部分用高速钢或硬质合金制造。

首先根据加工内容和工件轮廓形状确定刀具类型，再根据加工部分大小选择刀具大小。铣刀类型的选择如下：

①加工较大平面选择面铣刀；

②加工凸台、凹槽、平面轮廓选择立铣刀；

③加工曲面较平坦的部位常采用环形（牛鼻刀）铣刀；

④曲面加工选择球头铣刀；

⑤加工空间曲面模具型腔与凸模表面选择模具铣刀；

⑥加工封闭键槽选键槽铣刀。

铣刀参数的选择如下：

①面铣刀主要参数选择。

a. 标准可转位面铣刀直径为$\phi16 \sim \phi630$，粗铣时铣刀直径选小的，精铣时铣刀直径选大一些，最好能包容待加工表面的整个宽度（多20%）。

b. 依据工件材料和刀具材料及加工性质确定其几何参数：铣削加工通常选前角小的铣刀，强度硬度高的材料选负前角，工件材料硬度不大选大后角、硬度大的选小后角，粗齿铣刀选小后角，细齿铣刀取大后角。

②立铣刀主要参数选择。

a. 刀具半径 r 应小于零件内轮廓最小曲率半径 ρ；

b. 零件的加工高度 $H \leqslant (1/4 - 1/6)r$；

c. 不通孔或深槽选取 $l=H+(5\sim10)$ mm；

d. 加工外形及通槽时选取 $l=H+r\varepsilon+(5\sim10)$ mm；

e. 加工肋时刀具直径为 $D=(5\sim10)b$；

f. 粗加工内轮廓面时，铣刀最大直径 D 为

$$D=d+2[\delta\sin(\phi/2)-\delta 1]/[1-\sin(\phi/2)]$$

③球头刀主要参数选择：曲面精加工时采用球头铣刀。球头铣刀的球半径应尽可能选得大一些，以增加刀具刚度，提高散热性，降低表面粗糙度值。加工凹圆弧时的铣刀球头半径必须小于被加工曲面的最小曲率半径。

4）孔加工刀具类型的选择：孔前先钻中心孔。通常，小尺寸孔采用定尺寸麻花钻进行加工；大尺寸孔采用可调整尺寸镗刀进行加工，加工盲孔时，刀刃长度比孔深多 $5\sim10$ mm。

1.2.4 数控量具

1. 常用检测工具

常用的量具有卡尺、千分尺、百分表、深度尺、卡规、塞规、量块等。最常用的是卡尺、千分尺和百分表三种量具。

（1）卡尺。

1）卡尺类型：可分为普通游标卡尺、带表卡尺、电子数显卡尺，如图1-11所示。

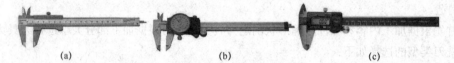

图1-11 常用卡尺

(a) 普通游标卡尺；(b) 带表卡尺；(c) 电子数显卡尺

2）卡尺结构：主要由尺身、尺框、深度尺（窄条）、游标、上下量爪、紧固螺钉、弹簧片、微动装置几部分组成。

3）卡尺的主要用途有测量工件的长度、外径、内径、深度、厚度、高度、宽度和孔距等。概括来讲就是常说的"四用"，即会用上、下卡爪，深度尺，尺身和尺框测台阶高度。

（2）千分尺。

1）千分尺类型：可分为普通型千分尺、带表型千分尺、电子数显型千分尺，如图1-12所示。

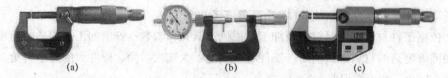

图1-12 常用千分尺

(a) 普通型千分尺；(b) 带表型千分尺；(c) 电子数显型千分尺

2）千分尺结构：主要由尺架、测砧、测微螺杆、螺纹轴套、固定套管、微分筒、调节螺母、弹簧套、垫片、测力装置、锁紧装置、隔热装置几部分组成。

3）千分尺工作原理：外径千分尺的工作原理就是应用螺旋读数机构。其包括一对精密的螺纹——测微螺杆与螺纹轴套和一对读数套筒——固定套筒与微分筒。

（3）百分表。

1）百分表类型：可分为刻度型百分表、数显型百分表、杠杆百分表，如图1-13所示。另外，还有内径百分表。

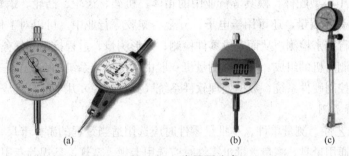

图1-13　常用百分表

(a) 刻度型百分表；(b) 数显型百分表；(c) 杠杆百分表

杠杆百分表使用方法：测量面和测头，使用时须在水平状态。

内径百分表结构、工作原理和用途：内径百分表是一种借助于百分表为读数机构，配备杠杆传动系统或楔形传动系统的杆部组合而成。其一般由表、手柄、主体、定位护桥、活动测头、可换测头、紧固螺钉几部分组成。内径百分表测量范围一般有 6～10 mm、10～18 mm、18～35 mm、35～50 mm、50～100 mm 和 100～160 mm 等。其主要用于以比较法测量孔径或槽宽、孔或槽的几何形状误差，根据被测工件的公差选择相应精度标准环规或用量块及量块附件的组合体来调整内径百分表。

2）百分表的结构与读数方法：带有测头的测量杆，对刻度圆盘进行平行直线运动，并将直线运动转变为回转运动传送到长针上，此长针会将测杆的运动量显示到圆形表盘上。

3）百分表的使用方法：测量面和测杆要垂直；使用规定的支架；测头要轻轻地接触测量物；测量圆柱形产品时；测杆轴线与产品直径方向一致。

2. 三坐标测量机

三坐标测量机（图1-14）是测量和获得尺寸数据的最有效的方法之一，因为它可以代替多种表面测量工具及昂贵的组合量规，并将复杂的测量任务所需时间从小时减少到分钟，这是其他仪器达不到的效果。三坐标测量机采用国际先进的有限元分析技术设计，具有高精度、高性能、高速度和高稳定性的特点。

图1-14　三坐标测量机样图

（1）三坐标测量机的功能。三坐标测量机的功能是快速准确地评价尺寸数据，为操作者提供关于生产过程状况的有用信息，这与所有的手动测量设备有很大的区别。将被测物体置于三坐标测量空间，可获得被测物体上各测点的坐标位置，根据这些点的空间坐标值，经计算求出被测物体的几何尺寸、形状和位置。

（2）三坐标测量机的用途。三坐标测量机用于机械、汽车、航空、军工、家具、工具原型、机器等中小型配件、模具等行业中的箱体、机架、齿轮、凸轮、蜗轮、蜗杆、叶片、曲线、曲面等的测量，还可用于电子、五金、塑胶等行业中，可以对工件的尺寸、形状和形位公差进行精密检测，从而完成零件检测、外形测量、过程控制等任务。

（3）三坐标测量机的组成。三坐标测量机一般由主机机械系统（$X、Y、Z$三轴或其他）、测头系统、电气控制硬件系统、数据处理软件系统（测量软件）几个部分组成。

3．量具选择原则

（1）体现工艺性。测量单件、小批量零件时应选用适当量程的游标卡尺、千分尺、深度尺和百分表等通用量具。测量大批量零件时应选用卡规、塞规、环规等专用量具。

（2）应满足被测件精度要求。参照被测件的精度等级选择合适的精度的量具。

（3）经济效率因素。在体现工艺性和满足精度要求的前提下，还应考虑工作效率和经济因素。能选择使用简单易读数的就不选择使用麻烦需要换算测量结果的；可选择通用就不选择专用；能选择专用的就不选择万能量具；能选择万能量具就不选择精密仪器。

1.2.5 数控加工工艺设计

1．对零件图进行数控加工工艺分析

在进行数控加工工艺性分析时，工艺人员应根据所掌握的数控加工基本特点及所用数控机床的功能和实际工作经验，力求将这一前期准备工作做得更仔细、更扎实，以便为下面要进行的工作打好基础，减少失误和返工，不留遗患。

（1）结构工艺性分析。零件结构工艺性是指在满足使用要求前提下零件加工的可行性和经济性，即所设计的零件结构应便于加工成型并且成本低、效率高。

零件结构工艺性分析的主要内容如下：

1）审查与分析零件图纸中的尺寸标注方法是否适应数控加工的特点。对数控加工倾向于以同一基准引注尺寸或直接给出坐标尺寸，这就是坐标标注法。这种标注法既便于编程，也便于尺寸之间的相互协调，在保证设计、定位、检测基准与编程原点设置的一致性方面带来很大方便。由于零件设计人员往往在尺寸标注中较多地考虑装配等使用特性要求，而不得不采取局部分散的标注方法，这样会给工序安排与数控加工带来诸多不便。事实上，由于数控加工精度及重复定位精度都很高，不会因产生较大的积累误差而破坏使用特性，因而改变局部的分散标注法为集中引注或坐标式尺寸标注是完全可行的。目前的产品零件设计尺寸标注绝大部分采用坐标法标注，是基本采用数控设备制造并充分考虑数控加工特点所采取的一种设计原则。

2）审查与分析零件图纸中构成轮廓的几何元素的条件是否充分、正确。由于零件设计人员在设计过程中往往存在考虑不周、构成零件轮廓的几何元素的条件不充分或模糊不清甚至多余的情况,在审查与分析图纸时,一定要仔细认真,发现问题及时找设计人员更改。如图 1-15 所示的圆弧与斜线的关系要求为相切,但经计算后却为相交关系,而并非相切。

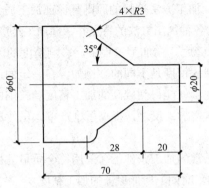

图 1-15 几何要素缺陷示例

3)审查与分析在数控车床上加工时零件结构的合理性。如图 1-16(a)所示的零件,需用 3 把不同宽度的切槽刀切槽,如无特殊需要,显然是不合理的,若改成图 1-16(b)所示的结构,只需用一把刀即可切出 3 个槽,既减少了刀具数量、少占了刀架刀位,又节省了换刀时间。

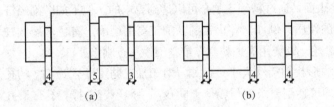

图 1-16 结构工艺性示例

(2)精度及技术要求分析。对被加工零件的精度及技术要求进行分析,是零件工艺性分析的重要内容,只有在分析零件精度和表面粗糙度的基础上,才能对加工方法、装夹方式、进给路线、刀具及切削用量等进行正确而合理的选择。

精度及技术要求分析的主要内容如下:

1)分析精度及各项技术要求是否齐全、合理。对采用数控加工的表面,其精度要求应尽量一致,以便最后能一刀连续加工。

2)分析本工序的数控车削加工精度能否达到图样要求,若达不到,要采取其他措施(如磨削)弥补,需注意为后续工序留有余量。

3)找出图样上有较高位置精度要求的表面,这些表面应在一次安装下完成。

4)对表面粗糙度要求较高的表面,应确定用恒线速切削。

2. 零件数控加工工艺路线的拟订

数控加工工艺规程的制定大体可分为两部分,即拟订零件加工的工艺路线;确定各道工序的工序尺寸及公差、所用设备及工艺装备、切削用量和时间定额等。

工艺路线的拟订是制定工艺规程的关键,其主要任务是选择各个表面的加工方法和加工方案,确定各个表面的加工顺序及工序集中与分散等。关于工艺路线的拟订,目前还没有一套普遍而完善的方法，多是采取经过生产实践总结出的一些综合性原则。在应用这些原则时，要结合具体的生产类型及生产条件灵活处理。

（1）加工方法的选择。加工方法选择的原则是保证加工质量、生产率和经济性。为了正确选择加工方法，应了解各种加工方法的特点并掌握加工经济精度及经济粗糙度的概念。

1）经济精度与经济粗糙度。在加工过程中，影响精度的因素很多。每种加工方法在不同的工作条件下所能达到的精度是不同的。例如，在一定的设备条件下，操作精细、选择较低的进给量和切削深度，就能得到较高的加工精度和较细的表面粗糙度。但是这必然会使生产率降低，生产成本增加；反之，提高了生产率，虽然成本降低，但会增大加工误差，降低加工精度。

加工经济精度是指在正常的加工条件下（采用符合质量的标准设备、工艺装备和标准技术等级的工人，不延长加工时间）所能保证的加工精度。

2）选择加工方法时考虑的因素。选择加工方法，一般是根据经验或查表来确定，再根据实际不同情况或工艺试验进行修改。一般来说，满足同样精度要求的加工方法有若干种，所以选择时还要考虑下列因素：

①选择相应能获得经济精度的加工方法。例如，加工精度为 IT7，表面粗糙度 Ra 值为 0.4 μm 的外圆柱表面，通过精细车削是可以达到要求的，但不如磨削经济。

②工件材料的性质。例如，淬火钢的精加工要用磨削，有色金属圆柱表面的精加工为避免磨削时堵塞砂轮，则要用高速精细车或精细镗（金刚镗）。

③工件的结构形状和尺寸大小。例如，对于加工精度要求为 IT7 的孔，采用镗削、铰削、拉削和磨削均可达到要求。但箱体上的孔，一般不宜选择拉孔或磨孔，而宜选择镗孔（大孔）或铰孔（小孔）。

④结合生产类型考虑生产率与经济性。大批量生产时，应采用高效率的先进工艺。例如，用拉削方法加工孔和平面，同时加工几个表面的组合铣削和磨削等。单件小批生产时，宜采用刨削、铣削平面和钻、扩、铰孔等加工方法，避免盲目地采用高效加工方法和专用设备造成经济损失。

⑤现有生产条件。应该充分利用现有设备，选择加工方法时要注意合理安排设备负荷。同时要充分挖掘企业潜力，发挥工人的创造性。

（2）加工顺序的确定。复杂工件的机械加工工艺路线中，要经过切削加工、热处理和辅助工序。因此，在拟订工艺路线时，必须全面地将切削加工、热处理和辅助工序一起考虑，合理安排。为确定各表面的加工顺序和工序数目，生产中已总结出一些指导性原则及具体安排中应注意的问题。现分述如下：

1）机械加工工序的安排原则。

①划分加工阶段。工件的加工质量要求较高时，都应划分加工阶段。一般可分为粗加工、半精加工和精加工三个阶段。

如果加工精度和表面粗糙度要求特别高时，还可增设光整加工和超精密加工阶段。各加工阶段的主要任务如下：

a. 粗加工阶段是从毛坯上切除大部分加工余量，只能达到较低的加工精度和表面质量。

b. 半精加工阶段是介于粗加工和精加工的切削加工过程，它能完成一些次要表面的加工，并为主要表面的精加工做好准备（如精加工前必要的精度、表面粗糙度和合适的加工余量等）。

c. 半精加工阶段是使各主要表面达到规定的质量要求。

d. 光整加工和超精密加工是对要求特别高的零件增设的加工方法，主要目的是达到所要求的表面质量和加工精度。

工艺过程中划分加工阶段的原因如下：

a. 保证加工质量。工件在粗加工时加工余量较大，产生较大的切削力和切削热，同时也需要较大的夹紧力，在这些力和热的作用下，工件会产生较大的变形，而且经过粗加工后，工件的内应力要重新分布，也会使工件发生变形。如果不分阶段而连续进行加工，就无法避免和修正上述原因所引起的加工误差。加工阶段划分后，粗加工造成的误差，通过半精加工和精加工可以得到修正，并逐步提高零件的加工精度和表面质量，保证了零件的加工要求。

b. 合理使用设备。粗加工要求功率大、刚度好、生产率高而精度要求不高的设备。精加工则要求精度较高的设备。划分加工阶段后就可以充分发挥粗、精加工设备的特点，避免以粗干精和以精干粗，做到合理使用设备。

c. 便于安排热处理工序，使冷热加工配合得更好。例如，对一些精密零件，粗加工后安排去除应力的时效处理，可以减少内应力变形对加工精度的影响。对于要求淬火的零件，在粗加工或半精加工后安排热处理，可便于前面工序的加工和在精加工中修正淬火变形，达到工件的加工精度要求。

d. 便于及时发现毛坯的缺陷。毛坯的各种缺陷，如气孔、砂眼、夹渣及加工余量不足等，在粗加工后即可发现，便于及时修补或决定报废，以免继续加工后造成工时和费用的浪费。

② 先加工基准面。选择精基准的表面，应安排在起始工序先进行加工，以便尽快为后续工序提供精基准。

③ 先面后孔。对于箱体、支架和连杆等零件应先加工平面后加工孔。这是因为平面的轮廓平整，安放和定位比较稳定可靠。若先加工好平面，就能以平面定位加工孔，便于保证平面与孔的位置精度。另外，由于平面先加工好，对于平面上的孔加工也带来方便，使刀具的初始工作条件能得到改善。

④ 次要表面穿插在各加工阶段进行。次要表面一般加工量都较少，加工比较方便，将次要表面穿插在各加工阶段中进行加工，就能使加工阶段更加明显和顺利进行，又能增加加工阶段间的时间间隔，使工件有足够时间让残余应力重新分布并使其引起的变形充分表现，以便在后续工序中修正。

2）工序集中与工序分散。在拟订零件加工的工艺路线时，确定工序集中或分散是很重要的。

① 工序集中就是将工件的加工集中在少数几道工序内完成，每道工序加工内容较多；

工序分散就是将工件的加工分散在较多的工序中进行，每道工序的内容很少，最少时每道工序仅包含一道简单工步。

②工序集中可采用多刀多刃、多轴机床、自动机床、数控机床和加工中心等技术措施，也可采用普通机床进行顺序加工。

③工序集中与工序分散各有利弊，应根据生产类型、现有生产条件、企业能力、工件结构特点和技术要求等进行综合分析，择优选用。

单件小批生产采用万能机床顺序加工，使工序集中，可以简化生产计划和组织工作。对于重型工件，为了减少工件装卸和运输的劳动量，工序应适当集中。但对一些结构较简单的产品（如轴承）和刚度差、精度高的精密工件，则工序应适当分散。

目前的发展趋势是倾向于工序集中。

3）工序顺序的安排。

①机械加工工序的安排。根据零件的功用和技术要求，先将零件的主要表面和次要表面分开，然后着重考虑主要表面的加工顺序。安排的一般顺序是：精加工基准面→粗加工主要表面→半精加工主要表面→精加工主要表面→光整加工、超精密加工主要表面。次要表面的加工穿插在各阶段之间进行。

由于次要表面精度要求不高，一般在粗、半精加工阶段即可完成，但对于那些同主要表面有密切关系的表面，如主要孔周围的紧固螺孔等，通常置于主要表面精加工之后完成，以便保证它们的位置精度。

②热处理工序的安排。热处理的目的是提高材料的力学性能，消除残余应力和改善金属的加工性能。

常用的热处理工艺有退火、正火、调质、时效、淬火、回火、渗碳和渗氮等。按照热处理的不同目的，上述热处理工艺可分为预备热处理和最终热处理两类。

a. 预备热处理。预备热处理的目的是改善加工性能、消除内应力和为最终热处理准备良好的金相组织。其处理工艺有退火、正火、时效和调质等。

b. 最终热处理。最终热处理的目的是提高零件材料的硬度、耐磨性和强度等力学性能。其处理工艺包括淬火、渗碳淬火和渗氮等。

③辅助工序的安排。辅助工序一般包括去毛刺、倒棱、清洗、防锈、退磁和检验等。

其中，检验工序是主要的辅助工序，它对产品的质量有极重要的作用。检验工序一般安排在以下几个阶段：

a. 关键工序或工时较长的工序前后。

b. 零件转换车间前后，特别是进行热处理工序的前后。

c. 各加工阶段前后，在粗加工后精加工前，精加工后精密加工前。

d. 零件全部加工完毕后。

3. 数控加工的工艺路线的拟订

在数控加工工艺路线的拟订中应主要注意以下几个问题：

（1）工序的划分。根据数控加工的特点，数控加工工序的划分一般可按下列方法进行：

1) 以一次安装加工作为一道工序。这种方法适用于加工内容不多的工件，加工完成后就能达到待检状态。

2) 以同一把刀具加工的内容划分工序。有些零件虽然能在一次安装中加工出很多待加工面，但考虑到程序太长会受到某些限制，如控制系统的限制（主要是内存容量）和机床连续工作时间的限制（如一道工序在一个工作班内不能结束）等。另外，程序太长会增加出错率，造成差错与检索困难。因此程序不能太长，一道工序的内容不能太多。

3) 以加工部位划分工序。对于加工内容很多的零件，可按其结构特点将加工部位分成几个部分，如内形、外形、曲面或平面等。

4) 以粗、精加工划分工序。对于易发生加工变形的零件，由于粗加工后可能发生较大的变形而需要进行校形，所以一般要进行粗、精加工的都要将工序分开。

综上所述，在划分工序时，一定要视零件的结构与工艺性、机床的功能、零件数控加工内容的多少、安装次数及本单位生产组织状况灵活掌握。零件宜采用工序集中还是采用工序分散，也要根据实际需要和生产条件来确定，要力求合理。

（2）加工顺序的安排。加工顺序的安排应根据零件的结构和毛坯状况，以及定位安装与夹紧的需要来考虑，重点是保证定位夹紧时工件的刚度和有利于保证加工精度。加工顺序安排一般应按下列原则进行：

1) 上道工序的加工不能影响下道工序的定位与夹紧，中间穿插有通用机床加工工序的也要综合考虑。

2) 先进行内型内腔加工工序，后进行外形加工工序。

3) 以相同定位、夹紧方式或同一把刀具加工的工序，最好接连进行，以减少重复定位次数、换刀次数和挪动压紧元件次数。

4) 在同一次安装中进行的多道工序，应先安排对工件刚度破坏较小的工序。

（3）数控加工工序与普通工序的衔接。数控加工的工艺路线设计常常是几道数控加工工艺过程，而不是指从毛坯到成品的整个工艺过程。由于数控加工工序常常穿插于零件加工的整个工艺过程中，因此在工艺路线设计中一定要全面，使整个工艺过程协调吻合。如果协调衔接得不好就容易产生矛盾，最好的办法是建立相互状态要求，例如，要不要留加工余量，留多少定位面与定位孔的精度要求及形位公差对校形工序的技术要求，对毛坯的热处理状态要求等。目的是达到相互能满足加工需要，且质量目标及技术要求明确，交接验收有依据。关于手续问题，如果是在同一个车间，可由编程人员与主管零件的工艺人员共同协商确定。在制定工艺文件中互审会签，共同负责，如不是同一车间，则应用交接状态表进行规定，共同会签，然后反映在工艺规程中。

4. 数控加工走刀路线的确定

走刀路线是指数控加工过程中刀具（刀位点）相对于被加工工件的运动轨迹。设计好走刀路线是编制合理加工程序的条件之一。

确定走刀路线的原则如下：

（1）保证被加工工件的精度和表面质量。如图 1-17 所示，在铣削封闭的凹轮廓时，刀具的切入、切出最好选择在两面的交界处，否则会产生刀痕。为保证表面质量，最好选择图 1-17（b）和（c）所示的走刀路线。

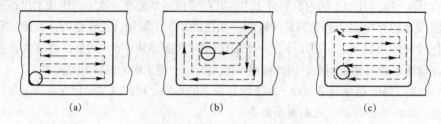

图 1-17　封闭凹轮廓的走刀路线

(a) Z 字形；(b) 环形；(c) Z 字形 + 环形

（2）尽量缩短走刀路线，减少刀具的空行程，提高生产率。如图 1-18 所示圆周均布孔的加工路线，采用图 1-18（b）所示的走刀路线比图 1-18（a）所示节省近一半的定位时间。

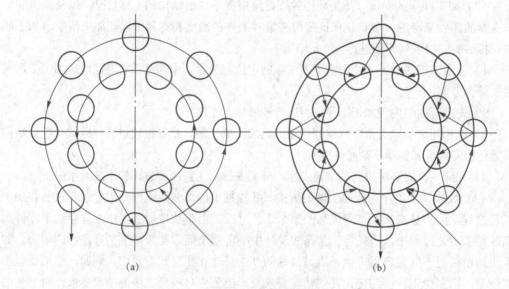

图 1-18　圆周均布孔的加工路线

（3）应使数值计算简单，程序段少，以减少编程工作量。在实际应用中，往往要根据具体的加工情况灵活应用以上原则，选择合适的走刀路线。下面以数控车床上车削圆弧为例作简要分析。

数控车床上加工圆弧时，一般需要多次走刀，先粗车将大部分余量切除，最后精车成型。如图 1-19 所示，在车圆弧时，先粗车成阶梯形，最后一次走刀精车出圆弧。该方法在确定了每刀背吃刀量 a_p 后，须精确计算出每次走刀的 Z 向终点坐标，即求出圆弧与直线的交点。因此，数值计算较繁，但刀具切削加工路线短。如图 1-20（a）所示，先按不同半径的同心圆来车削，最后将所需圆弧加工出来。该方法在确定了每刀背吃刀量 a_p 后，对于

90°圆弧的起点和终点坐标很容易确定,数值计算简单,编程方便,一般在圆弧 R 较小时常采用。而按图 1-20(b)所示的方式加工时,空行程时间较长。

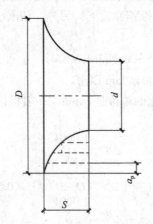

图 1-19 阶梯走刀路线车圆弧

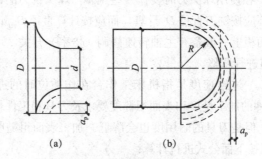

图 1-20 同心圆弧走刀路线车圆弧

5. 切削用量的确定

合理选择切削用量对于发挥数控机床的最佳效益有着至关重要的作用。选择切削用量的原则是:粗加工时,一般以提高生产率为主,但也应考虑经济性和加工成本;半精加工和精加工时,应在保证加工质量的前提下,兼顾切削效率、经济性和加工成本。具体数值应根据机床说明书、刀具说明书和切削用量手册,并结合经验而定。

(1)切削深度 a_p。切削深度也称背吃刀量。在机床、工件和刀具刚度允许的情况下,a_p 等于加工余量,这是提高生产率的一个有效措施。为了保证零件的加工精度和表面粗糙度,一般应留一定的余量进行精加工。

(2)切削宽度 L。在编程中切削宽度称为步距,一般切削宽度 L 与刀具直径 D 成正比,与切削深度成反比。粗加工中,步距取得大,有利于提高加工效率。在使用平底刀进行切削时,一般 L 的取值范围为 $L=(0.6\sim0.9)D$。而使用圆鼻刀进行加工时,刀具直径应扣除刀尖的圆角部分,即 $d=D-2r$(D 为刀具直径,r 为刀尖圆角半径),而 L 可以取 $(0.8\sim0.9)d$。而在使用球头刀进行精加工时,步距的确定应首先考虑所能达到的精度和表面粗糙度。

(3)切削线速度 V_c。切削线速度也称单齿切削量,单位为 m/min。提高 V_c 值也是提高生产率的一个有效措施，但 V_c 与刀具耐用度的关系比较密切。随着 V_c 的增大，刀具耐用度急剧下降，故 V_c 的选择主要取决于刀具耐用度。一般好的刀具供应商都会在其手册或刀具说明书中提供刀具的切削速度推荐参数 V_c。另外，切削线速度 V_c 值还要根据工件的材料硬度来作适当的调整。

例如，用立铣刀铣削合金刚 30CrNi2MoVA 时，V_c 可采用 8 m/min 左右；而用同样的立铣刀铣削铝合金时，V_c 可选 200 m/min 以上。

（4）主轴转速 n。主轴转速的单位是 r/min，一般根据切削线速度 V_c 来选定。其计算公式为

$$n = \frac{1000V_c}{\pi V_c}$$

$$D_{eff} = [D_c^2 - (D_c - 2t)^2] \times 0.5$$

$$n = \frac{1000V_c}{\pi V_{eff}}$$

式中，D_c 为刀具直径。在使用球头刀时要作一些调整，球头铣刀的计算直径要小于铣刀直径 D_c，故其实际转速不应按铣刀直径 D_c 计算，而应按计算直径 D_{eff} 计算。

数控机床的控制面板上一般备有主轴转速修调（倍率）开关，可在加工过程中根据实际加工情况对主轴转速进行调整。

（5）进给速度 V_f。进给速度是指机床工作台在作插位时的进给速度，V_f 的单位为 mm/min。V_f 应根据零件的加工精度和表面粗糙度要求及刀具和工件材料来选择。V_f 的增加也可以提高生产效率，但是刀具的耐用度也会降低。加工表面粗糙度要求低时，V_f 可选择得大些。进给速度可以按下面公式进行计算：

$$V_f = n \times z \times f_z$$

式中，V_f 表示工作台进给量，单位为 mm/min；n 表示主轴转速，单位为 r/min；z 表示刀具齿数，单位为齿；f_z 表示进给量，单位为 mm/齿，f_z 值由刀具供应商提供。

在数控编程中，还应考虑在不同情形下选择不同的进给速度。如在初始切削进刀时，特别是 Z 轴下刀时，因为进行端铣，受力较大，同时考虑程序的安全性问题，所以应以相对较慢的速度进给。

另外，在 Z 轴方向的进给由高往低走时，产生端切削，可以设置不同的进给速度。在切削过程中，有的平面侧向进刀，可能产生全刀切削即刀具的周边都要切削，切削条件相对较恶劣，可以设置较低的进给速度。

在加工过程中，V_f 也可以通过机床控制面板上的修调开关进行人工调整，但是最大进给速度要受到设备刚度和进给系统性能等的限制。

在实际的加工过程中，可能对各个切削用量参数进行调整，如使用较高的进给速度进行加工，虽然刀具的寿命有所降低，但节省了加工时间，反而能有更好的效益。编程人员必须熟悉刀具的使用和切削用量的确定原则，不断积累经验，从而保证零件的加工质量和效率，充分发挥数控机床的优点，提高企业的经济效益和生产水平。

思考练习

一、选择题

1. 第一台数控机床产生于（   ）年。
   A. 1945   B. 1948   C. 1952   D. 1958
2. 数控机床的核心部件是（   ）。
   A. 机床主体   B. CNC   C. 伺服系统   D. 辅助装置
3. ATC 的含义是（   ）。
   A. 自动换刀装置   B. 冷却装置
   C. 自动交换工作台   D. 自动排屑装置
4. 以下几种伺服系统精度最高的是（   ）。
   A. 开环伺服系统   B. 闭环伺服系统
   C. 半闭环伺服系统   D. 以上都不对
5. 目前数控系统主要采用的控制方式是（   ）。
   A. 点位控制系统 B. 直线控制系统 C. 轮廓控制系统 D. 曲线轮廓控制系统
6. 数控机床普遍采用的脉冲当量是（   ）mm。
   A. 0.1   B. 0.01   C. 0.001   D. 0.02
7. 铣削中主运动的线速度称为（   ）。
   A. 铣削速度   B. 每分钟进给量 C. 每转进给量
8. 在下列条件中，（   ）是单件生产的工艺特征。
   A. 广泛使用专用设备   B. 有详细的工艺文件
   C. 广泛采用夹具进行安装定位   D. 使用通用刀具和万能量具
9. 钻孔之前使用的中心钻，其钻削深度为（   ）。
   A. 1 mm   B. 5 mm
   C. 8 mm   D. 依钻孔直径及中心钻直径而定
10. 在切削用量中，对切削刀具磨损影响最大的是（   ）。
    A. 切削深度   B. 进给量   C. 切削速度
11. 刀具材料中，制造各种结构复杂的刀具应选用（   ）。
    A. 碳素工具钢   B. 合金工具钢   C. 高速工具钢   D. 硬质合金
12. 使工件相对于刀具占有一个正确位置的夹具装置称为（   ）装置。
    A. 夹紧   B. 定位   C. 对刀
13. 工件在装夹时，必须使余量层（   ）钳口。
    A. 稍高于   B. 稍低于   C. 大量高出
14. 套的加工方法是：孔径较小的套一般采用（   ）方法，孔径较大的套一般采用（   ）方法。
    A. 钻、铰   B. 钻、半精镗、精镗
    C. 钻、扩、铰   D. 钻、精镗

15. 在工件上既有平面需要加工,又有孔需要加工时,可采用（　　）。
    A. 粗铣平面—钻孔—精铣平面　　　B. 先加工平面,后加工孔
    C. 先加工孔,后加工平面　　　　　D. 任何一种形式
16. 欲改善工件表面粗糙度时,铣削速度宜（　　）。
    A. 提高　　　B. 降低　　　C. 不变　　　D. 无关
17. 以下（　　）特点不是数控机床所具备的。
    A. 加工效率高　B. 加工效率低　C. 加工精度高　D. 劳动强度高
18. 数控加工工艺设计所特有的设计内容是（　　）。
    A. 工艺规程设计　B. 工序设计　C. 走刀路线图　D. 数控加工程序清单
19. 以下属于数控加工的刀具是（　　）。
    A. 焊接刀具　　B. 可转位刀具　　C. 自制车刀　　D. 刮刀
20. 数控机床夹具普遍采用（　　）动力源。
    A. 手动螺旋夹紧装置　　　　　B. 液压装置
    C. 气压装置　　　　　　　　　D. 电磁压力装置

二、判断题

1. 数控机床适用于加工大批量及不改型零件的加工。（　　）
2. 表面粗糙度高度参数 Ra 值越大,表示表面粗糙度要求越高;Ra 值越小,表示表面粗糙度要求越低。（　　）
3. 进给路线的确定一是要考虑加工精度,二是要实现最短的进给路线。（　　）
4. 数控机床只适用于零件的批量小、形状复杂、经常改型且精度高的场合。（　　）
5. 数控机床与其他机床一样,当被加工的工件改变时,需要重新调整机床。（　　）
6. 高温下,刀具切削部分必须具有足够的硬度,这种在高温下仍具有硬度的性质称为红硬性。（　　）
7. 由一套预制的标准元件及部件,按照工件的加工要求拼装组合而成的夹具,称为组合夹具。（　　）
8. 粗加工时,限制进给量提高的主要因素是切削力;精加工时,限制进给量提高的主要因素是表面粗糙度。（　　）
9. 高精度是数控机床的发展方向。（　　）
10. 三坐标测量机只能检测尺寸精度。（　　）
11. 磨削不仅能加工软材料（如未淬火钢、灰铸铁等）,还可以加工硬度很高、用金属刀具很难加工的材料（如淬火钢、硬质合金等）。（　　）
12. 工件在夹具中与各定位元件接触,虽然没有夹紧尚可移动,但由于其已取得确定的位置,所以可以认为工件已定位。（　　）
13. 机床夹具在机械加工过程中的主要作用是易于保证工件的加工精度;改变和扩大原机床的功能;缩短辅助时间,提高劳动生产率。（　　）
14. 通常游标卡尺作为数控机床加工精度检测的工具,所有零件检测都能适用。（　　）

15. 铣削用量选择的次序是：铣削速度、每齿进给量、铣削层宽度、铣削层深度。（　　）
16. 若加工中工件用以定位的依据（定位基准）与对加工表面提出要求的依据（工序基准或设计基准）相重合，称为基准重合。（　　）
17. 热处理调质工序一般安排在粗加工之后、半精加工之前进行。（　　）
18. 刀具切削部位材料的硬度必须大于工件材料的硬度。（　　）
19. 零件图中的尺寸标注要求是完整、正确、清晰、合理。（　　）
20. 精铣削时，在不考虑螺杆背隙情况下，顺铣削法较不易产生振动。（　　）

三、简答题

1. 简述数控机床经历的两个阶段和六代的发展过程。
2. 简述数控机床的发展趋势。
3. 简述数控机床的组成与工作原理。
4. 简述数控机床的加工特点及适用范围。
5. 简述数控机床的性能指标。
6. 数控机床通常是如何分类的？
7. 简述点位控制、直线控制、轮廓控制系统的区别。
8. 何谓开环、半闭环和闭环控制系统？各有什么特点？
9. 数控加工工艺分析的目的是什么？包括哪些内容？
10. 数控机床上加工的零件，一般按什么原则划分工序？如何划分？
11. 划分加工阶段的目的是什么？
12. 采用夹具装夹工件有何优点？
13. 刀具切削部分的材料包括什么？
14. 工艺分析的重要意义是什么？
15. 什么场合零件加工适用"工序分散"原则？
16. 在数控机床上按"工序集中"原则组织加工有何优点？
17. 对于既要铣面又要镗孔的零件加工顺序是什么？
18. 数控加工刀具有什么特点？
19. 走刀路线设计的原则是什么？
20. 简述数控车床常用的夹具类型及特点。
21. 简述数控铣床常用的夹具类型及特点。
22. 简述加工中心常用的夹具类型及特点。

第 2 章 数控编程基础

通过本章内容的学习，了解数控编程的两种方法，能够根据零件特征选择正确的编程方法；了解基点、节点概念及基点计算方法；熟悉机床坐标系、工件坐标系、参考点、机床零点、对刀点、换刀点相互之间的关系；掌握数控编程的内容和步骤；掌握数控机床运动方向的规定，右手笛卡尔坐标系对不同类型数控机床坐标的判定方法；掌握数控机床编程的程序结构、编程格式，常用的 G 功能、M 功能代码含义。

2.1 数控编程概述

数控编程是指将零件的全部加工工艺过程及其他辅助动作，按照动作顺序，用数控机床指定的指令、格式，按照逻辑关系编写成数控加工的程序，然后将程序输入数控机床进行自动加工的过程。

2.1.1 数控编程步骤

数控编程的内容包括零件图纸分析、数控加工工艺设计、数据点的数值计算、数控加工程序编制、数控加工程序的校验及试切五个部分。

1. 零件图纸分析

编程人员首先要根据零件图纸进行数控加工分析，分析零件的材料、形状、尺寸、精度，以及毛坯形状和热处理的要求等，明确数控加工内容和要求，选择合适的数控机床。

2. 数控加工工艺设计

根据零件分析结果，并结合所用的数控机床规格、性能、数控系统功能等，拟订零件的数控加工方案，确定加工顺序、走刀路线、装夹方法、刀具及切削用量等内容，充分发挥机床的效能。工艺设计应考虑、保证加工精度，并使加工路线最短，要正确选择对刀点、换刀点，减少换刀次数，提高加工效率。

3. 数据点的数值计算

在确定了工艺方案后，就需要根据零件的几何尺寸、加工路线等，计算刀具中心运动轨迹，以获得刀位数据。数控系统一般均具有直线插补与圆弧插补功能，对于加工由圆弧和直线组成的较简单的平面零件，只需要计算出零件轮廓上相邻几何元素交点或切点的坐标值，得出各几何元素的起点、终点、圆弧的圆心坐标值等，就能满足编程要求。当零件的几何形状与控制系统的插补功能不一致时，就需要进行较复杂的数值计算，一般需要使用计算机辅助计算，否则难以完成。

4．数据加工程序编制

在完成上述工艺处理及数值计算工作后，编程人员使用数控系统规定的功能指令代码及程序段格式，逐段编写零件加工程序。另外，还应填写有关的工艺文件，如数控加工工序卡、数控刀具卡片、工件安装和零点设定卡片等。

5．数据加工程序的校验及试切

在正式加工之前，必须对程序进行校验和首件试切。通常可采用机床空运行的功能，来检查机床动作和运动轨迹的正确性，以检验程序。在具有 CRT 图形模拟显示功能的数控机床上，可通过显示走刀轨迹或模拟刀具对工件的切削过程，对程序进行检查。但这些方法只能检验出运动是否正确，不能检验被加工零件的加工精度。因此，要进行零件的首件试切。当发现有加工误差时，分析误差产生的原因，采取尺寸补偿措施，加以修正。

2.1.2　数控编程方法

数控编程方法一般有手工编程和自动编程两种。

1．手工编程

手工编程就是从分析零件图样、制定工艺方案、图形的数学处理、编写零件加工程序单到程序的校验，主要由人工参与完成的编程过程。对于加工形状简单、计算量不大、程序段不多的零件，采用手工编程即可实现高效、经济、及时的目标。因此，对于点位加工或由直线、圆弧组成的轮廓加工类零件，手工编程广泛应用。但是对于一些形状复杂的零件，特别是具有非圆弧曲线、曲面组成的零件，用手工编程就很难解决，而且容易出错，有时甚至无法实现编程，必须采用自动编程的方法解决问题。

2．自动编程

自动编程是指在编程过程中，除分析零件图样和制定工艺方案由人工参与外，其余工作均由计算机辅助完成的编程方法。采用计算机进行自动编程时，数学处理、程序编写、程序校验等工作均由计算机自动完成，由于计算机可以自动绘制出刀具中心的运动轨迹，使编程人员可及时检查程序是否正确，需要时可及时修改，以获得正确的程序。又由于计算机自动编程代替程序编制人员完成了烦琐的数据计算，可以有效提高编程效率，解决手工编程无法解决的许多复杂零件的编程难题。因而，自动编程的特点就在于编程效率高，可解决复杂形状零件的编程难题。

2.2　数控机床坐标系

我国根据 ISO 国际标准制定了《工业自动化系统与集成　机床数值控制坐标系和运动命名》（GB/T 19660—2005）标准，对数控机床的坐标轴及运动方向做了明文规定。它与 ISO 841 标准等效。本标准规定了与数控机床主要运动和辅助运动相应的机床坐标系。

2.2.1 数控机床运动方向

根据相对运动特点，数控机床刀具运动方向和工件运动方向是一组相对运动。对于由工件运动而产生的进给坐标轴向运动，其实际运动的坐标轴加"'"表示，如 X'、Y'、Z' 等，其运动方向正好与数控机床坐标 X、Y、Z 方向相反。对于编程和工艺人员来说，需考虑不带"'"的运动方向；而对于机床设计和制造者，则需考虑带"'"的实际机床的运动方向。

1. 运动方向的原则

数控机床运动方向规定刀具相对于静止工件而运动的原则，这一原则是为了编程人员能够在不知道是刀具还是工件移动的情况下，能够根据零件样图确定机床的加工过程、加工位置。对于数控机床，始终假定刀具是运动的，工件是静止的。

2. 运动方向的规定

数控机床的某一部件运动的正方向，是增大工件和刀具之间距离的方向，即刀具远离工件的方向为正方向。

2.2.2 数控机床坐标系

在数控机床加工零件时，刀具与工件的相对运动，必须在确定的坐标系中才能按编制的程序进行加工。

1. 坐标系的确定原则

如图 2-1 所示，3 个直角坐标轴 X、Y、Z 用以表示直线运动，三者的关系及其正方向由右手定则确定：大拇指的方向为 X 轴的正方向，食指的方向为 Y 轴的正方向，中指的方向为 Z 轴的正方向。3 个旋转坐标轴 A、B、C 分别表示其轴线平行于 X、Y、Z 的旋转运动，其正方向根据右手螺旋方法确定：大拇指的方向表示移动坐标轴的正方向，弯曲的其余四指表示旋转坐标轴的正方向。

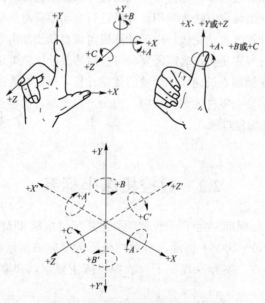

图 2-1　右手坐标系及其方向判别

2. 数控机床各坐标轴的确定

确定数控机床坐标轴时,一般先确定 Z 轴,再确定 X 轴,最后根据右手坐标系判定 Y 轴。

(1) Z 轴的确定。规定平行于机床主轴轴线的坐标轴为 Z 轴,并取刀具远离工件的方向为其正方向。

如图 2-2 所示,在车床和铣床上加工零件,主轴方向为 Z 轴方向,其进给切削方向为 Z 轴的负方向,而退刀方向为 Z 轴的正方向。

对于没有主轴的机床,如图 2-3 (a) 所示,则取垂直于装夹工件的工作台的方向为 Z 轴正方向。如果机床有几个主轴,则选择其中一个与装夹工件的工作台垂直的主轴为主要主轴,并以它的方向作为 Z 轴方向,如龙门铣床。

(2) X 轴的确定。X 轴一般是水平的,它平行于工件的装夹平面。

1) 对于工件旋转的机床,如图 2-2 (a) 所示的车床,X 轴的运动方向是径向的,且平行于横向滑座,以刀具离开工件旋转中心的方向为 X 轴的正方向。

2) 对于刀具旋转的机床,若主轴是水平的,站在机床后侧,从主轴向工件看时,X 轴的正方向指向右方,如图 2-2 (a) 中所示的卧式铣床;若主轴是垂直的,站在机床前侧,从主轴向工件看时,X 轴的正方向指向右方,如图 2-4 所 (a) 示的立式升降台铣床。

3) 对于无主轴的机床(图 2-3 中牛头刨床),则主要切削方向为 X 轴正方向。

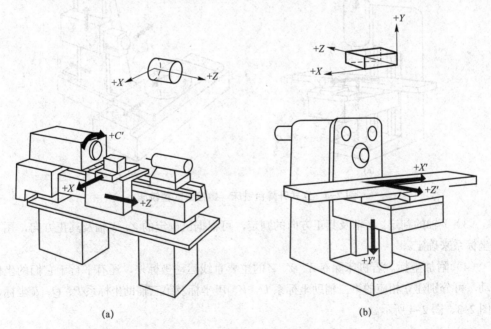

图 2-2 数控车床、卧式铣床

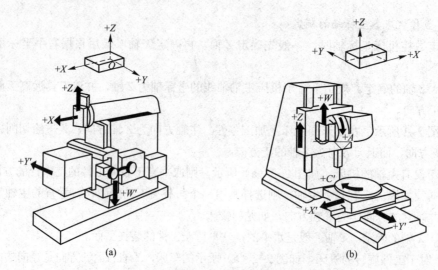

图 2-3 带摆动头的曲面和轮廓铣床

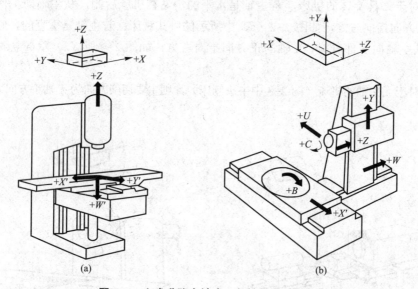

图 2-4 立式升降台铣床、数控卧式镗铣床

（3）Y 轴的判定。Y 轴及其正方向的判定，可根据已确定的 Z、X 轴及其正方向，用右手坐标系来确定。

（4）附加坐标。若机床除有 X、Y、Z 的主要直线运动坐标外，还有平行于它们的坐标运动，可分别建立相应的第二辅助坐标系 U、V、W 坐标及第三辅助坐标系 P、Q、R 坐标，如图 2-3、图 2-4 所示。

2.2.3 数控机床相关的点

数控机床的坐标系包括机床坐标系和工件坐标系。

1. 机床坐标系及机床原点

机床坐标系是机床上固有的坐标系,是机床制造和调整的基准,也是工件坐标系设定的基准。数控机床出厂时,生产厂家是通过预先在机床上设定一固定点来建立机床坐标系的,这个点就称为机床原点或机床零点。在数控机床上,机床原点一般取卡盘端面与主轴轴线的交点。在数控铣床上,一般取在 X、Y、Z 3 个直线坐标轴正方向的极限位置上,如图 2-5 所示。

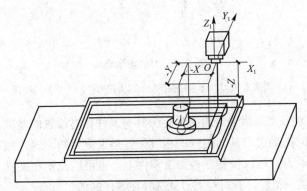

图 2-5 数控铣床的机床坐标系

2. 机床参考点

机床参考点是数控机床上的又一个重要固定点,其与机床原点之间的位置用机械行程挡铁或限位开关精确设定。大多数机床将刀具沿其坐标轴正向运动的极限点作为参考点,参考点位置在机床出厂时已调整好,一般不做变动。必要时可以通过设定参数或改变机床上各挡铁的位置来调整。

数控机床通电后,无论刀具在什么位置,此时显示器上显示的 X、Y、Z 坐标值均为零,这并不表示刀架中心在机床坐标系中的坐标值,只能说明机床坐标系尚未建立。当执行返回参考点的操作后,显示器方显示出刀架中心在机床坐标系中的坐标值,这才表示在数控系统内部建立起了真正的机床坐标系,这个操作也称回零操作。因此,加工前必须进行手动回零操作,以建立机床坐标系。

一旦机床断电后,数控系统就失去了对参考点的记忆。通常在以下几种情况下必须进行回零操作:

(1)机床首次开机,或关机后重新接通电源时。

(2)解除机床超程报警信号后。

(3)解除机床急停状态后。

3. 刀位点、对刀点、对刀及换刀点

(1)刀位点。刀位点是指刀具的定位基准点。在进行数控加工编程时,往往是将整个刀具浓缩视为一个点,那就是刀位点。其是在刀具上用于表现刀具位置的参照点。一般来说,立铣刀、端铣刀的刀位点是刀具轴线与刀具底面的交点;球头铣刀的刀位点是球头的球心点或球头顶点;镗刀、车刀的刀位点为刀尖或刀尖圆弧中心;钻头是钻尖或钻头底面中心;线切割的刀位点则是线电极的轴心与零件面的交点。常见刀具的刀位点如图 2-6 所示。

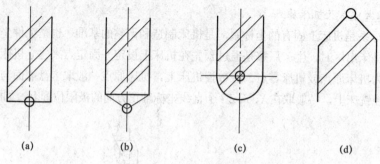

图 2-6 刀位点示意

(a) 平头立铣刀；(b) 钻头；(c) 球头铣刀；(d) 车刀、镗刀

(2) 对刀点。对刀点是指通过对刀确定刀具与工件相对位置的基准点。对于数控机床来说，在加工开始时，确定刀具与工件的相对位置是很重要的，这一相对位置是通过确认对刀点来实现的。对刀点可以设置在被加工零件上，也可以设置在夹具上与零件定位基准有一定尺寸联系的某一位置，有时对刀点就选择在零件的加工原点。

对刀点的选择原则如下：

1) 对刀点应选择在容易找正、便于确定零件加工原点的位置；
2) 对刀点应选择在加工时检验方便、可靠的位置；
3) 所选择的对刀点应使程序编制简单；
4) 对刀点的选择应有利于提高加工精度。

(3) 对刀。在使用对刀点确定加工原点时，就需要进行"对刀"。所谓对刀是指使"刀位点"与"对刀点"重合的操作。每把刀具的半径与长度尺寸都是不同的，刀具安装在机床上后，应在控制系统中设置刀具的基本位置，从而建立机床坐标与工件坐标之间的联系。

(4) 换刀点。换刀点可以是某一固定点（如加工中心，其换刀机械手的位置是固定的），也可以是任意的一点（如数控车床）。为防止换刀时碰伤零件及其他部件，换刀点常常设置在被加工零件或夹具的轮廓之外，并留有一定的安全量。

2.2.4 工件坐标系

工件坐标系是编程时使用的坐标系，因此又称编程坐标系。工件坐标系坐标轴必须与机床坐标轴同向、平行。

工件坐标系的原点也称工件零点或编程零点，其位置由编程者自行确定。工件原点的确定原则是简化编程计算，故应尽量将工件原点设置在零件图的尺寸基准或工艺基准处。一般来说，数控车床的工件原点一般选择在主轴中心线与工件右端面或左端面的交点处，如图 2-7 所示。数控铣床 X、Y 轴方向的工件原点可设置在工件外轮廓的某一个角上，或设置在工件的对称中心上；Z 轴方向的零点，一般设置在工件表面上。

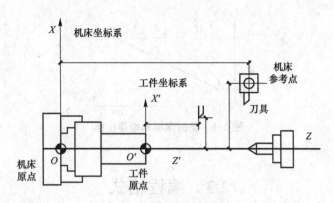

图 2-7 数控车床坐标系

2.2.5 绝对坐标系与增量坐标系

1. 绝对坐标系与增量坐标系的概念

在坐标系中,以坐标系的原点为基准,给出零件轮廓点位置的距离或角度称为绝对尺寸,这个坐标系称为绝对坐标系。

在坐标系中,将刀具运动位置的坐标值表示为相对于前一位置坐标的增量,即为目标点绝对坐标值与当前点绝对坐标值的差值,这种坐标的表示法称为增量坐标系表示法。

2. 绝对值编程(G90)和增量值编程(G91)

数控加工的运动控制指令可以采用两种坐标方式进行编程,即绝对值编程和增量值编程。绝对值编程是指刀具在运动过程中,所有的刀具位置坐标均以坐标原点为基准进行的编程方式,在程序中用 G90 指定。增量值编程是指刀具在运动过程中,刀具当前位置的坐标由前一位置度量得到,因此也称相对坐标编程,在程序中用 G91 指定。

(1) 指令格式。

G90/G91 G00/G01 X__ Y__ Z__(F__)

(2) 参数说明。

X、Y、Z——在 G90 方式下为运动终点的绝对坐标值;

在 G91 方式下为运动终点减去运动起点的坐标值,它是一个矢量值。

【例 2-1】如图 2-8 所示,A 点到 B 点的快速移动可以用绝对值编程和增量值编程分别表示为

```
    G90 G00 X60.0 Y40.0;                                    //绝对值编程
或  G91 G00 X50.0 Y30.0;                                    //增量值编程
```

(3) 注意点。有些数控系统不用 G 指令规定,而用 X、Y、Z 表示绝对值编程,U、V、W 表示增量值编程。如图 2-8 所示,用增量值编程可以表示为 G00 U50.0 W30.0。

有时在一个程序段中,可以同时使用绝对值和增量值进行编程,称为混合编程。如 G00 X40.0 W20.0。但在 G90/G91 方式下,一个程序段只能选用绝对值编程和增量值编程中的一种。

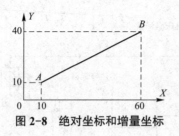

图 2-8 绝对坐标和增量坐标

2.3 编程格式

数控机床用数字化信息进行机床控制，数字化信息即数控加工程序，不同的数控系统对程序结构和编程格式有特定的要求和规定，因此，编程人员要根据数控系统及零件特征编制符合规范的数控加工程序才能加工出合格的机械零件。

2.3.1 程序结构与编程格式

为了满足设计、制造、维修和普及的需要，在输入代码、坐标系统、加工指令、辅助功能及程序格式等方面，国际上已形成了由国际标准化组织（ISO）和美国电子工程协会（EIA）分别制定的两种标准。我国根据 ISO 标准制定了《工业自动化系统与集成 机床数值控制坐标系和运动命名》（GB/T 19660—2005）、《机床数控系统 编程代码》（GB/T 38267—2019）。但是由于各个数控机床生产厂家所用的标准尚未完全统一，其所用的代码、指令及其含义不完全相同，因此，在进行数控编程时必须按所用数控机床编程手册中的规定进行。目前，数控系统中常用的代码有 ISO 代码和 EIA 代码。

进行数控编程时，必须先了解数控程序的结构和编程规则，才能正确地编写数控加工程序。

1. 数控加工程序结构

一个完整的数控加工程序都是由程序名、程序内容和程序结束三部分组成的。程序内容则由若干程序段组成，程序段由若干字组成，每个字又由字母和数字组成。字组成程序段，程序段组成程序。

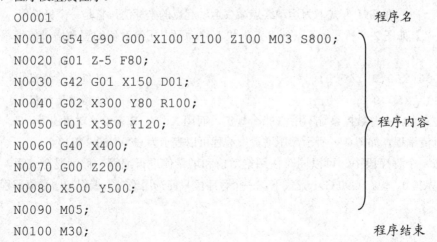

（1）程序名。程序名为程序的开始部分。为了区别存储器中的程序，每个程序都要有程序编号。在编号前采用程序编号地址符，不同的数控系统，程序地址符有所不同，如在 FANUC 系统中，采用英文字母 O 作为程序编号地址，而其他系统有的采用 P、% 等。

例如，O0015 为程序号，O 为程序号地址符，0015 为程序的编号。

（2）程序内容。程序内容是整个程序的核心，由许多程序段组成，每个程序段由一个或多个指令字组成。其表示数控机床要完成的全部动作。

（3）程序结束。以程序结束指令 M02 或 M30 作为整个程序结束的符号，来结束整个程序。

2. 程序段格式

程序段格式是指程序段中字、字符和数据的安排形式。其是由表示地址的英文字母、特殊文字、数字和符号等集合而成的。

程序段格式可分为字地址符程序段格式、带分隔程序段格式、固定顺序程序段格式和可变程序段格式等，最常用的是可变程序段格式。

所谓可变程序段格式，就是程序段的长短，随字数和字长（位数）都是可变的。以 FANUC 0i 系统为例：

N0030 G42 G01 X10.0 Y10.0 D03 F80;

程序段中：

N——程序段地址，用于指令程序段号；

G——指令动作方式的准备功能地址（G01 为直线插补指令）；

X——坐标轴地址，其后面的数字表示刀具在该坐标移动的目标点坐标；

F——进给量指令地址，其后面的数字表示进给量，F80 表示进给量为 80 mm/min；

程序段末尾的"；"——程序段结束符号（EOB）。

3. 常用编程指令

功能字是数控加工程序基本组成部分。功能字是描述机床具体动作或表示零件某一结构特征或机床某种工作状态的。功能字的定义见表 2-1，在数控编程中，26 个英文字母都有定义。在现代的数控系统中，一般不区分大小写字母。其中表示坐标值的功能字称为尺寸字；其他的功能字称为非尺寸字。X、Y、Z、U、V、W、P、Q、R、I、J、K、A、B、C 是尺寸字；其他是非尺寸字。

表 2-1 功能字中英文字母的含义

英文字母	意义	字结构	举例
O、P	程序号、子程序号	O（P）+ 四位数字	O0008
N	程序段号	N+2～4 位数字	N10、N100
X、Y、Z	第一坐标系坐标值	X（Y、Z）+ 坐标值	X15、Y15
U、V、W	第二坐标系坐标值	U（V、W）+ 坐标值	U20、W25
P、Q、R	第三坐标系坐标值	P（Q、R）+ 坐标值	P100、Q50
A、B、C	绕 X、Y、Z 坐标的转动坐标值	A（B、C）+ 坐标值	A90、B45
I、J、K	圆弧中心坐标	I（J、K）+ 坐标值	I20、J20、K5
D、H	补偿号指定，附加旋转坐标	D（H）+ 坐标值	D01、H02

续表

英文字母	意义	字结构	举例
G	准备功能字	G+ 两位数字	G01、G02
M	辅助功能字	M+ 两位数字	M03、M05
F	进给功能字	F+ 进给速度值	F80
S	主轴转速字	S+ 主轴转速	S1200
T	刀具功能字	T+ 两位数或四位数	T01
L	子程序调用次数	L+ 子程序调用次数	L3

功能字也称功能指令，功能指令可分为模态指令和非模态指令两种。模态指令是指功能指令在数控程序中一直起作用，直到被同一组其他指令所取代才失去作用，这样的指令叫作模态指令；只在指令程序段中起作用的功能指令称作非模态指令。

（1）G 功能指令。G 功能指令也称准备功能字，是数控系统中的主要功能字。其是描述数控机床插补动作的，是数控加工程序中最复杂的功能字。ISO 标准规定，G 功能字由字母 G 和两位十进制阿拉伯数字组成，从 G00～G99 共 100 条。但有的数控系统并没有遵守这一规定，因此，G 代码功能指令具体应用规则要参考数控机床系统编程说明书。G 代码可分为模态指令与非模态指令两类。模态功能指令又称续效指令，一经程序段中制定，便一直有效，直到以后程序段中出现同组另一指令或被其他指令取消时才失效。编写程序时，与上一段相同的模态功能指令，可以省略不写。不同组模态指令编写在同一程序段中，不影响其续效。

表 2-2 是 FANUC 0i 系统常用的 G 功能代码。G 功能有 A、B、C 三种类型。一般数控车床大多设定成 A 型，而数控铣床和加工中心设定成 B 型或者 C 型。

G 功能代码可分为多个组，根据组别可分为两大类。属于"00"组别者，为非模态代码或非续效性指令，该指令的功能只在该程序段执行时发生效用。属于"非 00"组别者，为模态代码或续效指令，该指令除在该程序段执行时发生效用外，其功能可以延续到下一程序段，直到被同一组别的指令取代为止。

不同组的 G 功能代码可以出现在一个程序段内，但是同一组别的 G 功能代码，在同一程序段中出现两个或两个以上时，则以最后面的 G 功能为有效。

表 2-2　FANUC 0i 系统常用 G 功能代码

| G 代码 | | | 组 | 功能 | G 代码 | | | 组 | 功能 |
A	B	C			A	B	C		
G00	G00	G00	01	快速定位	G70	G70	G72	00	精加工循环
G01	G01	G01		直线插补（切削进给）	G71	G71	G73		外径/内径粗车复合循环
G02	G02	G02		圆弧插补（顺时针）	G72	G72	G74		端面粗车复合循环
G03	G03	G03		圆弧插补（逆时针）	G73	G73	G75		轮廓粗车复合循环
G04	G04	G04	00	暂停	G74	G74	G76		排屑钻端面孔（沟槽加工）
G10	G10	G10		可编程数据输入	G75	G75	G77		外径/内径钻孔
G11	G11	G11		可编程数据输入方式取消	G76	G76	G78		多头螺纹复合循环

第 2 章 数控编程基础

续表

G 代码			组	功能	G 代码			组	功能
G20	G20	G70	06	英制输入	G80	G80	G80	10	固定钻孔循环取消
G21	G21	G71		米制输入	G83	G83	G83		钻孔循环
G27	G27	G27	00	返回参考点检查	G84	G84	G84		攻丝循环
G28	G28	G28		返回参考位置	G85	G85	G85		正面镗孔循环
G32	G33	G33	01	螺纹切削	G87	G87	G87		侧钻循环
G34	G34	G34		变距螺纹切削	G88	G88	G88		侧攻螺纹循环
G36	G36	G36	00	自动刀具补偿 X	G89	G89	G89		侧镗循环
G37	G37	G37		自动刀具补偿 Z	G90	G77	G20	01	外径/内径自动车削循环
G40	G40	G40	07	取消刀具半径补偿	G92	G78	G21		螺纹自动车削循环
G41	G41	G41		刀具半径左补偿	G94	G79	G24		端面自动车削循环
G42	G42	G42		刀具半径右补偿	G96	G96	G96	02	恒线速度切削控制
G50	G92	G92	00	坐标系、主轴最大速度设定	G97	G97	G97		恒线速度切削控制取消
G52	G52	G52		局部坐标系设定	G98	G94	G94	05	每分钟进给速度
G53	G53	G53		机床坐标系设定	G99	G95	G95		每转进给速度
G54〜G59			14	选择第 1〜6 工件坐标系	G90	G90	G90	03	绝对坐标值
G65	G65	G65	00	调用宏程序	G91	G91	G91		增量坐标值

（2）M 功能指令。M 辅助功能字是数控系统中描述机床主轴动作、切削液开关、夹具动作等其他辅助动作的功能字，是数控系统中一种复杂的功能字。ISO 规定，M 功能字由字母 M 与两个十进制阿拉伯数字组成，从 M00〜M99 共 100 条。M 代码，除可分为模态指令与非模态指令外，还要注意其开始时间。M03、M04 功能与同段其他指令的动作同时开始，即程序段一开始执行，主轴开始旋转；M02 功能则在程序段动作完成后才开始。表 2-3 为常用辅助功能的 M 代码、含义及用途。

表 2-3 常用辅助功能的 M 代码、含义及用途

功能	含义	用途
M00	程序停止	程序暂停，执行此指令后，主轴的转动、进给、切削都停止，但是模态信息全部被保存，以便进行某一手动操作，如手动换刀、测量等。按下"循环启动"按钮，机床重新启动，继续执行后面的程序
M01	选择停止	功能与 M00 相似，不同的是，M01 只有在预先按下控制面板上的"选择停止开关"按钮的情况下，程序才会停止
M02	程序结束	表示程序全部结束。此时主轴停止、进给停止、切削液关闭，机床处于复位状态，光标停在程序结束的位置
M03	主轴正转	从主轴向 Z 轴正方向看，主轴顺时针转动
M04	主轴反转	主轴逆时针转动
M05	主轴停止转动	主轴停止转动

续表

功能	含义	用途
M06	换刀	用于加工中心的自动换刀。当执行 M06 时，进给停止，但主轴、切削液不停
M07	冷却液打开	表示 2 号冷却液，或者雾状冷却液打开
M08	冷却液打开	表示 1 号冷却液，或者液状冷却液打开
M09	冷却液关闭	关闭冷却液
M30	程序结束	与 M02 基本相同，但是 M30 能自动返回程序的起始位置
M98	子程序调用	用于子程序的调用
M99	子程序返回	用于子程序结束及返回主程序

4．程序数字输入格式

数控程序中的每一个指令皆有一定的固定格式，使用不同的数控装置其格式也不同，故必须依据该数控装置的指令格式书写指令，若其格式有错误，程序将不被执行而且出现报警。

数据输入时，一般数控机床可采用公制单位（mm）或英制单位（in）为数值单位。公制精确到 0.001 mm；英制精确到 0.000 1 in，小数点后多余位数被忽略不计。

程序中控制刀具移动的指令中坐标字的表示方式有用小数点表示和不用小数点表示。用小数点表示法，单位为 mm 或 in；而不用小数点表示法，系统会将数值乘以最小移动量，即默认单位为 0.001 mm，或 0.000 1 in。

2.3.2 数控编程中的数值计算

数控编程通过机床坐标的各个点控制刀具与工件之间的准确位置，从而实现自动加工，因此，数控编程的坐标值，往往通过几何图形的尺寸关系或者解析几何关系进行计算确定。

1．基点的计算

一个零件的轮廓曲线常常由不同的几何元素组成，如直线、圆弧、二次曲线等。各几何元素之间的连接点称为基点，如两直线的交点，直线与圆弧的交点或切点，圆弧与圆弧的交点或切点，圆弧或直线与二次曲线的切点或交点等。两个相邻基点之间只能有一个几何元素。如图 2-9 所示，点 A、B、C、D、E、F 都是该零件轮廓的基点。

平面零件轮廓大多由直线和圆弧组成，而现代数控机床的数控系统都具有直线插补和圆弧插补功能，所以，平面零件轮廓曲线的基点计算比较简单。一般基点的计算可以根据图纸给定条件，用几何法、解析几何法、三角函数法求得。

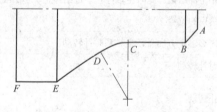

图 2-9　两维轮廓零件的基点计算

2. 节点的计算

如果零件的轮廓曲线不是由直线或圆弧构成（如可能是椭圆、双曲线、抛物线、一般二次曲线等曲线），而数控装置又不具备其他曲线的插补功能时，要采取用直线或圆弧逼近的数学处理方法。即在满足允许编程误差的条件下，用若干直线段或圆弧段分割逼近给定的曲线。相邻直线段或圆弧段的交点或切点称为节点（图 2-10）。对于立体型面零件，应根据允许误差将曲线分割成不同的加工截面，各截面上的轮廓曲线也要进行基点和节点计算。

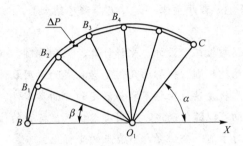

图 2-10 节点计算

节点计算方法较多，常用方法有等间距法直线逼近节点计算方法和圆弧逼近轮廓的节点计算方法等。等间距法直线逼近节点计算方法简单，其特点是每个程序段的某一个坐标增量相等；圆弧逼近轮廓的节点计算方法是零件轮廓曲线可用一段段的圆弧逼近，常用的方法有曲率圆法和相切圆法等。

3. 刀位点轨迹的计算

零件图上的数据是按零件轮廓尺寸给出的，加工时刀具是按刀位点轨迹运动的，零件的轮廓形状是由刀具切削刃进行切削形成的。对于具有刀具半径补偿功能的数控机床而言，只要在编写程序时，在程序的适当位置写入建立刀具补偿的有关指令，就可以保证在加工过程中，使刀位点按一定的规则自动偏离编程轨迹，达到正确加工的目的。这时可以直接按零件轮廓的形状，计算各基点和节点坐标，并作为编程时的坐标数据。

对于没有刀具半径补偿功能的数控机床，编程时，需按刀具的刀位点轨迹计算基点和节点坐标值，作为编程时的坐标数据，按零件轮廓的等距线编程。

> **思考练习**

一、选择题

1. 数控机床的坐标系是（　　）。

 A. 直角坐标系 　　　　　　　　B. 右手螺旋坐标系

 C. 空间三维直角坐标系 　　　　D. 右手笛卡尔直角坐标系

2. 数控机床判定坐标系，最先判定（　　）。

 A. X 轴　　　　B. Y 轴　　　　C. Z 轴　　　　D. 都不对

3. 关于数控机床运动方向，下列叙述正确的是（　　）。
   A. 刀具运动，工件静止　　　　　　B. 工件运动，刀具静止
   C. 刀具相对于静止工件运动　　　　D. 工件相对于静止刀具运动
4. 以下机床上的点，（　　）是固定不变的。
   A. 机床原点　　　　　　　　　　　B. 机床参考点
   C. 工件坐标零点　　　　　　　　　D. 换刀点
5. 一个完整的程序包含（　　）。
   A. 程序名　　　B. 程序主体　　　C. 程序结束　　　D. 程序包

二、判断题

1. 数控编程内容包括数控工艺设计、坐标计算、程序编制。（　　）
2. 手工编程适用于结构规则、轮廓由几何元素构成的通用零件。（　　）
3. 自动编程适用于形状复杂、坐标不容易确定的曲面类零件。（　　）
4. 工件坐标系的方向可以随便确定，不用考虑机床坐标系的位置关系。（　　）
5. 绝对坐标是指相对于前一个位置，当前点的坐标值。（　　）
6. 相对坐标是指以固定的坐标原点，各坐标点的坐标值。（　　）
7. 数控编程只能采用绝对坐标编程。（　　）
8. G功能代码可分为模态指令和非模态指令。（　　）
9. 同组的模态功能指令可以写在一个程序段，同时起作用。（　　）

三、简答题

1. 简述数控编程的一般步骤。
2. 数控编程的方法有哪些？各有什么特点？
3. 什么是刀位点？什么是起刀点？
4. 简述数控机床坐标系命名原则及各坐标方向判断的规定。
5. 简述机床坐标系与工件坐标系之间的区别和联系。
6. 如何选择合理的编程原点？
7. 简述机床原点、机床参考点、工件坐标系的概念。
8. 什么是基点？什么是节点？

第3章 数控车床编程（FANUC系统）

通过本章内容的学习，了解数控车床的结构特点及数控车削的加工对象，掌握FANUC数控系统数控车床的编程方法，掌握数控车床坐标系、对刀知识，掌握数控车削加工基本指令的应用，掌握单一固定循环G90～G94的用法，掌握螺纹切削加工指令G32、G92的用法，掌握复合固定循环G70～G76的用法；熟悉数控车削刀具补偿功能的应用；能够熟练对车削加工的轴、盘、套、复杂回转体零件进行数控编程。

3.1 数控车床介绍

数控车床是当前使用最广泛的数控机床之一。其主要用于加工精度要求高，表面粗糙度好、轮廓形状复杂的轴类、盘类、螺纹类等回转体零件；能够通过程序控制自动完成内圆柱面、锥面、圆弧、螺纹等工序的切削加工，并进行切槽、钻、扩、铰孔等工作。而近年来使用逐渐增多的数控车削加工中心和数控车铣加工中心，使得在一次装夹中可以完成更多的加工工序，提高了加工质量和生产效率，因此，还适用于复杂形状的回转类零件的加工。

3.1.1 数控车床的组成与分类

1. 数控车床的组成

现今数控车床的布局大都采用全封闭防护，其主要由以下各部分组成：

（1）主体。机床主体主要包括床身、主轴箱、床鞍、尾座、进给机构等机械部件。

（2）计算机数控装置（CNC装置）。数控装置是数控车床的控制核心，一般采用专用计算机控制。其主要由显示器输入和输出装置、存储器及系统软件等组成。

（3）伺服驱动系统。伺服驱动系统是数控车床执行机构的驱动部件，将CNC装置输出的运动指令转换成机床移动部件的运动。其主要包括主轴驱动、进给驱动及位置控制等。

（4）辅助装置。辅助装置是指数控车床的一些配套部件。其包括换刀装置、对刀仪、液压、润滑、气动装置、冷却系统和排屑装置等。

2. 数控车床的分类

数控车床的分类方法较多，通常都以与普通车床相似的方法进行分类。

（1）按车床主轴位置分类。

1）立式数控车床。立式数控车床主轴垂直于水平面，并有一个直径很大、供装夹工件用的圆形工作台。主要用于加工径向尺寸相对较大的大型复杂零件。

2）卧式数控车床。卧式数控车床又可分为数控水平导轨卧式车床和数控倾斜导轨卧式车床。数控倾斜导轨结构可以使车床具有更大的刚性，并易于排除切屑。

（2）按加工零件的基本类型分类。

1）卡盘式数控车床。卡盘式数控车床未设置尾座，适合车削盘类（含短轴类）零件。其夹紧方式多为电动或液动控制，卡盘结构多具有可调卡爪或不淬火卡爪（即软卡爪）。

2）顶尖式数控车床。顶尖式数控车床配置有普通尾座或数控尾座，适合车削较长的轴类零件及直径不太大的盘、套类零件。

（3）按数控系统的功能分类。

1）经济型数控车床。经济型数控车床一般采用开环控制，具有CRT显示、程序存储、程序编辑等功能，加工精度较低，功能较简单。

2）全功能型数控车床。全功能型数控车床是较高档次的数控车床，具有刀尖圆弧半径自动补偿、恒线速、倒角、固定循环、螺纹切削、图形显示、用户宏程序等功能，加工能力强，适用于加工精度高、形状复杂、循环周期长、品种多变的单件或中小批量零件。

3）精密型数控车床。精密型数控车床采用闭环控制，不但具有全功能型数控车床的全部功能，而且机械系统的动态响应较快，适用于精密和超精密加工。

（4）其他分类方法。按数控车床的不同控制方式，可分为直线控制数控车床、两主轴控制数控车床等；按特殊或专门工艺性能，可分为螺纹数控车床、活塞数控车床、曲轴数控车床等多种。另外，车削中心也列入这一类，可分为立式车削中心和卧式车削中心两类，主要特点是具有先进的动力刀具功能，即它在自动转位刀架的某个刀位或所有刀位上，可使用多种旋转刀具，如铣刀、钻头等，可对车削工件和某部位进行铣、钻削加工，如铣削端面槽、多棱柱及螺纹槽。有的车削中心还配有刀库和换刀机械手，扩大了自动选择和使用刀具的数量，从而增强了机床加工的适应能力，扩大了加工范围。

3.1.2 数控车床的加工对象

数控车削是数控加工中运用较多的加工方法之一。与常规车削加工相比，数控车削加工主要用于以下零件的加工。

1. 轮廓形状特别复杂或者尺寸难于控制的回转体零件

因为数控车床具有直线插补、圆弧插补功能，部分机床还有非圆曲线插补功能，故能车削由任意平面曲线轮廓所组成的回转体零件，包括通过拟合计算后的、不能用方程描述的列表曲线类零件。

2. 加工质量要求高的零件

零件的加工质量主要是指精度和表面粗糙度。精度要求高的主要是尺寸精度、形状精度和位置精度，表面粗糙度值低。例如，尺寸公差为0.005 mm的零件；圆柱度要求高的圆柱体零件；直线度、圆度和倾斜度要求高的圆锥体零件；线轮廓度要求高精度超过数控线切割加工样板精度的零件；在一些特种精密数控加工车床上，可以加工出轮廓精度极高、表面粗糙度值极低的高精零件（如复印机中的回转鼓及激光打印机的多面反射体等），以及通过恒线速度切削功能，加工表面精度要求高的各种变径表面类零件等。

3．特殊螺纹表面零件

特殊螺纹表面零件主要是指特大螺距（或导程）、变（增/减）螺距、等螺距或变螺距作平滑过渡的螺旋零件，高精度的模数螺旋零件（如圆柱、圆弧蜗杆）及端面螺纹零件等。

4．淬硬性工件的加工

在大型模具加工中，有不少尺寸大且形状复杂的零件，这些零件热处理后的变形量较大，磨削加工非常困难，因此，在工艺设计过程中，可以用陶瓷车刀在数控车床上对淬火后的零件进行车削加工，以车代磨，提高加工效率。

5．异形轴的加工

零件呈对称不规则回转体形状，方便在车床上装夹的工件加工，这些零件一般称为异形轴（如十字轴、曲轴等），利用数控车床进行异形轴的加工可以大大降低劳动强度，有效提高零件的加工精度。

3.1.3　数控车床坐标系和工件坐标系

1．数控车床坐标系

数控车床坐标系原点是由数控车床的结构决定的，是车床上的一个固定点，一般为主轴旋转中心与卡盘后断面的交点。主轴即 Z 轴，主轴与法兰盘接触面的水平面则是 X 轴。+X 轴和 +Z 轴对着加工空间。以机床原点为坐标系原点建立起来的 X、Z 轴直角坐标系，称为数控车床坐标系（图 3-1）。机床坐标系是制造和调整机床的基础，也是设置工件坐标系的基础，一般不允许随意变动。

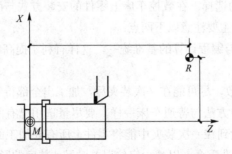

图 3-1　数控车床的机床零点和参考点

（1）Z 轴方向的判定：Z 轴平行于主轴，刀具远离工件的方向为 Z 轴的正方向。

（2）X 轴方向的判定：刀具远离工件的方向为 X 轴的正方向，根据刀具布置形式不同，刀具前置与刀具后置，X 轴的坐标正方向也不同。

2．工件坐标系

车削零件的工件坐标系是由编程技术人员根据零件结构特点决定的，是零件编程的一个基准点，工件坐标系平行于数控车床坐标系，一般的轴、盘、套类零件为了便于编程数据点的确定,通常都取右端面中心为工件坐标系的原点,右端面中心为 O 点,主轴向右为 $+Z$,刀具方向为 $+X$。对刀就是确定工作坐标系在机床坐标系中的位置关系,通过对刀建立机床坐标与工件坐标的联系,从而实现数控机床的数字化坐标控制。

3.2 数控车床工艺基础及基本编程指令

3.2.1 数控车削工艺基础

数控车床加工工艺主要包括以下内容:
(1)选择适合在数控车床上加工的零件,确定工序内容。
(2)分析被加工零件的图样,明确加工内容及技术要求。
(3)确定零件的加工方案,制定数控加工工艺路线。如划分工序、安排加工顺序、处理与非数控加工工序的衔接等。
(4)加工工序的设计。如选取零件的定位基准、装夹方案的确定、工步划分、刀具选择和确定切削用量等。
(5)数控加工程序的调整。如选取对刀点和换刀点、确定刀具补偿及确定加工路线等。

1. 数控车削加工工艺的制定

在制定数控车削加工工艺的过程中,工艺编制应遵循工艺规程制定的总体原则,在这一章中主要针对数控车削加工常用的原则进行叙述,同时,还对数控车削加工的特点进行分析。

(1)分析零件图。在选择并决定数控加工零件及其加工内容后,应对零件的数控加工工艺性进行全面、认真、仔细的分析,主要包括零件结构工艺性分析与零件图样分析两部分。

(2)零件安装方式的选择。在数控车床上零件的安装方式与卧式车床一样,要合理选择定位基准和夹紧方案,主要注意以下两点:

1)力求设计、工艺与编程计算的基准统一,这样有利于提高编程时数值计算的简便性和精确性。

2)尽量减少装夹次数,尽可能在一次装夹后,加工出全部待加工面。

数控车床上零件安装方法与普通车床一样,要尽量选用已有的通用夹具装夹,且应注意减少装夹次数,尽量做到在一次装夹中能将零件上所有要加工的表面都加工出来。零件定位基准应尽量与设计基准重合,以减少定位误差对尺寸精度的影响。

数控车床多采用三爪自定心卡盘夹持工件;轴类工件还可以采用尾座顶尖支承工件,还可以使用软爪夹持工件,软爪弧面由操作者随机配制,也可以获得理想的夹持精度。为减少细长轴加工时受力变形,提高加工精度,以及在加工带孔轴类工件内孔时,可采用液压自动定心中心架,其定心精度可达 0.03 mm。另外,数控车床加工中还有其他相应的夹具,主要分为用于轴类零件的夹具和用于盘类零件的夹具两大类。

①用于轴类零件的夹具。用于轴类零件的夹具有自动夹紧拨动卡盘、拨齿顶尖、三爪拨动卡盘和快速可调万能卡盘等。数控车床加工轴类零件时,坯件装夹在主轴顶尖和尾座

顶尖之间，由主轴上的拨盘或拨齿顶尖带动旋转。这类夹具在粗车时可以传递足够大的转矩，以适应于主轴的高速旋转的车削。

②用于盘类零件的夹具。用于盘类零件的夹具主要有可调卡爪式卡盘和快速可调卡盘。这类夹具适用于无尾座的卡盘式数控车床。

(3) 加工顺序和进给路线的确定。

1) 加工顺序的确定。在数控机床加工过程中，由于加工对象复杂多样，特别是轮廓曲线的形状及位置千变万化，加上材料不同、批量不同等多方面因素的影响，在对具体零件制定加工顺序时，应该进行具体分析和区别对待，灵活处理。只有这样，才能使所制定的加工顺序合理，从而达到质量优、效率高和成本低的目的。

数控车削的加工顺序一般按下面的原则确定：

①先粗后精。为了提高生产效率并保证零件的精加工质量，在切削加工时，应先安排粗加工工序，在较短的时间内，将精加工前大量的加工余量（如图 3-2 中的虚线内所示部分）去掉，同时尽量满足精加工的余量均匀性要求。

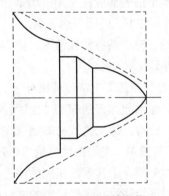

图 3-2　先粗后精示例

当粗加工工序安排完成后，应接着安排换刀后进行的半精加工和精加工。其中，安排半精加工的目的是，当粗加工后所留余量的均匀性满足不了精加工要求时，则可安排半精加工作为过渡性工序，以便使精加工余量小而均匀。

在安排可以一刀或多刀进行的精加工工序时，其零件的最终轮廓应由最后一刀连续加工而成。这时，加工刀具的进退刀位置需要考虑妥当，尽量不要在连续的轮廓中安排切入和切出或换刀及停顿，以免因切削力突然变化而造成弹性变形，致使光滑连接轮廓上产生表面划伤、形状突变或滞留刀痕等疵病。

②先近后远。这里所说的远与近，是按加工部位相对于对刀点的距离远近而言。一般情况下，特别是在粗加工时，通常安排离对刀点近的部位先加工，离对刀点远的部位后加工，以便缩短刀具移动距离，减少空行程时间。对于车削加工，先近后远有利于保持毛坯件或半成品件的刚性，改善其切削条件。

例如，当加工图 3-3 所示的零件时，如果按 $\phi38\ \text{mm}—\phi36\ \text{mm}—\phi34\ \text{mm}$ 的次序安排车削，不仅会增加刀具返回对刀点所需的空行程时间，而且还可能使台阶的外直角处产生毛刺（飞边）。对这类直径相差不大的台阶轴，当第一刀的切削深度（图中最大切削深度可为 3 mm 左右）未超限时，应按 $\phi34$ mm—$\phi36$ mm—$\phi38$ mm 的次序先近后远地安排车削。

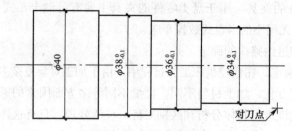

图 3-3 先近后远示例

③内外交叉。对既有内表面（内型腔），又有外表面需加工的零件，安排加工顺序时，应先进行内外表面粗加工，后进行内外表面精加工，切不可将零件上一部分表面（外表面或内表面）完全加工完毕后，再加工其他表面（内表面或外表面）。

④基面先行原则。用作精基准的表面应优先加工出来。例如，轴类零件加工时，总是先加工中心孔，再以中心孔为精基准加工外圆表面和端面。

上述原则并不是一成不变的，对于某些特殊情况，则需要采取灵活可变的方案。这些都有赖于编程者实际加工经验的不断积累与学习。

2）加工进给路线的确定。在数控加工中，刀具相对于工件的运动轨迹和方向称为加工进给路线，即刀具从对刀点开始运动起，直到加工结束所经过的路径，包括切削加工的路径及刀具引入、返回等非切削空行程。加工路线的确定首先必须保持被加工零件的尺寸精度和表面质量，其次考虑数值计算简单、走刀路线尽量短、效率较高等。

由于精加工的进给路线基本上都是沿其零件轮廓顺序进行的，因此确定进给路线的工作重点是确定粗加工及空行程的进给路线。实现最短的进给路线，除依靠大量的实践经验外，还应善于分析，必要时可辅以一些简单的计算。

①最短的空行程路线。

a. 巧用起刀点。图 3-4（a）所示为采用矩形循环方式进行粗车的一般情况示例。其对刀点 A 的设定是考虑到精车等加工过程中需方便地换刀，故设置在离坯件较远的位置处，同时，将起刀点与对刀点重合在一起，按三刀粗车的进给路线安排如下：

第一刀为：$A \to B \to C \to D \to A$；

第二刀为：$A \to E \to F \to G \to A$；

第三刀为：$A \to H \to I \to J \to A$。

图 3-4（b）则是巧将起刀点与对刀点分离，并设于图示 B 点处，仍按相同的切削量进行三刀粗车，其进给路线安排如下：

起刀点与对刀点分离的空行程为 $A \to B$；

第一刀为：$B \to C \to D \to E \to B$；

第二刀为：$B \to F \to G \to H \to B$；

第三刀为：$B \to I \to J \to K \to B$。

显然，图3-4(b)所示的进给路线短。该方法也可用在其他循环(如螺纹车削)切削加工中。

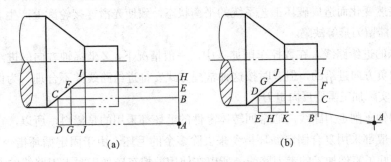

图3-4　巧用起刀点

(a) 起刀点与对刀点重合；(b) 起刀点与对刀点分离

b. 巧设换刀点。为了考虑换刀的方便和安全，有时将换刀点设置在离坯件较远的位置处(如图3-4中的A点)，那么，当换第二把刀后，进行精车时的空行程路线必然也较长；如果将第二把刀的换刀点设置在图3-4(b)中的B点位置上(因工件已去掉一定的余量)，则可缩短空行程距离，但在换刀过程中一定不能发生碰撞。

c. 合理安排"回零"路线。在手工编制较为复杂轮廓的加工程序时，为使其计算过程尽量简化，既不出错，又便于校核，编程者有时将每一刀加工完成后的刀具通过执行"回零"(即返回对刀点)指令，使其全都返回到对刀点位置，然后再执行后续程序。这样会增加进给路线的距离，从而降低生产效率。因此，在合理安排"回零"路线时，应使其前一刀终点与后一刀起点之间的距离尽量减短或者为零，这样即可满足进给路线为最短的要求。另外，在选择返回对刀点指令时，在不发生加工干涉现象的前提下，宜尽量采用X、Z坐标轴双向同时"回零"指令，该指令功能的"回零"路线是最短的。

② 粗加工(或半精加工)进给路线。常用的粗加工循环进给路线如图3-5所示。

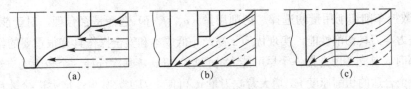

图3-5　常用的粗加工循环进给路线

(a) 利用数控系统具有的矩形循环功能而安排的"矩形"循环进给路线；
(b) 利用数控系统具有的三角形循环功能而安排的"三角形"循环进给路线；
(c) 利用数控系统具有的封闭式复合循环功能控制车刀沿工件轮廓等距线循环的进给路线

对以上三种切削进给路线，经分析和判断后可知矩形循环进给路线的进给长度总和最短。因此，在同等条件下，其切削所需时间(不含空行程)最短，刀具的损耗最少。但粗车后的精车余量不够均匀，一般需要安排半精加工。

③ 精加工进给路线。完成精加工轮廓的连续切削进给路线。在安排一刀或多刀进行的精加工进给路线时，其零件的完工轮廓应由最后一刀连续加工而成，并且加工刀具的进

刀、退刀位置要考虑妥当，尽量不要在连续的轮廓中安排切入和切出或换刀及停顿，以免因切削力突然变化而造成破坏工艺系统的平衡状态，致使光滑连接轮廓上产生表面划伤、形状突变或滞留刀痕等缺陷。

④特殊的进给路线。在数控车削加工中，一般情况下，Z坐标轴方向的进给路线都是沿着坐标的负方向进给的，但有时按这种常规方式安排进给路线并不合理，为保证加工精度允许根据实际加工需要反向走刀。

⑤阶梯轴车削走刀路线。通常回转体零件的毛坯都采用的是棒料，所以，在加工阶梯轴零件时一般都采用复合固定循环指令来去除多余的毛坯。由于固定循环指令G90、G71中已经设计好了零件加工的走刀路线，所以在使用数控车床加工时走刀路线的考虑要较数控铣床简单。确定加工的走刀路线时，主要是在保证零件加工精度和表面质量的前提下，尽量缩短走刀路线，以提高生产率。

要缩短走刀路线，就要合理地选择固定循环的起点。循环起点的选择要尽量靠近工件，在直径方向上要考虑每次进给量避免空走刀，在轴向上一般距离工件右端面3~5 mm即可。对于多次重复的走刀路线，应编写子程序，简化编程。

如图3-6所示，刀具按照A—B—C的次序依次加工零件各个表面。

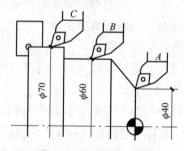

图3-6 刀具的走刀路线

3) 数控车削切削用量的选择。切削用量（a_p、f、v）选择是否合理，对于能否充分发挥机床潜力与刀具切削性能，实现优质、高产、低成本和安全操作具有很重要的作用。

粗车时，首先考虑选择一个尽可能大的背吃刀量a_p，其次选择一个较大的进给量f，最后确定一个合适的切削速度v。增大背吃刀量a_p可使走刀次数减少；增大进给量f有利于断屑。因此，根据以上原则选择粗车切削用量对于提高生产效率，减少刀具消耗，降低加工成本是有利的。

精车时，加工精度和表面粗糙度要求较高，加工余量不大且较均匀，因此，选择精车切削用量时，应着重考虑如何保证加工质量，并在此基础上尽量提高生产率。精车时，应选用较小（但不能太小）的背吃刀量a_p和进给量f，并选用切削性能高的刀具材料和合理的几何参数，以尽可能提高切削速度。

①背吃刀量a_p的确定。在工艺系统刚度和机床功率允许的情况下，尽可能选取较大的背吃刀量，以减少进给次数。当零件精度要求较高时，则应考虑留出精车余量，其所留的精车余量一般比普通车削时所留余量小，常取0.1~0.5 mm。

②进给量f的确定。

a. 进给量的确定原则。当工件的质量要求能够得到保证时,可选择较高的进给量。当切断、车削深孔或精车时,宜选择较低的进给量。当刀具空行程时,可以设定尽量高的进给量。进给量应与背吃刀量和主轴转速相适应。

b. 单向进给量的计算。单向进给量包括纵向进给量和横向进给量。其值按公式 $vf=nf$ 计算。式中的进给量f,粗车时一般取为 0.3~0.8 mm/r,精车时常取 0.1~0.3 mm/r,切断时常取 0.05~0.2 mm/r。表 3-1 和表 3-2 分别为硬质合金车刀粗车外圆、端面时的进给量参考值和按表面粗糙度选择进给量的参考值,供参考选用。

表 3-1 硬质合金车刀粗车外圆及端面时的进给量

加工工件材料	车刀刀杆尺寸 $B×H$	工件直径 /mm	切削深度 a_p/mm				
			≤3	3~5	5~8	8~12	12以上
			进给量 f/(mm·r^{-1})				
碳素结构钢与合金结构钢	16×25	20	0.3~0.4	—	—	—	—
		40	0.4~0.5	0.3~0.4	—	—	—
		60	0.5~0.7	0.4~0.6	0.3~0.5	—	—
		100	0.6~0.9	0.5~0.7	0.5~0.6	0.4~0.5	—
		400	0.8~1.2	0.7~1.0	0.6~0.8	0.5~0.6	—
	20×30 25×25	20	0.3~0.4	—	—	—	—
		40	0.4~0.5	0.2~0.4	—	—	—
		60	0.6~0.7	0.5~0.7	0.4~0.6	—	—
		100	0.8~1.0	0.7~0.9	0.5~0.7	0.4~0.7	—
		400	1.2~1.4	1.0~1.2	0.8~1.0	0.6~0.9	0.4~0.6
铸铁及铜合金	16×25	40	0.6~0.8	0.5~0.8	0.4~0.6	—	—
		60	0.8~1.2	0.7~1.0	0.6~0.8	0.5~0.7	—
		100	1.0~1.2	1.0~1.2	0.8~1.0	0.6~0.8	—
		400	1.2~1.4	1.0~1.2	0.8~1.0	0.6~0.9	0.4~0.6
	20×30 25×25	40	0.4~0.5	—	—	—	—
		60	0.5~0.9	0.5~0.8	0.4~0.7	—	—
		100	0.9~1.3	0.8~1.2	0.7~1.0	0.5~0.8	—
		600	1.2~1.8	1.2~1.6	1.0~1.3	0.9~1.1	0.7~0.9

注:1. 加工断续表面及有冲击时,表内的数值乘以系数 0.8;

2. 加工耐热钢及合金时,不宜采用大于 1.0 mm/r 的进给量;

3. 加工淬火钢时,当工件硬度为 HRC44~56 时,表内进给量的值乘以 0.8;当工件硬度为 HRC57~62 时,表内进给量的值乘以 0.5。

表 3-2 按表面粗糙度选择进给量的参考值

工件材料	切削速度 /(m·min⁻¹)	表面粗糙度 Ra/μm	刀尖圆弧半径 /mm		
			0.5	1.0	2.0
			进给量 f/(mm·r⁻¹)		
铸铁、铝合金、青铜	不限	10~5	0.25~0.40	0.40~0.50	0.50~0.60
		5~2.5	0.15~0.20	0.25~0.40	0.40~0.60
		2.5~1.25	0.1~0.15	0.15~0.20	0.20~0.35
合金钢及碳钢	<50	10~5	0.30~0.50	0.45~0.60	0.55~0.70
	>50		0.40~0.55	0.55~0.65	0.65~0.70
	<50	5~2.5	0.18~0.25	0.25~0.30	0.30~0.40
	>50		0.25~0.30	0.30~0.35	0.35~0.50
	<50	2.5~1.25	0.10~0.15	0.11~0.15	0.15~0.22
	50~100		0.11~0.16	0.16~0.25	0.25~0.35
	>100		0.16~0.20	0.20~0.25	0.25~0.35

c.合成进给速度的计算。合成进给速度是指刀具做合成（斜线及圆弧插补等）运动时的进给速度。如加工斜线及圆弧等轮廓零件时，这时刀具的进给速度由纵、横两个坐标轴同时运动的速度决定，即

$$v_{\text{fh}} = \sqrt{v_{\text{fx}}^2 + v_{\text{fz}}^2}$$

由于计算合成进给速度的过程比较烦琐，因此，除特别需要外，在编制加工程序时，大多凭实践经验或通过试切来确定速度。

③主轴转速的确定。车外圆时主轴转速应根据零件上被加工部位的直径，并按零件和刀具材料以及加工性质等条件所允许的切削速度来确定。

切削速度除计算和查表选取外，还可以根据实践经验确定。需要注意的是，交流变频调速的数控车床低速输出力矩小，因而切削速度不能太低。

切削速度确定后，用公式 $n=1\,000v_c/(\pi d)$ 计算主轴转速 n（r/min）。表 3-3 为硬质合金外圆车刀切削速度的参考值。

表 3-3 硬质合金外圆车刀切削速度的参考值

工件材料	热处理状态	a_p/mm		
		(0.3, 2]	(2, 6]	(6, 10]
		f/(mm·r⁻¹)		
		(0.08, 0.3]	(0.3, 0.6]	(0.6, 1)
		v_c/(m·min⁻¹)		
低碳钢（易切钢）	热轧	140~180	100~120	70~90
中碳钢	热轧	130~160	90~110	60~80
	调质	100~130	70~90	50~70
合金结构钢	热轧	100~130	70~90	50~70
	调质	80~110	50~70	40~60
工具钢	退火	90~120	60~80	50~70

续表

工件材料	热处理状态	a_p/mm		
		(0.3, 2]	(2.6]	(6, 10]
		f/(mm·r^{-1})		
		(0.08, 0.3]	(0.3, 0.6]	(0.6, 1)
		v_c/(m·min^{-1})		
灰铸铁	HBS＜190	90～120	60～80	50～70
	HBS=190～225	80～110	50～70	40～60
高锰钢			10～20	
铜及铜合金		200～250	120～180	90～120
铝及铝合金		300～360	200～400	150～200
铸铝合金（W_{Si}13%）		100～180	80～150	60～100

注：切削钢及灰铸铁时刀具耐用度约为 60 min。

加工时的切削速度，除了可参考表 3-3 列出的数值外，还可根据实践经验进行确定。

④数控车床车槽（切断）时切削用量的选择。由于车槽刀的刀头强度较差，在选择切削用量时应适当减小其数值。总的来说，硬质合金车槽刀比高速钢车槽刀选用的切削用量要大，车削钢料时的切削速度比车削铸铁材料时的切削速度要高，而进给量要略小一些。

车槽为横向进给车削，背吃刀量是垂直于已加工表面方向所量得的切削层宽度的数值。所以，车槽时的背吃刀量等于车槽刀主切削刃宽度。进给量和切削速度的选择见表 3-3。

3.2.2 数控车床编程基础

1. 数控车床编程特点

（1）在一个编程段中，根据图样上标注的尺寸，可以采用绝对值编程或增量值编程，也可以采用混合编程。一般情况下，系统默认采用绝对坐标编程，利用自动编程软件编程时，通常默认采用绝对坐标编程。

（2）被加工零件的径向尺寸在图样上和测量时，一般用直径值表示。因此，通常采用直径尺寸进行编程比较方便。

（3）由于车削加工常采用棒料或锻料作为毛坯，加工余量大，为简化编程，数控装置常具备不同形式的固定循环，可进行多次重复循环切削。

（4）编程时，认为车刀刀尖是一点，而实际上为了提高刀具寿命和工件表面质量，车刀刀尖常磨成一个半径不大的圆弧。为提高工件的加工精度，在编制圆头刀程序时，需要对刀尖半径进行补偿。大多数数控车床都具有刀具半径补偿功能（G41、G42），这类数控车床可以直接按工件轮廓尺寸编程。

2. 程序结构

零件加工程序是用来描述零件加工过程的指令代码集合，由程序号、程序段组成，如下所示：

```
O4000;                            // 程序号
N10 T0101 G00 X20 Z5 S1000 M03;
                                  // 建立工件坐标系，主轴启动，快速定位
N20 G01 Z0 F100;                  // 进给到 Z0
N30 G02 X20 Z-10R10 F0.2;         // 平面顺时针车圆弧
N40 G00 X100;                     // 快速退回至 X100
N50 Z100 M05;                     // 快速退回 Z100，主轴停止
N60 M30;                          // 程序结束
```

（1）程序号。程序号是零件程序的存储代号，与文件名的作用相似。其一般以特殊符号开头，后续数字码，如 O40 表示第 40 号程序。不同的系统规定不同，如 FANUC 系统以"O"开头，SIEMENS 810 系统以"%"开头等。而 SIEMENS 802S/C 系统的程序名则以任意字母开头，其后可以是字母、数字或下划线等。

（2）程序段。一个程序段由若干个功能指令字组成，用来指定一个加工步骤，一般格式为

N_	G_	X_ Y_ Z_	F_	S_	T_	M_	LF
段号	准备功能	坐标值	进给速度	主轴转速	刀具号	辅助功能	结束指令

程序段是可作为一个单位来处理的连续的字组，它实际是数控加工程序中的一句。零件加工程序的主体由若干个程序段组成。多数程序段是用来指令机床完成或执行某一动作。程序段由尺寸字、非尺寸字和程序段结束指令构成。在书写、打印和屏幕显示时，每个程序段一般占一行。

（3）指令字。一个程序段由多个指令字组成。指令字由英文字母后续数字组成。段号必须在前，其余指令字的书写顺序一般没有严格限制，最后以回车结束。最后一个程序段必须包含程序结束指令 M02 或 M30。

3．程序代号

字（Word）是程序字的简称。其是数控机床数字控制的专用术语。字的定义是：一套有规定次序的字符，可以作为一个信息单元存储、传递和操作，如 Y125.1 就是"字"。常规加工程序中的字都由一个英文字符和随后的若干位十进制数字组成。这个英文字符称为地址符，地址符与后续数字之间也可加正号、负号和小数点。程序字可分为尺寸字和非尺寸字。非尺寸字又有顺序号字、准备功能字、进给功能字、主轴转速功能字、刀具功能字和辅助功能字。功能字又简称为功能或指令。

数控加工程序所用的代码主要有准备功能 G 代码、辅助功能 M 代码、进给功能 F 代码、主轴转速功能 S 代码和刀具功能 T 代码。在数控编程中，用各种 G 指令和 M 指令来描述工艺过程的各种操作和运动特征。根据 ISO 标准我国制定了《机床数控系统 编程代码》（GB/T 38267—2019）

（1）准备功能（G 功能）。准备功能 G 指令是使数控机床建立起某种加工方式的指令，如插补、刀具补偿、固定循环等。G 指令由地址符 G 和其后的两位数字组成，从 G00～G99 共 100 种（表 3-4）。在一个程序段中可以重复指定不同组别的 G 指令。有两种 G 指令：一种是其功能仅在出现的程序段中起作用，称为非模态（或非续效）指令，这种非模态的 G 指令每次使用时都必须指定；另一种为模态（续效）指令，只要指定一次，在它被同组的其他 G 指令取代或被注销以前，其功能一直有效。所以，在连续指定同一 G 指令程序中，只要指定最初的模态 G 指令，则在随后的程序段中，不必再做指定。

表 3-4 FANUC 数控车床 G 功能代码表

G 代码	组	功能	G 代码	组	功能
*G00	01	定位（快速移动）	G57	14	选择工件坐标系 4
G01		直线切削	G58		选择工件坐标系 5
G02		圆弧插补（CW，顺时针）	G59		选择工件坐标系 6
G03		圆弧插补（CCW，逆时针）	G70	00	精加工循环
G04	00	暂停	G71		内外径粗切循环
G09		停于精确的位置	G72		台阶粗切循环
G20	06	英制输入	G73		成型重复循环
G21		公制输入	G74		Z 向进给钻削
G22	04	内部行程限位，有效	G75		X 向切槽
G23		内部行程限位，无效	G76		切螺纹循环
G27	00	检查参考点返回	*G80	10	固定循环取消
G28		参考点返回	G83		钻孔循环
G29		从参考点返回	G84		攻丝循环
G30		回到第二参考点	G85		正面镗循环
G32	01	切螺纹	G87		侧钻循环
*G40	07	取消刀尖半径偏置	G88		侧攻丝循环
G41		刀尖半径偏置（左侧）	G89		侧镗循环
G42		刀尖半径偏置（右侧）	G90	01	（内外直径）切削循环
G50	00	主轴最高转速设置（坐标系设定）	G92		切螺纹循环
G52		设置局部坐标系	G94		（台阶）切削循环
G53		选择机床坐标系	G96	12	恒线速度控制
*G54	14	选择工件坐标系 1	*G97		恒线速度控制取消
G55		选择工件坐标系 2	G98	05	指定每分钟移动量
G56		选择工件坐标系 3	*G99		指定每转移动量

（2）辅助功能（M 功能）。辅助功能指令是用于指定主轴的启停、旋转方向、程序终止、切削液开 / 关、工件或刀具的夹紧或松开、刀具的更换等功能。辅助功能指令由地址符 M 和其后的两位数字组成，见表 3-5。

表 3-5 辅助功能 M 代码表

代码	功能
M00	程序停止
M01	选择性程序停止
M02	程序结束
M30	程序结束复位
M03	主轴正转
M04	主轴反转
M05	主轴停
M08	切削液启动
M09	切削液停
M40	主轴齿轮在中间位置
M41	主轴齿轮在低速位置
M42	主轴齿轮在高速位置
M68	液压卡盘夹紧
M69	液压卡盘松开
M78	尾架前进
M79	尾架后退
M94	镜像取消
M95	X 坐标镜像
M98	子程序调用
M99	子程序结束

3.2.3 数控车床编程基本指令

1. 工件坐标系设定（G50）

编程时，首先应该确定工件原点并用 G50 指令设定工件坐标系。车削加工工件原点一般设置在工件右端面或左端面与主轴轴线的交点上。指令格式：

G50 X__ Z__ ；

其中，X、Z 值分别为刀尖（刀位点）起始点相对工件原点的 X 向和 Z 向坐标，注意 X 应为直径值。

如图 3-7 所示，假设刀尖的起始点距离工件原点的 X 向尺寸和 Z 向尺寸分别为 200 mm（直径值）和 150 mm，工件坐标系的设定指令为

G50 X200.0 Z150.0;

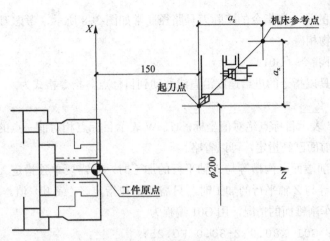

图 3-7 工件坐标系设定

则执行以上程序段后，系统内部即对 X、Z 值进行记忆，并且显示在显示器上，这就相当于系统内建立了一个以工件原点为坐标原点的工件坐标系。

显然，当改变刀具的当前位置时，所设定的工件坐标系的工件原点位置也不同。因此，在执行该程序段前，必须先进行对刀，通过调整机床，将刀尖放在程序所要求的起刀点位置（200.0，150.0）上。对具有刀具补偿功能的数控机床，其对刀误差还可以通过刀具偏移来补偿，所以调整机床时的要求并不严格。

2．快速定位指令（G00）

G00 是使刀具以系统预先设定的速度移动定位至所指定的位置。指令格式：

G00 X（U）__ Z（W）__；

其中，X、Z 表示目标点绝对值坐标；U、W 表示目标点相对前一点的增量坐标。如图 3-8 所示，刀具要快速移动到指定位置，用 G00 编程为

绝对值方式： G00 X50.0 Z6.0；

增量坐标方式： G00 U-70.0 W-84.0；

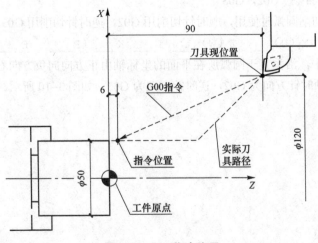

图 3-8 G00 指令应用

要特别注意的是，该指令的实际刀具路径通常如图 3-8 所示，考虑刀具路径时应注意避免刀具与障碍物相碰。

3．直线插补指令（G01）

G01 是使刀具以指令的进给速度沿直线移动到目标点。指令格式为

G01 X(U)＿＿ Z(W)＿＿ F＿＿；

其中，X、Z 表示目标点绝对值坐标；U、W 表示目标点相对前一点的增量坐标，F 表示进给量，若在前面已经指定，可以省略。

通常，在车削端面、沟槽等与 X 轴平行的加工时，只需要单独指定 X（或 U）坐标；在车外圆、内孔等与 Z 轴平行的加工时，只需要单独指定 Z（或 W）值。图 3-9 所示为同时指令两轴移动车削锥面的情况，用 G01 编程为

绝对值方式：G01 X80.0 Z-80.0 F0.25；

增量坐标方式：G01 U20.0 W-80.0 F0.25；

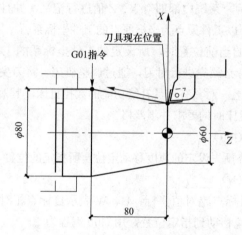

图 3-9　G01 指令的应用

4．圆弧插补指令（G02，G03）

圆弧插补是切削圆弧时使用，顺时针切削用 G02，逆时针切削用 G03。指令格式为

G02（G03） X(U)＿＿ Z(W)＿＿ I＿＿ K＿＿（R＿＿） F＿＿；

在圆弧插补中，沿垂直于圆弧所在平面的坐标轴由正方向向负方向看，刀具相对于工件的加工方向是顺时针方向为 G02，逆时针方向为 G03，如图 3-10 所示。

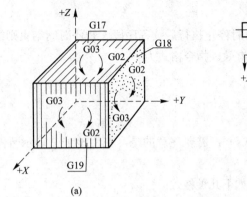
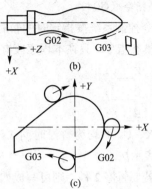

图 3-10 G02 和 G03 的确定

（a）G02 和 G03 的确定方法；（b）示例一；（c）示例二

其中，X、Z 为圆弧的终点位置。用 G90 时，圆弧的终点坐标为工件坐标系中的圆弧终点坐标值；用 G91 时，则为圆弧终点相对起点的增量值。

圆心坐标 I、K 一般用圆心相对于圆弧起点（矢量方向指向圆心）的矢量在 X、Z 坐标的分矢量，且总是为增量值。R 为圆弧半径。如果将 I、K 中的任意两个的平方和再开方，其值必等于圆弧半径 R，所以，可用 R 代替 I、K。若圆弧的圆心角≤180°，R 为正值；若圆弧的圆心角＞180°，则 R 为负值。用 R 参数时不描述整圆，对整圆只能用 I、K 编程。

另外，圆弧插补编程还可用极坐标的圆弧插补指令。

如图 3-11 所示，可用以下方式分别编出圆弧插补程序段：

（1）绝对值方式，I、K 编程：

G02 X46.0 Z-15.078 I22.204 K6.0 F0.25;

（2）绝对值方式，R 编程：

G02 X46.0 Z-15.078 R23.0 F0.25;

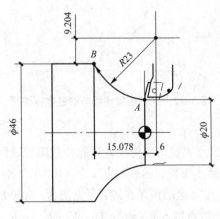

图 3-11 圆弧插补应用

5. 暂停指令（G04）

暂停指令控制系统按指定时间暂时停止执行后续程序段。暂停时间结束则继续执行。该指令为非模态指令，只在本程序段有效。指令格式为

$$G04 \begin{cases} X\underline{\ \ \ }; \\ U\underline{\ \ \ }; \\ P\underline{\ \ \ }; \end{cases}$$

其中，X、U、P均为暂停时间（s）。需要注意的是，在用地址P表示暂停时间时不能用小数点表示法。

例如，若要暂停2秒，则可写成如下几种格式：

G04 X2.0;

或 G04 U2.0;

或 G04 P2000;

G04主要应用于以下几个方面：

（1）在车削沟槽或钻孔时，为使槽底或孔底得到准确的尺寸精度及光滑的加工表面，在加工到槽底或孔底时，应该暂停一适当时间，使工件回转一周以上。

（2）使用G96（主轴以恒线速度回转）车削工件轮廓后，改成G97（主轴以恒定转速回转）车削螺纹时，指令暂停一段时间，使主轴转速稳定后再执行车削螺纹，以保证螺距加工精度要求。

6. 绝对坐标编程与增量坐标编程

数控车床的绝对、增量坐标的表示方法一般不用G90、G91表示，一般用X、Z表示绝对坐标，用U、W表示增量坐标。

如图3-12中的移动用绝对坐标编程与增量坐标编程，以直径值指令表示的程序如下：

绝对坐标编程：X70.0 Z40.0

增量坐标编程：U40.0 W-60.0

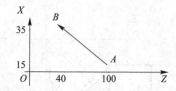

图3-12 绝对坐标编程与增量坐标编程

7. 小数点输入

数控编程可以使用小数点编程，也可以使用脉冲数编程。例如，从点A（0，0）移动到点B（100，0），使用小数点编程时的表示方式为X100.0或X100.。如采用脉冲数表示，当脉冲当量为0.001时，从点A运动到点B的表示方法为：X100.000。

下列地址量可以使用小数点输入：X, Z, U, W, R, I, K, F。

8. 直径值指令与半径值指令

由于数控车削加工工件的剖面一般为圆形，因此数控车床编程时其径向尺寸可按直径

值或半径值两种方法指定，分别称为直径编程和半径编程。数控车床一般默认为直径编程。

9. 公制/英制变换指令（G21、G20）

用 G 代码可选择公制尺寸输入或英制尺寸输出。G20 指令的分辨率为 0.000 1 in，G21 指令的分辨率为 0.001 mm。

使用公制/英制转换时，必须在程序开头一个独立的程序段中指定上述 G 代码，然后才能输入坐标尺寸。下列物理量可随 G20、G21 指令而变化：进给速度值；位置量；偏置量；手摇脉冲发生器的刻度单位；步进进给的移动单位；其他有关参数。

10. 返回参考点功能

参考点是指机床上刀具容易移动到的某特定位置。如图 3-13 中的 R 点为参考点。返回参考点指令可使刀具以快速运动方式从当前点返回机床的有关参考点。该功能主要用于以下几个方面：

（1）使刀架返回机床零点，即通过程序指令进行自动回零。

（2）使刀架返回换刀点或刀具起点。在加工过程中，使刀架返回换刀点或刀具起点是为了进行自动换刀。在加工结束后再使刀架返回该点，以便拆装工件和准备使刀具从该点出发进行下一个循环的加工。

返回参考点指令有以下两种：

（1）自动返回参考点（G28）。指令格式：

G28 P___ ；

该指令可使被指令的轴自动地返回参考点。P 是返回参考点过程中的中间点位置，用绝对坐标或增量坐标指令。如图 3-13 所示，在执行 G28 X40.0 Z50.0 程序后，刀具以快速移动速度从 B 点开始移动，经过中间点 A（40，50），移动到参考点 R。若机床未被锁住则返回参考点后指示灯亮。该指令一般用于自动换刀（ATC），因此，执行该指令前应取消刀具位置偏置。

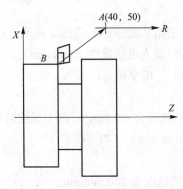

图 3-13　自动返回参考点

（2）返回参考点检测（G27）。指令格式：

G27 P___；

该指令用于参考点位置检测。执行该指令时刀具以快速运动方式在被指定的位置上定位，到达的位置如果是参考点，则返回参考点灯亮。仅一个轴返回参考点时对应轴的灯亮。若定位结束后被指定的轴没有返回参考点则出现报警。执行该指令前也应取消刀具位置偏置。

11. 辅助功能 M 指令应用

（1）程序停止指令 M00。在完成编有 M00 指令的程序段的其他指令后，主轴停止、进给停止、冷却液关断、程序停止执行。按"启动"按钮后，程序接着执行。带有 M00 的程序段中可以不编入坐标数据。加工中需要停机检查、测量零件或手工换刀和交接班等，可使用 M00 指令。

（2）计划停止指令 M01。M01 与 M00 的功能相似。两者唯一不同的是 M01 指令只有控制面板上的"选择停开关"处于接通状态时，才起作用。

（3）主轴控制指令 M03、M04、M05。M03、M04、M05 指令的功能分别为控制主轴顺时针方向转动、逆时针方向转动和停止转动。

（4）冷却液控制指令 M07、M08、M09。数控车床通常使用液态或雾态冷却液。

M07——2 号冷却液开。用于雾状冷却液开。

M08——1 号冷却液开。用于液状冷却液开。

M09——冷却液关。

（5）夹紧、松开指令 M10、M11。M10、M11 分别用于机床滑座、工件、夹具、主轴等的夹紧、松开。

（6）程序结束指令 M02、M30。M02 的功能是在完成工件加工程序段的所有指令后，使主轴、进给和冷却液停止，常用来使数控装置和机床复位；M30 指令除完成 M02 指令功能外，还包括将纸带卷回到"程序开始"字符，或使环形纸带越过接头，或转换到第 2 台读带机，或使存储器中的加工程序返回到初始状态。

12. 进给、主轴、刀具功能指令

（1）F、S、T 功能。

1）进给功能——F 功能。进给功能也称 F 功能，其单位有两种：即用 G99 代码时设为进给量（mm/r）；用 G98 代码时设为进给速度（mm/min）。其设定方法如下：

①设定每转进给量（mm/r）。指令格式：

G99 F＿＿＿；

例如，G99 F0.3；表示进给速度为 0.3 mm/r。加工螺纹时 F 的值即螺距。

②设定每分钟进给速度（mm/min）。指令格式：

G98 F＿＿＿；

例如，G98 F200；表示进给速度为 200 mm/min。

要注意开机时即默认为 G99 状态，第一次使用 G99 时可以不用指定，但 G98 代码必须指定。

2）主轴功能——S 功能。主轴功能也称 S 功能，用来设定主轴转速或切削速度，具体设定方法如下：

①恒切削速度控制（G96）。指令格式：

G96 S___；

车削如图 3-14 所示的阶梯轴时，如果主轴转速不变，车刀越接近中心，其线速度越低，使工件表面粗糙度受到影响。为此可以采用恒切削速度功能 G96 避免上述现象。

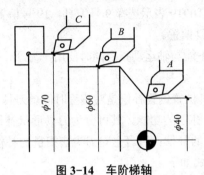

图 3-14 车阶梯轴

由于此时主轴转速在变，为了保证恒定的输出功率，可以用 M40 和 M41 选择主轴转速范围。例如，G96 S150；表示刀尖的线速度恒为 150 m/min。主轴的转速可以由下式求出：

$$n = \frac{1\,000v}{\pi D}$$

式中　v——切削线速度（m/min）；

　　　D——刀尖位置的工件直径（mm）；

　　　n——主轴转速（r/min）。

由上式可知，切削速度恒定时，当 $D=0$（车端面至中心）时，主轴转速为无穷大，会造成飞车现象，这是不允许的。因此，在采用恒切削速度控制时，必须限制主轴的最高转速。

②最高转速控制（G50）。该指令用于采用恒切削速度控制时限制主轴的最高转速。编程时一般设在程序的开头。指令格式：

G50 S___；

例如，G50 S1800；表示在以下程序段中主轴的最高转速为 1 800 r/min。

③直接转速控制（G97）。采用 G97 代码编程，可直接指定主轴转速。电源接通时即G97 方式。指令格式：

G97 S___；

例如，G97 S1000；表示主轴转速为 1 000 r/min。

3）刀具功能——T 功能。指令格式：

T___；

由于数控车床一般采用转动刀架，而刀具安装后的伸出长度也不一样，因此必须将刀尖离开基准点的距离（X, Z）测量出来（由对刀仪测量），并存储在刀具库（Tool Data）中。给每把刀具对应一个偏置号（也可以一把刀具对应几个偏置号），编程时再由 T 功能调用偏置号，这样，NC 系统便会自动补偿 X、Z 方向的偏移距离。指令格式：

T □□ △△
　①　②

其中：①为刀具号；②为刀具补偿号。

执行该指令可自动将刀具号指定的刀具作为当前加工用刀具，同时使用偏置号指定的值作为长度补偿值。例如，T0919 表示选择 9 号刀具，19 号偏置量。偏置号 00 对应的 X、Z 的偏移量为零，即取消刀具偏置。

需要注意的是，T 代码不能与轴运动指令同时使用，另外，换刀时应返回机床参考点。

（2）刀具补偿功能。

1）刀具位置偏置。刀具位置偏置补偿是对编程时假想刀具（一般为基准刀具）与实际加工使用刀具位置的差进行补偿的功能。其可分为刀具形状补偿和刀具磨损补偿。前者是对刀具形状及刀具安装误差的补偿；后者是对刀尖磨损量的补偿。采用 T 代码指令指定刀具的位置偏置补偿，编程格式如下：

T　01　　　01
　①　　　　②
　刀具号　　刀具偏置号

与偏置号对应的偏置量预先用 MDI 操作在偏置存储器中设定。若刀具偏置号为 0，则表示偏置量为 0，即取消补偿功能。

2）刀具半径补偿。数控车床按刀尖对刀，但车刀的刀尖总有一段小圆弧，所以，对刀时刀尖的位置是假想刀尖 P，如图 3-15 所示。编程时按假想刀尖轨迹编程（即工件的轮廓与假想刀尖 P 重合），而车削时实际起作用的切削刃是圆弧切点 A、B，这样就会引起加工表面的形状误差。车内外圆柱端面时并无误差产生，因为实际切削刃的轨迹与工件的轮廓一致（尖角除外）。

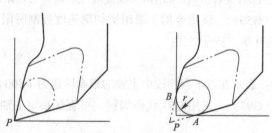

图 3-15　刀具半径与假想刀尖

若工件加工精度要求不高或留有精加工余量时可忽略此误差，否则应考虑刀尖圆弧半径对工件形状的影响，采用刀具半径补偿。采用刀具半径补偿功能后编程者可按工件的轮廓线编程，数控系统会自动计算刀心轨迹并按刀心轨迹运动，从而消除了刀尖圆弧半径对工件形状的影响。

刀具半径补偿可以通过从键盘输入刀具参数，并在程序中采用刀具半径补偿指令实现。刀具参数包括刀尖半径、车刀形状、刀尖圆弧位置，这些都与工件的形状有关，必须将参数输入刀具数据库。图 3-16 所示为 9 种刀尖圆弧位置。

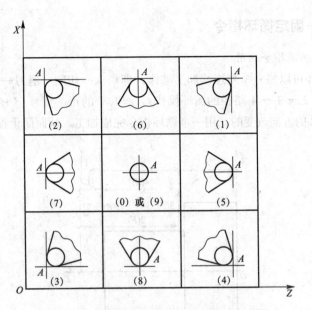

图 3-16　数控车床所用刀具的假想刀尖位置

刀具半径补偿的指令格式：

G41（G42/G40）　G00（G01）　X（U）＿Z（W）＿；

其中，G41，G42 分别为刀具左、右补偿指令，其刀具与工件的关系如图 3-17 所示。需要注意的是，G41、G42、G40 指令需要在 G01 或 G00 指令状态下，通过直线运动建立或取消刀补。X（U）、Z（W）为建立或取消刀补段中刀具移动的终点坐标。G41、G42、G40 均为模态指令。

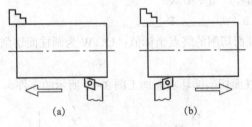

图 3-17　刀具半径补偿

（a）刀具右补偿；（b）刀具左补偿

3.3　固定循环和复合循环编程指令

基本功能指令主要用于单段轮廓的零件编程及精加工程序的编制，数控车床的加工对象毛坯往往以棒料或者较大余量的锻件为主，对于余量较大的毛坯加工一次切削难以完成，因此，数控系统就采用粗加工循环来解决多次切削简化程序的功能，数控车床具有单一固定循环和复合固定循环编程两种功能。

3.3.1 单一固定循环指令

1. 单一循环功能指令应用

单一固定循环可以将一系列连续加工动作,即切入—切削—退刀—返回操作完成,如图 3-18 所示 1→2→3→4 路径的循环操作。U 和 W 的正、负号 (+/-) 在增量坐标程序中是根据 1 和 2 的方向改变的。用一个循环指令完成加工,从而简化程序。

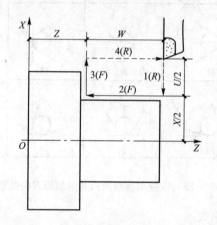

图 3-18 单一外圆粗车循环功能走刀路线

2. 圆柱面或圆锥面切削单一循环 G90

圆柱面或圆锥面切削循环是一种单一固定循环,圆柱面单一固定循环如图 3-19 所示,圆锥面单一固定循环如图 3-20 所示。

(1) 圆柱面切削循环。指令格式:

G90 X(U)____ Z(W)____ F____;

其中,X、Z 为圆柱面切削的终点坐标值;U、W 为圆柱面切削的终点相对于循环起点坐标分量。

【例 3-1】应用圆柱面切削循环功能加工图 3-19 所示的零件。

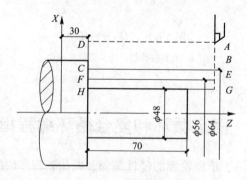

图 3-19 外圆切削循环举例

O0020

N10 T0101 G00 X200 Z200;

N20 M03 S600;

N30 G00 X80 Z102 M08;

N40 G90 X64 Z30 F0.2;

N50 X56;

N60 X48;

N70 G00 X80 Z200 T0100;

N80 M05;

N90 M30;

(2)圆锥面切削循环。指令格式：

G90 X（U）____ Z（W）____ R____ F____;

其中，X、Z 为圆锥面切削的终点坐标值；U、W 为圆柱面切削的终点相对于循环起点的坐标；R 为圆锥面切削的起点相对于终点的半径差。如果切削起点的 X 向坐标小于终点的 X 向坐标，R 值为负，反之为正。当 R=0 时，圆锥面即圆柱面。

【例 3-2】应用圆锥面切削循环功能加工图 3-20 所示的零件。

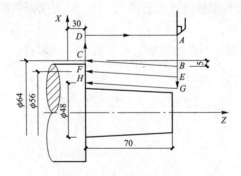

图 3-20 圆锥面切削循环

在进行圆锥面 R 值计算时，可以充分利用相似三角形及代数相关知识，尽量简化计算过程，减小计算误差。

……

G00 X80 Z102;

G90 X64 Z30 R-5 F0.2;

X56;

X48;

G00 X100 Z200;

……

3. 端面切削单一循环（G94）

端面切削循环也是一种单一固定循环，适用于端面切削加工，进给路线如图 3-21 所示。其中 1、4 步快速走刀，2、3 步以进给速度走刀。

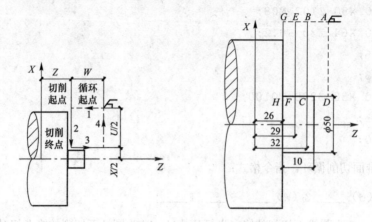

图 3-21 端面切削循环

（1）平面端面切削循环。指令格式：

G94 X（U）____ Z（W）____ F____；

其中，X、Z 为端面切削的终点坐标值； U、W 为端面切削的终点相对于循环起点的坐标。

【例 3-3】应用端面切削循环功能加工图 3-21 所示的零件。

……
G00 X80 Z38;
G94 X50 Z32 F0.2;
Z29;
Z26;
G00 X80 Z100;
……

（2）锥面端面切削循环。指令格式：

G94 X（U）____ Z（W）____ R____ F____；

其中，X、Z 为端面切削的终点坐标值；U、W 为端面切削的终点相对于循环起点的坐标；R 为端面切削的起点相对于终点在 Z 轴方向的坐标分量。当起点 Z 向坐标小于终点 Z 向坐标时 R 为负；反之为正，如图 3-22 所示。当 R=0 时，锥面端面为垂直端面。

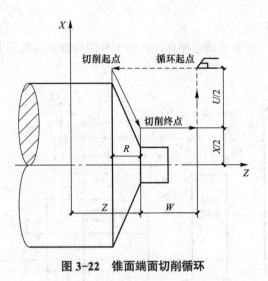

图 3-22 锥面端面切削循环

【例 3-4】应用端面切削循环功能加工图 3-23 所示的零件。

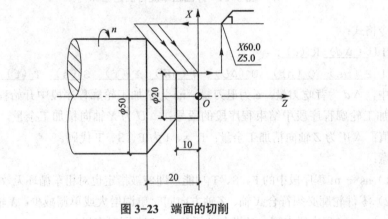

图 3-23 端面的切削

程序如下：
……
G00 X60 Z5;
G94 X20 Z0 R-6.666 F0.2;
Z-5;
Z-10;
……

3.3.2 复合固定循环指令

在复合固定循环中，对零件的轮廓定义之后，即可以完成从粗加工到精加工的全过程，使程序得到进一步简化。

1. 外圆粗切循环

外圆粗切循环是一种复合固定循环,适用于外圆柱面需多次走刀才能完成的粗加工,如图 3-24 所示。

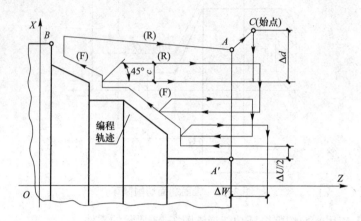

图 3-24 外圆粗车复合固定循环

指令格式:

G71 U(Δd) R(e);

G71 P(ns) Q(nf) U(ΔU) W(ΔW) F(f) S(s) T(t);

其中,Δd 为背吃刀量;e 为退刀量;ns 为精加工轮廓程序段中开始程序段的段号;nf 为精加工轮廓程序段中结束程序段的段号;ΔU 为 X 轴向精加工余量,加工孔类零件时取负值;ΔW 为 Z 轴向精加工余量;f、s、t 为 F、S、T 代码。

注意:

(1)ns → nf 程序段中的 F、S、T 功能,即使被指定也对粗车循环无效。

(2)零件轮廓必须符合 X 轴、Z 轴方向同时单调增大或单调减少;X 轴、Z 轴方向非单调时,ns → nf 程序段中第一条指令必须在 X、Z 向同时有运动。

【例 3-5】按图 3-25 所示的尺寸编写外圆粗切循环加工程序。

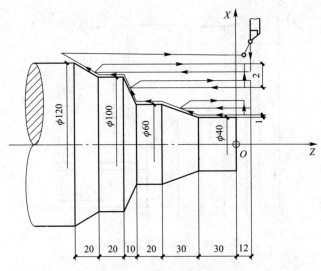

图 3-25 外圆粗车循环的应用

O1212
N10 T0101 G00 X200 Z200;
N20 G00 X121 Z3 M08;
N30 G96 M03 S120;
N40 G71 U2 R0.5;
N50 G71 P60 Q120 U2 W2 F0.25;
N60 G00 X40;   //ns
N70 G01 Z-30 F0.15;
N80 X60 W-30;
N90 W-20;
N100 X100 W-10;
N110 W-20;
N120 X120 W-20;
N130 G00 X125;   //nf
N140 G70 P60 Q120;
N150 G00 X200 Z200;
N160 M05;
N170 M30;

2．端面粗切循环

端面粗切循环是一种复合固定循环。端面粗切循环适用于 Z 向余量小、X 向余量大的棒料粗加工，如图 3-26 所示。

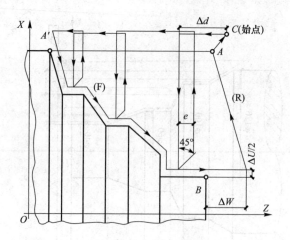

图 3-26 端面粗加工切削循环

指令格式：

G72 W(Δd) R(e)
G72 P(ns) Q(nf) U(ΔU) W(ΔW) F(f) S(s) T(t)

其中，Δd 为背吃刀量；e 为退刀量；ns 为精加工轮廓程序段中开始程序段的段号；nf 为精加工轮廓程序段中结束程序段的段号；ΔU 为 X 轴向精加工余量；ΔW 为 Z 轴向精加工余量；f、s、t 为 F、S、T 代码。

注意：

（1）ns → nf 程序段中的 F、S、T 功能，即使被指定也对粗车循环无效。

（2）零件轮廓必须符合 X 轴、Z 轴方向同时单调增大或单调减少。

【例 3-6】按图 3-27 所示的尺寸编写端面粗切循加工程序。

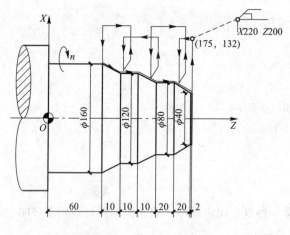

图 3-27 G72 程序例图

O0302

N10 T0101 G00 X220 Z200;

N20 M03 S800;

N30 G00 G41 X174 Z132 M08;

N40 G96 S120;

N50 G72 W3 R0.5;

N60 G72 P70 Q130 U0.5 W0.5 F0.2;

N70 G00 Z60;   //ns

N80 G01 X120 Z70 F0.15;

N90 Z80;

N100 X80 Z90;

N110 Z110;

N120 X36 Z132;

N130 Z134;   //nf

N130 G00 G40 X200 Z200;

N140 M05;

N150 M30;

3. 封闭切削循环

封闭切削循环是一种复合固定循环,如图 3-28 所示。其适用于对铸、锻毛坯切削,对零件轮廓的单调性则没有要求。

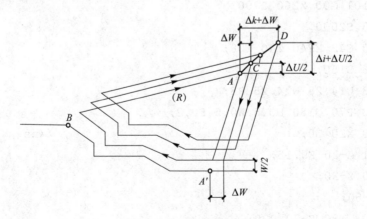

图 3-28 封闭切削循环

指令格式:

G73 U(Δi) W(Δk) R(d)

G73 P(ns) Q(nf) U(ΔU) W(ΔW) F(f) S(s) T(t)

其中,Δi 为 X 轴向总退刀量;Δk 为 Z 轴向总退刀量(半径值);d 为重复加工次数;

ns 为精加工轮廓程序段中开始程序段的段号；nf 为精加工轮廓程序段中结束程序段的段号；ΔU 为 X 轴向精加工余量；ΔW 为 Z 轴向精加工余量；f、s、t 为 F、S、T 代码。

【例 3-7】按图 3-29 所示的尺寸编写封闭切削循环加工程序。

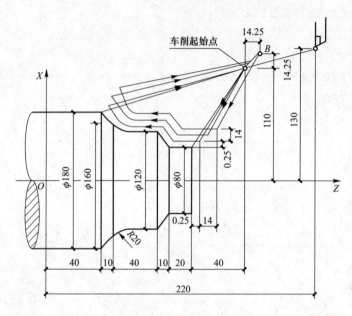

图 3-29　G73 程序例图

```
O3001
N01 T0101 G00 X260 Z200;
N20 M03 S2000;
N30 G00 G42 X240 Z40 M08;
N40 G96 S150;
N50 G73 U14.25 W14.25 R3;
N60 G73 P70 Q130 U0.5 W0.5 F0.3;
N70 G00 X20 Z0;                           //ns
N80 G01 Z-20 F0.15;
N90 X40 Z-30;
N100 Z-50;
N110 G02 X80 Z-70 R20;
N120 G01 X100 Z-80;
N130 X185;                                //nf
N140 G40 G00 X260 Z200;
N150 M05;
N160 M30;
```

4. 复合螺纹切削循环指令

复合螺纹切削循环指令可以完成一个螺纹段的全部加工任务。其进刀方法有利于改善刀具的切削条件，在编程中应优先考虑应用该指令，如图 3-30 所示。

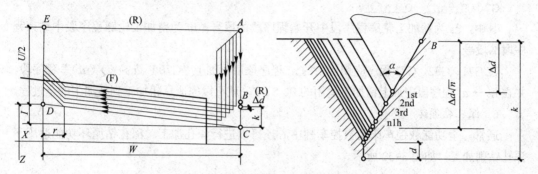

图 3-30 复合螺纹切削循环与进刀法

指令格式：

G76 P$(m)(r)(\alpha)$ Q(Δd_{min}) R(d)；

G76 X(U) Z(W) R(I) F(f) P(k) Q(Δd)；

其中，m 为精加工重复次数；r 为倒角量；α 为刀尖角；Δd_{min} 为最小切入量；d 为精加工余量；X(U)，Z(W) 为终点坐标；I 为螺纹部分半径之差，即螺纹切削起始点与切削终点的半径差；加工圆柱螺纹时，$I=0$；加工圆锥螺纹时，当 X 向切削起始点坐标小于切削终点坐标时，I 为负，反之为正；k 为螺牙的高度（X 轴方向的半径值）；Δd 为第一次切入量（X 轴方向的半径值）；f 为螺纹导程。

【例 3-8】试编写图 3-31 所示圆柱螺纹的加工程序，螺距为 6 mm。

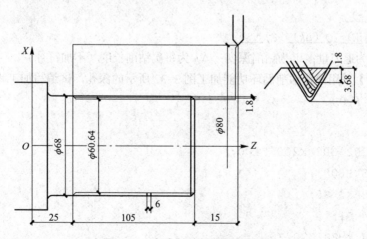

图 3-31 复合螺纹切削循环应用

G76 P 02 12 60 Q0.1 R0.1；
G76 X60.64 Z25 R0 F6 P3.68 Q1.8；

5. 精加工循环

由 G71、G72、G73 完成粗加工后，可以用 G70 进行精加工。精加工时，G71、G72、G73 程序段中的 F、S、T 指令无效，只有在 ns—nf 程序段中的 F、S、T 才有效。指令格式：

G70 P (ns) Q (nf);

其中，ns 为精加工轮廓程序段中开始程序段的段号；nf 为精加工轮廓程序段中结束程序段的段号。

在 G71、G72、G73 程序应用例中的 nf 程序段后再加上 "G70 P（ns）Q（nf）" 程序段，并在 ns → nf 程序段中加上精加工适用的 F、S、T，就可以完成从粗加工到精加工的全过程。

6. 深孔钻循环

通常，全功能数控车床及数控车削中心还可以进行深孔加工。深孔钻循环功能适用于深孔钻削加工，如图 3-32 所示。

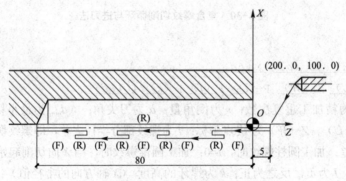

图 3-32 深孔钻削循环

指令格式：

G74 R (e);

G74 Z (W) Q (Δk) F;

其中，e 为退刀量；W 为钻削深度；Δk 为每次钻削长度（不加符号）。

【例 3-9】采用深孔钻削循环功能加工图 3-32 所示的深孔，试编写加工程序。其中，$e=1$，$\Delta k=20$，$F=0.1$。

```
O1234
N10 T0202 G00 X200 Z100;
N20 M03 S600;
N30 G00 X0 Z5;
N40 G74 R1;
N50 G74 Z-80 Q20 F0.1;
N60 G00 X200 Z100;
N70 M05;
N80 M30;
```

7. 外径切槽循环

外径切槽循环功能适用于在外圆面上切削沟槽或切断加工。指令格式：

G75 R（e）；

G75 X（U） P（Δi） F__；

其中，e 为退刀量；U 为槽深；Δi 为每次循环切削量。

【例 3-10】试编写图 3-33 所示零件切断加工的程序。

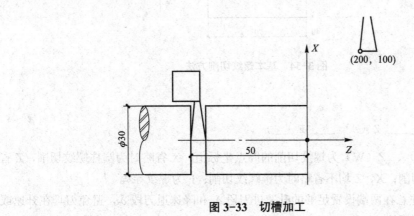

图 3-33 切槽加工

O5555
N10 T0202 G00 X200 Z100;
N20 M03 S600;
N30 G00 X35 Z-50;
N40 G75 R1;
N50 G75 X-1 P5 F0.1;
N60 G00 X200 Z100;
N70 M05;
N80 M30;

3.3.3 螺纹加工指令

1. 螺纹加工基本指令应用（G32）

螺纹切削指令主要用于螺纹的切削加工。

（1）螺纹加工基本原理。数控车床加工螺纹主要是利用主轴主运动与刀具进给的同步性进行的。螺纹车刀与工件作相对旋转运动，并由先形成的螺纹沟槽引导着刀具作轴向移动，逐层切削直至加工完成。

（2）基本螺纹切削指令。基本螺纹切削方法如图 3-34 所示。

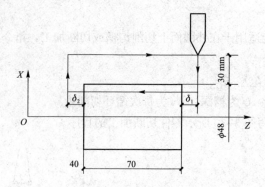

图 3-34 基本螺纹切削方法

指令格式：

G32 X（U）____ Z（W）____ F____；

其中，X（U）、Z（W）为螺纹切削的终点坐标值；X 省略时为圆柱螺纹切削，Z 省略时为端面螺纹切削；X、Z 均不省略时为锥螺纹切削；F 为螺纹导程。

螺纹切削应注意在两端设置足够的升速进刀段 δ_1 和降速退刀段 δ_2，避免刀具在升速或减速的过程中切削螺纹。

【例 3-11】试编写图 3-34 所示螺纹的加工程序（螺纹导程 4 mm，升速进刀段 δ_1=3 mm，降速退刀段 δ_2=1.5 mm，螺纹深度 2.165 mm）。

……
G00 U-62；
G32 W-74.5 F4；
G00 U62；
W74.5；
U-64；
G32 W-74.5 F4；
G00 U64；
W74.5；
……

【例 3-12】试编写图 3-35 所示圆锥螺纹的加工程序（螺纹导程 3.5 mm，升速进刀段 δ_1=2 mm，降速退刀段 δ_2=1 mm，螺纹深度 1.082 5 mm）。

第 3 章 数控车床编程（FANUC 系统）

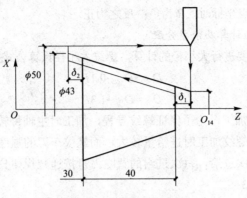

图 3-35 圆锥螺纹的切削

……;
G00 X12;
G32 X41 W-43 F3.5;
G00 X50;
W43;
X10;
G32 X39 W-43 F3.5;
G00 X50;
W43;

2. 螺纹切削循环指令（G92）

螺纹切削循环指令将切入—螺纹切削—退刀—返回四个动作作为一个循环（图 3-36），用一个程序段来控制。

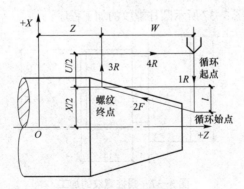

图 3-36 螺纹切削循环

指令格式：
G92 X（U）___ Z（W）___ R___ F___；

其中，X（U）、Z（W）为螺纹切削的终点坐标值；R 为螺纹部分半径之差，即螺纹切削起始点与切削终点的半径差。加工圆柱螺纹时，R=0。加工圆锥螺纹时，当 X 向切削起始点坐标小于切削终点坐标时，R 为负；反之为正。

3．螺纹加工的数值计算及余量分配

通常，螺纹加工中要进行大小径的计算，螺纹大小径计算公式如下：

$$D_大 = D_公 - 0.1P$$
$$D_小 = D_大 - 1.3P$$

螺纹加工属于成型加工，为了保证螺纹导程，加工时主轴每转一周，车刀进给量必须等于螺纹的导程。由于螺纹加工时进给量较大，而螺纹车刀的强度一般较差，因此，当螺纹牙深较大，一般分数次进给，每次进给的背吃刀量按递减规律分配。常用的螺纹切削进给次数和背吃刀量见表 3-6。

表 3-6 常用螺纹切削进给次数和背吃刀量

		普通公制螺纹						
螺距 /mm		1	1.5	2	2.5	3	3.5	4
牙深（半径值）/mm		0.649	0.974	1.299	1.624	1.949	2.273	2.598
走刀次数和背吃刀量 /mm	1 次	0.7	0.8	0.9	1.0	1.2	1.5	1.5
	2 次	0.4	0.6	0.6	0.7	0.7	0.7	0.8
	3 次	0.2	0.4	0.6	0.6	0.6	0.6	0.6
	4 次		0.16	0.4	0.4	0.4	0.6	0.6
	5 次			0.1	0.4	0.4	0.4	0.4
	6 次				0.15	0.4	0.4	0.4
	7 次					0.2	0.2	0.4
	8 次						0.15	0.3
	9 次							0.2

注：表中背吃刀量为直径值，走刀次数和背吃刀量根据工件材料及刀具的不同酌情增减。

【例 3-13】试编写图 3-37 所示圆柱螺纹的加工程序。

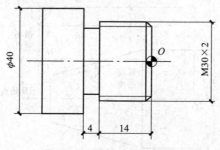

图 3-37 圆柱螺纹的加工

……
G00 X35 Z4;
G92 X29.2 Z-16 F2;
X28.6;

```
    X28.2;
    X28.04;
G00 X200 Z200;
```
......

【例3-14】试编写图3-38所示圆锥螺纹的加工程序，螺距为2.5。

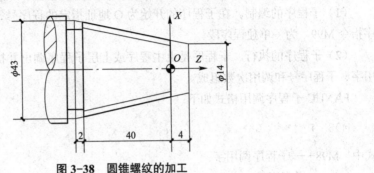

图3-38 圆锥螺纹的加工

......
```
G00 X50 Z4;
G92 X42.0 Z-42.0 R-14.5 F2.5;
    X41.3;
    X40.7;
    X40.3;
    X39.9;
    X39.75;
G00 X100 Z100;
```
......

3.3.4 数控车床子程序

1. 主程序

程序分为主程序和子程序，通常CNC系统按主程序指令运行，但在主程序中遇见调用子程序的情形时，则CNC系统将按子程序的指令运行，在子程序调用结束后控制权重新交给主程序。

CNC存储区内可存125个主程序和子程序。程序开始的程序号用EIA标准代码O地址指令。

2. 子程序

在编制加工程序中，有时会遇到一组程序段在一个程序中多次出现，或者在几个程序中都要使用它。这个典型的加工程序可以做成固定程序，并单独加以命名，这组程序段就称为子程序。

在程序中有一些顺序固定或反复出现的加工图形，将这些作为子程序，预先写入存储器中，可大大简化程序。

子程序和主程序必须存在于同一个文件中，调出的子程序可以再调用另一个子程序，将主程序调用子程序称为一重子程序调用，子程序调用子程序称为多重调用。一个子程序可被多次调用。

（1）子程序的编制。在子程序的开始为 O 地址指定的程序号、子程序中最后结束子程序指令 M99，为一单独程序段。

（2）子程序的执行。子程序是由主程序或上层子程序调出并执行的。子程序由程序调用字、子程序号和调用次数组成。

FANUC 子程序调用格式如下：

```
M98   P****   L××
```

式中　M98——子程序调用字；
　　　P——子程序号；
　　　L——子程序重复调用次数。当 L 不写时，子程序调用次数的默认值为 1。

例如，M98 P1002 L05；表示 1002 号子程序被连续调用 5 次。

M98 指令可与刀具移动指令放于同一程序段中。

（3）子程序结束。M99 表示子程序结束，并返回到主程序中。

（4）子程序的嵌套。子程序调用下一级子程序称为嵌套。上一级子程序与下一级子程序的关系，和主程序与第一层子程序的关系相同。子程序可以嵌套多少层由具体的数控系统决定。

如图 3-39 所示为车削不等距槽。对等距槽采用循环比较简单，而不等距槽则调用子程序较为简单。

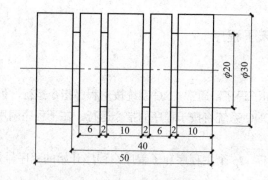

图 3-39　子程序应用实例

【例 3-15】已知毛坯直径为 $\phi32$ mm，长度为 77 mm，1 号刀为外圆车刀，3 号刀为切断刀，其宽度为 2 mm。

加工程序如下：

```
O1000
N0010 T0101 G00 X150 Z100 M03 S800;
N0020 M08;
N0030 G00 X35 Z0;
N0040 G01 X0 F0.3;
N0050 G00 X30 Z2;
N0060 G01 Z-55 F0.3;
N0070 G00 X150 Z100;
N0080 X32 Z0;
N0090 M98 P1100 L02;                        // 调用子程序两次
N0100 G00 W-12;
N0110 G01 X0 F0.12;
N0120 G04 X2;
N0130 G00 X150 Z100 M09;
N0140 M05;
N0150 M30;

O1100                                       // 子程序名
N101 G00 W-12;                              // 子程序开始
N102 G01 U-12 F0.15;
N103 G04 X1;
N104 G00 U12;
N105 W-8;
N106 G01 U-12 F0.15;
N107 G04 X1;
N108 G00 U12;
N109 M99;                                   // 子程序结束
```

3.4 数控编程应用实例

3.4.1 精加工轮廓编程实例

【例 3-16】编写图 3-40 所示零件的加工程序，利用直线插补指令编程。

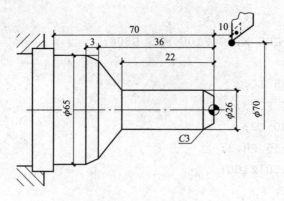

图 3-40 G01 编程实例

O3305
N10 T0101 G00 X100 Z10;   // 设定工件坐标系
N20 G00 X16 Z2 M03 S800;   // 移到倒角延长线，Z 轴 2 mm 处
N30 G01 U10 W-5 F0.2;   // 倒 3×45°角
N40 Z-22;   // 加工 $\phi 26$ 外圆
N50 X59 Z-36;   // 切第一段锥
N60 X65 W-3;   // 切第二段锥
N70 Z-70;
N80 X90;   // 退刀
N90 G00 X100 Z10;   // 回安全点
N100 M05;   // 主轴停
N110 M30;   // 主程序结束并复位

【例 3-17】编写图 3-41 所示零件的加工程序，利用圆弧插补指令编程。

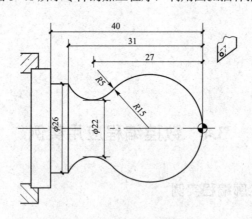

图 3-41 G02/G03 编程实例

O3308
N10 T0202 G00 X40 Z5;   // 建立工件坐标系

```
N20 M03 S400;                    // 主轴以 400 r/min 旋转
N30 G00 X0;                      // 到达工件中心
N40 G01 Z0 F0.15;                // 工进接触工件毛坯
N50 G03 U24 W-24 R15;            // 加工 R15 圆弧段
N60 G02 X26 Z-31 R5;             // 加工 R5 圆弧段
N70 G01 Z-40;                    // 加工 φ26 外圆
N80 X40 Z5 M05;                  // 回起刀点
N90 M30;                         // 主轴停、主程序结束并复位
```

3.4.2 轴类零件编程实例

【例 3-18】外径粗加工复合循环编制图 3-42 所示零件的加工程序。要求循环起始点在 A (46, 3)，切削深度为 1.5 mm（半径量）。退刀量为 1 mm，X 方向精加工余量为 0.4 mm，Z 方向精加工余量为 0.1 mm，其中点画线部分为工件毛坯。

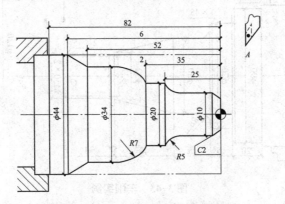

图 3-42　G71 外径复合循环编程实例

```
O3327
N10 T0101 G00 X80 Z80;           //T0101 建立工件坐标系，到程序起点位置
N20 M03 S400;                    // 主轴以 400 r/min 正转
N30 G00 X46 Z3;                  // 刀具到循环起点位置
N35 G71 U2 R0.5;                 // 粗加工控制
N40 G71 P50 Q130 U0.4 W0.1 F0.2;
                                 // 粗切量：1.5 mm；精切量：X0.4 mm，
                                 //   Z0.1 mm
N50 G00 X0;                      // 精加工轮廓起始行，到倒角延长线
N60 G01 X10 Z-2;                 // 精加工 2×45°倒角
N70 Z-20;                        // 精加工 φ10 外圆
N80 G02 U10 W-5 R5;              // 精加工 R5 圆弧
```

```
N90  G01 W-10;              // 精加工φ20外圆
N100 G03 U14 W-7 R7;        // 精加工R7圆弧
N110 G01 Z-52;              // 精加工φ34外圆
N120 U10 W-10;              // 精加工外圆锥
N130 W-20;                  // 精加工φ44外圆，精加工轮廓结束行
N140 X50;                   // 退出已加工面
N150 G00 X80 Z80;           // 回对刀点
N160 M05;                   // 主轴停
N170 M30;                   // 主程序结束并复位
```

【例3-19】零件加工编程实例。要加工图3-43所示的轴类零件，其毛坯为φ95 mm棒料，材料为45钢。

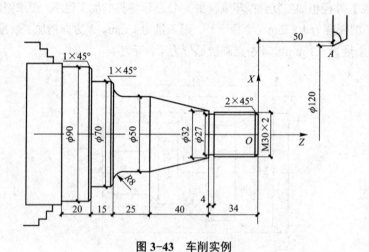

图3-43 车削实例

(1) 确定工艺过程。以φ95 mm外圆及右中心孔为工艺基准，用三爪自定心卡盘夹持φ95 mm外圆，用机床尾座顶尖顶住右中心孔。工步顺序如下：

1) 外圆粗车成型，自右向左进行外圆轮廓加工，粗车螺纹外圆→切削锥面→车φ50 mm外圆→车φ70 mm外圆→车φ90 mm外圆；

2) 精车外圆；

3) 切槽；

4) 车螺纹。

(2) 选择刀具。根据加工要求，选用四把刀具，1号刀粗车外圆，2号刀精车外圆，3号刀切槽，4号刀车螺纹。

(3) 确定切削用量。切削用量详见数控加工程序。

(4) 编制加工程序。

确定以工件右端面中心点O为工件原点，并将点A作为换刀点。该工件的数控加工程序编制如下：

```
O5000
N10  T0101 G00 X120.0 Z50.0;              // 建立工件坐标系,调1号刀、1号刀补
N20  G96 S200 M03;                        // 设定恒切削速度200 m/min,主轴正转
N30  G00 X100.0 Z0.0 M08;                 // 快速接近工件,切削液开
N40  G01 X-0.8 F0.25;                     // 切断棒料
N50  G00 X96.0 Z2.0;                      // 切断后退刀
N60  G71 U3.5 R0.5;                       // 定义粗车循环
N70  G71 P8 Q20 U0.5 W0.1 F0.25;
N80  G00 X30.0;                           //N8 到 N200 定义精车削刀具轨迹
N90  G01 Z-34.0 F0.15;
N100 X32.0;
N110 X50.0 W-40.0;
N120 Z-91.0;
N130 G02 X66.0 Z-99.0 R8.0;
N140 G01 X68.0;
N150 X70.0 W-1.0;
N160 Z-114.0;
N170 X88.0;
N180 X90.0 W-1.0;
N190 Z-134.0;
N200 X96.0;
N210 G00 X120.0 Z50.0 T0100 M09;
                                          // 快速返回换刀点,取消刀补,切削液关
N220 T0202;                               // 调2号刀,并进行刀补
N230 S180 M03;
N240 G00 X96.0 Z3.0 M08;
N250 G70 P8 Q20;                          // 精车
N260 G00 X120.0 Z50.0 T0200 M09;
                                          // 返回换刀点,取消刀补,切削液关
N270 T0303;                               // 调3号刀,并进行刀补
N280 G97 S1000 M03;                       // 取消恒切削速度,指定主轴转速为
                                          //   1 000 r/min,主轴正转
N290 G00 X36.0 Z-34.0 M08;                // 快速移动至切槽处,切削液开
N300 G01 X27.0 F0.1;                      // 切退刀槽
N310 G04 U5.0;                            // 暂停进给5 s
N320 G00 X36.0;                           // 退刀
```

```
N330 X120.0 Z50.0 T0300 M09;        //快速返回退刀点,取消刀补,切削液关
N340 T0404;                          //调4号刀,4号刀补参数
N350 G00 X32.0 Z6.0 M08;             //快速接近车螺纹进给起点,切削液开
N360 G76 P01 02 60 Q200 R200;        //螺纹切削循环
N370 G76 X27.4 Z-33.0 P12 99 Q4 50 F2.0;
N380 G00 X120.0 Z50.0 T0400 M09;
                                     //返回换刀点,取消刀补,切削液关
N390 M05;                            //主轴停止
N400 M30;                            //程序结束
```

3.4.3 盘类零件编程实例

【例3-20】盘类零件加工编程实例。如图3-44所示的工件,材料为45钢,毛坯为圆钢,左侧端面ϕ95 mm外圆已加工,ϕ55 mm内孔已经钻削为ϕ54 mm。

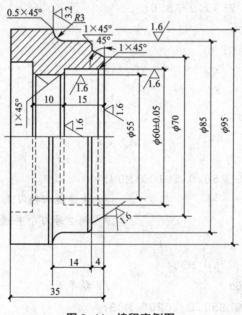

图3-44 编程实例图

(1)根据图样要求、毛坯及前道工序加工情况,确定工艺方案及加工路线。

1)以已加工出的ϕ95 mm外圆及左端面为工艺基准,用三爪自定心卡盘夹持工件。

2)工序。

①粗车外圆及端面;

②粗车内孔;

③精车外轮廓及端面;

④精车内孔。

（2）编制加工程序。

O0005

N10 T0100 G00 X200.0 Z200.0;	//建立工件坐标系，确定起刀点位置
N20 G50 S2000;	//限制主轴最高转速
N30 T0101 M40;	//调第一号刀，并进行刀补，主轴为低速范围
N30 G40 G97 S400 M03 M08;	//取消主轴恒线速度控制，设定主轴转速为 400 r/min，打开切削液
N40 G00 X110.0 Z10.0	//刀具快速接近工件，主轴正转
N50 G01 G96 Z0.2 F3.0 S200;	//刀具工进至（110，0.2），进给量为 3 mm/r，主轴恒速控制为 200 r/min
N60 X45.0 F0.2;	//粗车端面，进给量为 0.2 mm/r
N70 Z3.0;	//向 Z 向退刀至 3 mm
N80 G00 G97 X93.0 S400;	//向 X 向快退刀，取消主轴恒速控制，主轴转速为 400 r/min
N90 G01 Z-17.8 F0.3;	//进给量为 0.3 mm/r
N100 X97.0;	
N110 G00 Z3.0;	//快速退刀至 Z3 mm
N120 G42 X85.4 D01;	//建立刀尖半径右补偿
N130 G01 Z-15.0;	//向 Z 向进给 Z-15 mm
N140 G02 X91.0 Z-17.8 R2.8;	//粗车圆弧 R3 mm 到 R2.8 mm
N150 G40 G01 X95.0;	//向 X 向进给至 Xφ95 mm，取消刀尖半径补偿
N160 G00 G41 Z-1.8 D01;	//建立刀尖半径左补偿
N170 G01 X78.4 P0.3;	//进给至 Xφ78.4 mm，进给量为 0.3 mm/r
N180 X64.8 Z3.0;	//车锥面
N190 G40 T0100 X200.0 Z200.0 M09;	//快退至换刀点，取消刀尖半径补偿，切削液关
N200 M01;	//选择停止
N210 T0404 M40;	//调第 4 号刀，4 号刀补，主轴为低速范围
N220 G40 G97 S650 M08;	//取消主轴恒线速度控制，主轴转速为 350 r/min，切削液开
N230 G00 X54.6 Z10.0 M03;	//刀具快进接近零件，主轴正转
N240 G01 Z3.0 F2.0;	//刀具进给至 Z3 mm，进给量为 2 mm/r

N250 G01 Z-27.0 F0.4;   //进给至Z27.0 mm,进给量为0.4 mm/r,车孔
N260 X53.0;   //退刀至Xϕ53 mm
N270 G00 Z3.0;   //快退刀至Z3 mm
N280 G41 X69.2 D01;   //建立刀尖半径左补偿
N290 X59.6 Z-1.8 F0.3;   //车锥面,进给量为0.3 mm/r
N300 Z-14.8 F0.4;   //车台阶孔,进给量为0.4 mm/r
N310 X53.0;   //退刀至Xϕ53 mm
N320 G00 G42 Z10.0 D01;   //改变刀尖半径补偿方向,右偏移,快退刀至Z10 mm
N330 G40 X2000 Z200.0 T0400 M09;
                                //快退至换刀点,取消刀尖半径补偿,切削液关
N340 M01;   //选择停止
N350 T0707 M41;   //调第7号刀具,7号刀补,主轴转速为高速范围
N360 G40 G97 S1100 M08;   //取消恒线速度控制,主轴转速为1 100 r/min,切削液开
N370 G00 G42 X58.0 Z10.0 D01 M03;
                                //刀具快速接近工件,主轴正转,刀尖半径右补偿
N380 G01 G96 F1.5 S200;
N390 X70.0 F0.2;   //精车端面,进给量为0.2 mm/r
N400 X78.0 Z-4.0;   //精车锥面
N410 X83.0;   //精车台阶端面
N420 X85.0 Z-5.0;   //精车1×45°倒角
N430 Z-15.0   //精车ϕ95 mm外圆
N440 G02 X91.0 Z-18.0 R3.0;   //精车R3 mm圆弧
N450 G01 X94.0;   //精车ϕ94 mm台阶端面
N460 X970 Z-19.5;   //精车0.5×45°倒角
N470 X100.0;   //退刀至ϕ100 mm
N480 G00 G40 X200.0 Z200.0 T0400 M09;
                                //快速返回至换刀点,取消刀具补偿,取消刀尖半径补偿,切削液关
N490 M01;   //选择停止
N500 T0808 M41;   //调第8号刀,8号刀补,主轴为高速范围

```
N510 G40 G97 S1000 M08;           //取消主轴恒线速度控制,主轴转速为
                                    1 000 r/min,切削液开
N520 G00 G41 X70.0 Z10.0 D01 M03;
                                  //刀具快速接近工件,主轴正转,刀尖半
                                    径补偿启动,左偏移
N530 G01 Z3.0 F1.5;
N540 X60.0 Z-2.0 F0.2;            //车2×45°倒角,进给量为0.2 mm/r
N550 Z-15.0 F0.15;                //精车φ60 mm外圆,进给量为
                                    0.15 mm/r
N560 X57.0 F0.2;                  //精车φ57 mm台阶端面,进给量
                                    0.2 mm/r
N570 X55.0 Z-16.0;                //精车1 mm×1 mm倒角
N580 Z-27.0;                      //精车φ55 mm内孔
N590 X53.0;                       //退刀
N600 G00 G42 Z10.0;               //Z向快速返回Z10 mm,变更刀尖半径为
                                    右补偿方向
N610 G40 X200.0 Z200.0 T0800 M09;
                                  //快速返回至换刀点,取消刀尖半径补偿
N620 M05;                         //主轴停止
N814 M30;                         //程序结束
```

3.4.4 套类零件编程实例

【例3-21】 内径粗加工复合循环编制图3-45所示零件的加工程序。要求循环起始点在(X6,Z3),切削深度为1.5 mm(半径量),退刀量为1 mm,X方向精加工余量为0.4 mm,Z方向精加工余量为0.1 mm,其中点画线部分为工件毛坯。

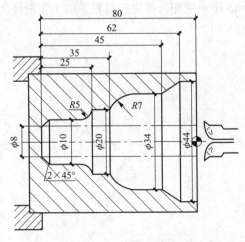

图3-45 G71内径复合循环编程实例

```
O3328
N10 T0101;                          //换1号刀,确定其坐标系
N20 G00 X80 Z80;                    //到程序起点或换刀点位置
N30 M03 S400;                       //主轴以 400 r/min 正转
N40 X6 Z3;                          //到循环起点位置
N50 G71 U2 R1;
N60 P70 Q180 U-0.4 W0.1 F0.15;      //内径粗切循环加工
N70 G00 X80 Z80;                    //粗切后,到换刀点位置
N80 T0202;                          //换2号刀,确定其坐标系
N90 G00 G42 X6 Z5;                  //2号刀加入刀尖圆弧半径补偿
N100 G00 X44;                       //精加工轮廓开始,到φ44外圆处
N110 G01 W-20 F80;                  //精加工φ44外圆
N120 U-10 W-10;                     //精加工外圆锥
N130 W-10;                          //精加工φ34外圆
N140 G03 U-14 W-7 R7;               //精加工R7圆弧
N150 G01 W-10;                      //精加工φ20外圆
N160 G02 U-10 W-5 R5;               //精加工R5圆弧
N170 G01 Z-80;                      //精加工φ10外圆
N180 U-4 W-2;                       //精加工倒2×45°角,精加工轮廓结束
N190 G40 X4;                        //退出已加工表面,取消刀尖圆弧半径补偿
N200 G00 Z80;                       //退出工件内孔
N210 X80 M05;                       //回程序起点或换刀点位置
N220 M30;                           //主轴停,主程序结束并复位
```

3.4.5 综合配合套件编程实例

【例 3-22】对图 3-46 所示的配合件进行数控车削工艺设计、编程,数控加工。已知毛坯为 φ50 棒料,材料为 YL12。

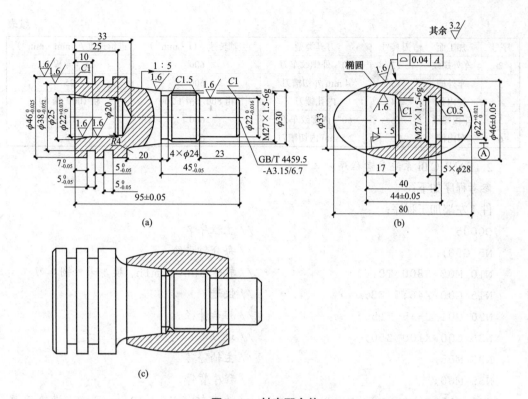

图 3-46 轴套配合件

(a)件 1;(b)件 2;(c)配合图

1. 工艺设计

图 3-46 所示为配合件,件 1 与件 2 相配,配合锥面用涂色法检查,要求锥体接触面积不小于 50%。零件材料为 45 钢,件 1 毛坯为 $\phi 50\,\text{mm} \times 97\,\text{mm}$,件 2 毛坯为 $\phi 50\,\text{mm} \times 46\,\text{mm}$。

(1)刀具选择及切削参数确定。

1 号刀:93°菱形外圆车刀;

2 号刀:60°外螺纹车刀;

3 号刀:4 mm 外切槽刀;

4 号刀:内孔镗刀;

5 号刀:60°内螺纹车刀;

6 号刀:2.5 mm 内切槽刀。

刀具卡片及切削参数见表 3-7。

(2)工艺设计,见表 3-7。

表 3-7 工序、刀具及切削参数

序号	加工面	刀具号	刀具类型	主轴转速/(r·min⁻¹)	进给速度/(mm·min⁻¹)
1	车外形	T1	93°菱形外圆车刀	粗 800,精 1 500	粗 150,精 80

续表

序号	加工面	刀具号	刀具类型	主轴转速 /（r·min⁻¹）	进给速度 /（mm·min⁻¹）
2	车外螺纹	T2	60°外螺纹车刀	600	1.5（导程）
3	车外槽	T3	4 mm 外切槽刀	600	25
4	镗内孔	T4	内孔镗刀	粗 800，精 1 200	粗 100，精 80
5	车内螺纹	T5	60°内螺纹车刀	600	1.5
6	车内槽	T6	2.5 mm 内切槽刀	600	25

2. FANUC 0i 系统参考程序

参考程序如下：

件 1 左端加工程序：

O0005	// 主程序名
N5 G98;	// 每分钟进给
N10 M03 S800 T0101;	// 转速 800 r/min，换 1 号外圆车刀
N15 G00 X46.5 Z3;	// 快进
N20 G01 Z-35 F150;	// 粗车外径
N25 G00 X100 Z50;	// 退刀
N30 M05;	// 主轴停转
N35 M00;	// 程序暂停
N40 S1500 M03 F80 T0101;	// 精车转速 1 500 r/min，进给速度 80 mm/min
N45 G00 X51 Z2;	// 快速进刀
N50 G01 X44 Z0;	
N55 X46 Z-1;	// 倒角
N60 Z-35;	// 精车外径
N65 G00 X100 Z50;	// 退刀
N70 M05;	// 主轴停转
N75 M00;	// 程序暂停
N80 T0303 S600 M03 F25;	// 换车槽刀
N85 G00 X50 Z-22;	// 进到车槽起点
N90 G01 X38.2;	// 车槽
N95 G00 X50;	// 退刀
N100 Z-21;	
N105 G01 X38;	// 车槽
N110 Z-22;	// 精车槽底
N115 G00 X50;	
N120 Z-12;	
N125 G01 X38.2;	

```
N130 G00 X50;
N135 Z-11;
N140 G01 X38;
N145 Z-12;                          // 精车槽底
N150 G00 X100;                      // 退刀
N155 Z50;
N160 M05;                           // 主轴停转
N165 M00;                           // 程序暂停
N170 M03 S800 T0404;                // 转速 800 r/min,换 4 号内孔镗刀
N175 G00 X19.5 Z5;                  // 快进到内径粗车循环起刀点
N180 G71 U1 R0.5;                   // 内径粗车循环
N185 G71 P190 Q210 U-0.5 W0.1 F150;
N190 G01 X25;                       // 快进到内径粗车循环起点
N195 Z0;
N200 X22.016 Z-10;
N205 Z-25;
N210 X20;
N215 G00 Z100;
N220 X100;
N225 M05;                           // 主轴停转
N230 M00;                           // 程序暂停
N235 M03 S1200 T0404 F80;           // 精车转速 1 200 r/min,进给速度
                                    //   80 mm/min
  N240 G00 G41 X28 Z5;              // 快速进刀,引入半径补偿
  N245 G70 P190 Q210;
  N250 G00 Z100;
  N255 G40 X100;                    // 退刀,撤销半径补偿
  N260 M05;                         // 主轴停转
  N265 M30;                         // 程序停止
```

件 1 右端加工程序:

```
O0006                               // 主程序名
N05 G98;                            // 每分钟进给量
N10 M03 S800 T0101;                 // 转速 800 r/min,换 1 号外圆车刀
N15 G00 X51 Z2;                     // 快进到外径粗车循环起刀点
N20 G71 U1.5 R1;                    // 外径粗车循环
N25 G71 P30 Q80 U0.5 W0.1 F150;
N30 G01 X20;                        // 进到外径循环起点
```

```
N35 Z0;
N40 X21.992 Z-1;                //倒角
N45 Z-23;
N50 X23;
N55 X26.8 Z-24.5;               //倒角
N60 Z-45;
N65 X30;
N70 X33.28 Z-61.398;
N75 G02 X41.24 Z-65 R4;
N80 G01 X50;                    //N30～N80外径循环轮廓程序
N85 G00 X150;                   //退刀
N90 Z10;                        //退刀
N95 M05;                        //主轴停转
N100 M00;                       //程序暂停
N105 M03 S1500 T0101 F80;       //精车转速1 500 r/min,进给速度
                                  80 mm/min
N110 G00 G42 X51 Z2;            //进刀
N115 G70 P30 Q80;               //调精加工轮廓程序进行精加工
N120 G00 G40 X150 Z10;          //退刀,撤销半径补偿
N125 M05;                       //主轴停转
N130 M00;                       //程序暂停
N135 T0303 S600 M03 F25;        //换车槽刀
N140 G00 Z-45;
N145 X32;                       //进到车槽起点
N150 G01 X24;                   //车槽
N155 X27;                       //退刀
N160 Z-43.5;                    //进到倒角起点
N165 G01 X24 Z-45;              //倒角
N170 G00 X150;                  //退刀
N175 Z10;                       //退刀
N180 M05;                       //主轴停转
N185 M00;                       //程序暂停
N190 T0202 S600 M03;            //转速600 r/min,换2号螺纹刀
N195 G00 X29 Z-18;              //进到外螺纹复合循环起刀点
N200 G76 P10160 Q80 R0.05;      //外螺纹复合循环 P10160
N205 G76 X25.14 Z-42 R0 P930 Q350 F1.5;
```

```
N210 G00 X100 Z50;              // 退刀
N215 M05;                       // 主轴停转
N220 M30;                       // 程序停止
```

件2加工程序：

```
O0007                           // 主程序名
N05 G98;                        // 每分钟进给量
N10 T0404 S800 M03;             // 转速800 r/min,换4号内孔镗刀
N15 G00 X19.5 Z5;               // 快进到内径粗车循环起刀点
N20 G71 U1 R0.25                // 内径粗车循环
N25 G71 P30 Q70 U-0.5 W0.1 F15;
N30 G01 X33;                    // 快进到内径粗车循环起刀点
N35 Z0;
N40 X29.6 Z-17;
N45 X28.5;
N50 X25.5 Z-18.5;               // 倒角
N55 Z-40;
N60 X22.01;
N65 Z-45;
N70 X20; N30～N70               // 内轮廓循环程序
N75 G00 Z100;                   // 退刀
N80 X100;                       // 退刀
N85 M05;                        // 主轴停转
N90 M00;                        // 程序暂停
N95 M03 S1200 T0404 F80;        // 精车转速1 200 r/min,进给速度
                                //   80 mm/min
N100 G00 G41 X35 Z5;            // 快进,引入半径补偿
N105 G70 P30 Q70;               // 调精加工轮廓段精加工
N110 G00 Z100;
N115 G40 X100;                  // 退刀,撤销半径补偿
N120 M05;                       // 主轴停转
N125 M00;                       // 程序暂停
N130 S600 M03 T0606 F25;        // 换6号内车槽刀
N135 G00 X21;                   // 快进
N140 Z-40;                      // 快进
N145 G01 X28;                   // 车内槽
N150 X25;                       // 退刀
```

```
N155 Z-37.5;                    // 进刀
N160 X28;                       // 车内槽
N165 X25;                       // 退刀
N170 G00 Z100;                  // 退刀
N175 G00 X100;                  // 退刀
N180 M05;                       // 主轴停转
N185 M00;                       // 程序暂停
N190 M03 S600 T0505;            // 转速 600 r/min,换 5 号内螺纹刀
N195 G00 X24 Z5;                // 进到内螺纹复合循环起刀点
N200 G76 P10160 Q80 R0.05;      // 内螺纹复合循环 P10160
N205 G76 X27.05 Z-35.5 R0 P930 Q350 F1.5;
N210 G00 Z100;
N215 X100;                      // 退刀
N220 M05;                       // 主轴停转
N225 M30;                       // 程序停止


O0008                           // 主程序名
N05 S800 M03 T0101 F150;        // 转速 800 r/min,换 1 号外圆车刀
N10 G00 X51 Z2;
N15 #150=11;                    // 设置最大切削余量 11 mm
N20 IF [#1501 LT 1] GOTO 40     // 毛坯余量小于 1 mm,则跳转到 N40 程
                                   序段
N25 M98 P0009;                  // 调用椭圆子程序
N30 #150=#150-2;                // 每次切深双边 2 mm
N35 GOTO 20;                    // 跳转到 N20 程序段
N40 G00 X51 Z2;                 // 退刀
N45 S1500 F80;                  // 精车转速 1 500 r/min,进给速度
                                   80 mm/min
N50 #150=0;                     // 设置毛坯余量为 0
N55 M98 P0009;                  // 调用椭圆子程序
N60 G00 X100 Z50;               // 退刀
N65 M05;                        // 主轴停转
N70 M30;                        // 程序停止
椭圆子程序
O0009                           // 椭圆子程序
N05 #101=40;                    // 长半轴
```

```
N10  #102=23;                        // 短半轴
N15  #103=22;                        //Z 轴起始尺寸
N20  IF [#103 LT -22] GOTO 50;
                                     // 判断是否走到 Z 轴终点,是则跳到 N50
                                        程序段
N25  #104=SQRT [#101×#101-#103×#103];
N30  #105=23×#104/40;                //Z 轴变量
N35  G01 X [2×#105+#150] Z [#103-22];
                                     // 椭圆插补
N40  #103=#103-0.5;                  //Z 轴步距,每次 0.5 mm
N45  GOTO 20;                        // 跳转到 N20 程序段
N50  G0 U20 Z2;                      // 退刀
N55  M99;                            // 子程序结束
```

思考练习

一、选择题

1. 数控车床不可以加工（   ）。
   A. 螺纹   B. 键槽   C. 外圆柱面   D. 端面

2. 关于代码的模态,下列描述正确的是（   ）。
   A. 只有 G 功能有模态,F 功能没有
   B. G00 指令可被 G02 指令取代
   C. G00 G01 X100.5;程序段,G01 无效
   D. G01 指令可被 G97 取代

3. 车床数控系统中,下列进行恒线速控制的指令是（   ）。
   A. G00 S ___   B. G96 S ___   C. G01 F ___   D. G98 S ___

4. 刀具半径自动补偿指令包括（   ）。
   A. G40,G41,G42   B. G40,G43,G44
   C. G41,G42,G43   D. G42,G43,G44

5. 辅助功能中与主轴有关的 M 指令是（   ）。
   A. M06   B. M09   C. M08   D. M05

6. 数控车床加工退刀槽时下列程序中,刀具暂停进给时间是（   ）s。
   N30 G01 X21.0 F0.2;
   N40 G04 P2000;
   A. 3   B. 2   C. 2 000   D. 1.002

7. 夹持细长轴时,下列不是主要注意事项的是（   ）。

A. 工件变形　　　　　　　　　　B. 工件扭曲
C. 工件刚性　　　　　　　　　　D. 工件密度

8. 在数控车床编程中，准备功能 G90 表示的功能是（　　）。
A. 预置功能　　B. 固定循环　　C. 绝对尺寸　　D. 增量尺寸

9. 可由 CNC 铣床操作者执行选择性程序停止的指令是（　　）。
A. M00　　　　B. M01　　　　C. M03　　　　D. M04

10. 与切削液有关的指令是（　　）。
A. M04　　　　B. M05　　　　C. M06　　　　D. M08

11. 程序执行结束，同时使记忆恢复到起始状态的指令是（　　）。
A. M00　　　　B. M10　　　　C. M20　　　　D. M30

12. 回零操作就是使运动部件回到（　　）。
A. 机床坐标系原点　　　　　　　B. 机床的机械零点
C. 工件坐标的原点　　　　　　　D. 对刀点

13. 关于暂停指令 G04，下列说法正确的是（　　）。
A. G04X 其中 X 必须带小数点　　B. G04X 其中 X 不一定带小数点
C. G04P 其中 P 必须带小数点　　D. G04P 其中 P 不一定带小数点

14. 以下提法中（　　）是错误的。
A. G92 是模态指令　　　　　　　B. G04 X3.0 表示暂停 3 s
C. G32 Z F 中的 F 表示进给量　　D. G41 是刀具左补偿

15. 车床数控系统中，以下指令正确的是（　　）。
A. G00　S__；　　　　　　　　 B. G41 X__ Z__；
C. G40　G00 Z__；　　　　　　 D. G42　G00 X__ Z__

16. 数控系统中，（　　）指令在加工过程中是非模态的。
A. G90　　　　B. G55　　　　C. G04　　　　D. G02

17. 辅助功能中表示程序计划停止的指令是（　　）。
A. M00　　　　B. M01　　　　C. M02　　　　D. M30

18. 进给率即（　　）。
A. 每转进给量×每分钟转数　　　B. 每转进给量/每分钟转数
C. 切深×每分钟转数　　　　　　D. 切深/每分钟转数

19. 辅助功能中与主轴有关的 M 指令是（　　）。
A. M06　　　　B. M09　　　　C. M08　　　　D. M05

20. 下列指令属于准备功能字的是（　　）。
A. G01　　　　B. M08　　　　C. T01　　　　D. S500

21. 数控车床的 T 指令是指（　　）。
A. 主轴功能　　　　　　　　　　B. 辅助功能
C. 进给功能　　　　　　　　　　D. 刀具功能

22. 用于主轴转速控制的代码是（　　）。
　　A．T　　　　　　B．G　　　　　　C．S　　　　　　D．F
23. 圆锥切削循环的指令是（　　）。
　　A．G90　　　　　　　　　　　　　B．G92
　　C．G94　　　　　　　　　　　　　D．G96
24. 从提高刀具耐用度的角度考虑，螺纹加工应优先选用（　　）。
　　A．G32　　　　　　　　　　　　　B．G92
　　C．G76　　　　　　　　　　　　　D．G85
25. 若径向的车削量远大于轴向时，则循环指令宜使用（　　）。
　　A．G71　　　　　　　　　　　　　B．G72
　　C．G73　　　　　　　　　　　　　D．G70
26. 在数控车床编程中，准备功能G90表示的功能是（　　）。
　　A．预置功能　　　　　　　　　　　B．固定循环
　　C．绝对尺寸　　　　　　　　　　　D．增量尺寸
27. 通常数控车床的绝对值编程采用（　　）表示。
　　A．G90　　　　　　　　　　　　　B．G91
　　C．X、Z　　　　　　　　　　　　　D．U、W

二、判断题

1. G00、G01指令都能使机床坐标轴准确到位，因此它们都是插补指令。（　　）
2. G代码可以分为模态G代码和非模态G代码。（　　）
3. 非模态指令只能在本程序段内有效。（　　）
4. 同组模态G代码可以放在一个程序段中，而且与顺序无关。（　　）
5. 只需根据零件图样进行编程，而不必考虑是刀具运动还是工件运动。（　　）
6. 数控机床编程有绝对值和增量值编程，使用时不能将它们放在同一程序段中。（　　）
7. 增量尺寸指机床运动部件坐标尺寸值相对于前一位置给出。（　　）
8. G00快速定位指令控制刀具沿直线快速移动到目标位置。（　　）
9. 机床参考点是数控机床上固有的机械原点，该点到机床坐标原点在进给坐标轴方向上的距离可以在机床出厂时设定。（　　）
10. 机床的原点就是机械零点，编制程序时必须考虑机床的原点。（　　）
11. 机械零点是机床调试和加工时十分重要的基准点，由操作者设置。（　　）
12. 指令M03为主轴反转（CCW），M04为主轴正转（CW）。（　　）
13. 执行G00的轴向速率是依据F值。（　　）
14. G01的进给速率，除F值指定外，亦可在操作面板调整旋钮变换。（　　）
15. 在执行G00指令时，刀具路径不一定为一直线。（　　）
16. N001为程序序号，若为节省记忆容量，则可省略。（　　）
17. 刀具补偿功能包括刀补的建立、刀补的执行和刀补的取消三个阶段。（　　）

18. 非模态指令只能在本程序段内有效。（　　）
19. 刀位点是刀具上代表刀具在工件坐标系的一个点，对刀时，应使刀位点与对刀点重合。（　　）
20. 绝对值编程是指控制位置的坐标值均以机床某一固定点为原点来计算计数长度。（　　）
21. 恒线速度控制适于切削工件直径变化较大的零件。（　　）
22. 数控车床的刀具功能字 T 既指定了刀具数，又指定了刀具号。（　　）
23. 刀具补偿寄存器内只允许存入正值。（　　）
24. 数控车床的机床坐标原点和机床参考点是重合的。（　　）
25. 外圆粗车循环方式适合于加工棒料毛坯除去较大余量的切削。（　　）
26. 运用 M06 指令时，必须先使用返回参考点指令之后才能运用 M06 指令。（　　）
27. 执行 M00 指令后，机床终止运动，重新按动启动按钮后，再继续执行后面的程序段。（　　）
28. G92 指令一般放在程序第一段，该指令不引起机床动作。（　　）
29. G04 X3 表示暂停 3 s。（　　）
30. 绝对编程和增量编程不能在同一程序中混合使用。（　　）
31. G90 在数控车床 FANUC 0-TD 系统中是绝对坐标的含义。（　　）
32. 数控车床的绝对编程和增量编程不能在同一程序中混合使用。（　　）
33. 数控车床编程中，子程序的编写方式必须是增量方式。（　　）
34. 数控车床的特点是 X 轴进给 1 mm，零件的直径减小或者增大 2 mm。（　　）
35. 数控车床不能进行镗孔加工。（　　）
36. 当车刀刀尖高于工件轴线时，因其车削平面与基面的位置发生变化，使前角增大，后角减小。（　　）
37. 固定路线粗车循环方式适合于加工已基本铸造或锻造成型的零件粗加工。（　　）
38. 车削中心 C 轴的运动就是主轴的主运动。（　　）
39. 数控车床可以车削直线、斜线、圆弧、米制和英制螺纹、圆柱管螺纹、圆锥螺纹，但不能车削多头螺纹。（　　）

三、简答题

1. 何谓机床坐标系和工件坐标系？其主要区别是什么？
2. 何谓对刀点？对刀点的选取对编程有何影响？
3. 简述刀位点、换刀点和刀具参考点。
4. 刀具补偿有何作用？有哪些补偿指令？
5. 试写出普通粗牙螺纹 M48×2 复合螺纹切削循环指令。
6. 简述 G71、G72、G73 指令的应用场合有何不同。

四、编程题

1. 利用基本编程指令编写图 3-47 所示零件的精加工程序，不考虑粗加工。

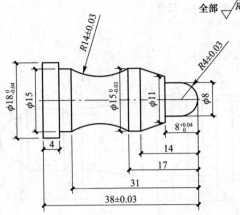

图 3-47 编程题 1 图

2. 练习用单一外圆循环指令对图 3-48 所示零件进行编程。

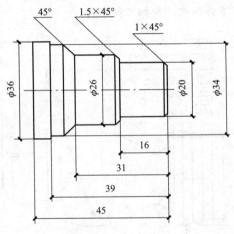

图 3-48 编程题 2 图

3. 编写图 3-49 所示零件的粗、精加工程序,并练习 G92 螺纹加工编程。

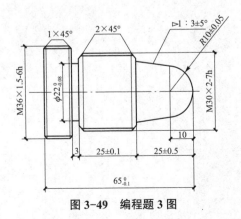

图 3-49 编程题 3 图

4. 编写图 3-50 所示零件的加工程序。

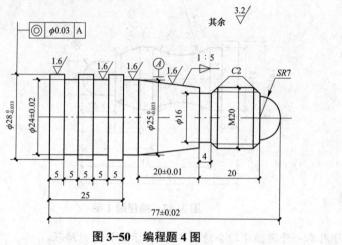

图 3-50　编程题 4 图

5. 编写图 3-51 所示零件的粗、精加工程序。

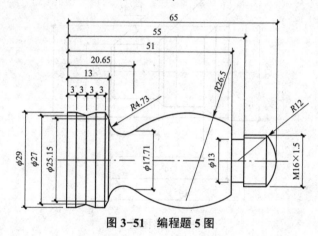

图 3-51　编程题 5 图

第4章　数控铣床编程（SIEMENS系统）

通过本章内容的学习，熟悉数控铣床的加工特点，掌握SIEMENS系统数控铣床编程应用；掌握数控铣削基本指令应用；掌握刀具半径补偿、长度补偿应用；掌握钻孔固定循环功能指令的应用；掌握子程序的应用特点及使用方法，基本掌握特殊功能指令的应用；能熟练进行典型铣削类零件的数控编程加工。

4.1　数控铣床介绍

数控铣削是机械加工中最常用和最主要的数控加工方法之一。其除能铣削普通铣床所能铣削的各种零件表面外，还能铣削普通铣床不能铣削的需要2～5坐标联动的各种平面轮廓和立体轮廓。数控铣床主要可以进行平面铣削，外轮廓形状、平面型腔铣削，钻孔，镗孔，攻螺纹，变斜角类零件及三维复杂型面的铣削加工。

4.1.1　数控铣床加工特点与分类

1. 数控铣床加工特点

数控铣床的加工表面形状一般是由直线、圆弧或其他曲线所组成的。普通铣床操作者根据图样的要求。不断改变刀具与工件之间的相对位置，再与选定的铣刀转速相配合，使刀具对工件进行切削加工，便可加工出各种不同形状的工件。

数控铣床加工是将刀具与工件的运动坐标分割成最小的单位量，即最小位移量。由数控系统根据工件程序的要求，使各坐标移动若干个最小位移量，从而实现刀具与工件的相对运动，以完成零件的加工。

数控铣削加工除具有普通铣床加工的特点外，还具有以下特点：

（1）零件加工的适应性强、灵活性好，能加工轮廓形状特别复杂或难以控制尺寸的零件，如模具类零件、壳体类零件等。

（2）能加工普通机床无法加工或很难加工的零件，如用数学模型描述的复杂曲线零件及三维空间曲面类零件。

（3）能加工一次装夹定位后，需要进行多道工序加工的零件。

（4）加工精度高，加工质量稳定可靠，数控装置的脉冲当量一般为 0.001 mm，高精度的数控系统可达 0.1μm，另外，数控加工还避免了操作人员的操作失误。

（5）生产自动化程度高，可以减轻操作者的劳动强度，有利于生产管理自动化。

（6）生产效率高，数控铣床一般不需要使用专用夹具等专用工艺设备，在更换工件时只需要调用存储于数控装置中的加工程序、装夹工具和调整刀具数据即可，因而大大缩短了生产周期。数控铣床具有铣床、镗床、钻床的功能，使工序高度集中，大大提高了生产效率。另外，数控铣床的主轴转速和进给速度都是无级变速的，因此有利于选择最佳切削用量。

2．数控铣床基本结构及分类

（1）数控铣床基本结构。数控铣床形式多样，不同类型的数控铣床在组成上虽有所差别，但却有许多相似之处。数控铣床是在普通铣床上集成了数字控制系统，可以在程序代码的控制下较精确地进行铣削加工的机床。数控铣床可分为不带刀库和带刀库两大类。其中带刀库的数控铣床称为加工中心。数控铣床的基础件通常是指床身、立柱、横梁、工作台、底座等结构件，其尺寸较大（俗称大件），"井"构成了机床的基本框架。其他部件附着在基础件上，有的部件还需要沿着基础件运动。由于基础件起着支撑和导向的作用，因而对基础件的基本要求是刚度好。床身内部布局要求合理，具有良好的刚性，底座上设有调节螺栓，便于机床进行水平调整，切削液储液槛设在机床座内部。

（2）数控铣床分类。

1）按照主轴的位置分类。

①立式数控铣床。立式数控铣床主轴垂直于工作台水平面。立式数控铣床在数量上一直占据着大部分数控铣床，并具有广泛的应用范围。

②卧式数控铣床。卧式数控铣床与普通卧式铣床相同，主轴轴线与水平面平行。

③立式和卧式数控铣床。立式和卧式数控铣床的主轴方向均可更换。

2）铣床按其结构进行分类。

①工作台升降式数控铣床。工作台升降式数控铣床采用工作台移动、升降，而主轴不动的方式。小型数控铣床一般采用此种方式。

②主轴头升降式数控铣床。主轴头升降式数控铣床采用工作台纵向和横向移动，且主轴沿垂向溜板上下运动；主轴头升降式数控铣床在精度保持、承载重量、系统构成等方面具有很多优点，已成为数控铣床的主流。

③龙门式数控铣床。龙门式数控铣床主轴可以在龙门架的水平和垂直滑道上移动，而龙门架沿着床身纵向移动。对于大型数控铣床，由于诸如行程延长，占地面积减小和刚性之类的技术问题，经常使用龙门式移动台。

3）按照数控系统分类，可分为低档、普及型、高档数控铣床。尽管配备了各种类型的数控铣床的 CNC 系统是不同的，除某些特殊功能外，各种 CNC 系统基本功能是相同的，数控铣床都具备铣削、孔和螺纹加工、刀具补偿功能，公制和英制单位的转换，坐标和增量坐标编程、进给速度的调整和主轴速度、固定循环、工件坐标系设置，数据输入和输出，以及 DNC 功能，子程序、数据收集功能，自诊断功能等。

4.1.2 数控铣床的加工对象

数控铣床主要用于加工各种材料如黑色金属、有色金属及非金属的平面轮廓零件、空间曲面零件和孔。

1．平面类零件

平面类零件一般属于加工面和定位面垂直、平行或加工、定位面是规定角度值。平面类零件主要有各种盖板、凸轮及飞机整体结构框等。在数控铣床加工对象中，平面类零件占大多数。

平面类零件的特点是各个加工单元面是平面，或可以展开成为平面。平面类零件是数控铣削加工对象中最简单的一类，一般只需用三坐标数控铣床的两坐标联动就可以将它们加工出来。

2．变斜角类零件

变斜角类零件的特点一般是加工面和水平面的夹角沉陷连续变化的零件。加工面与水平面的夹角呈连续变化的零件称为变斜角类零件。这类零件多数为飞机零件，如飞机上的整体梁、框、缘条与肋等，另外，还有检验夹具与装配型架等。例如，飞机上使用的变斜角梁橼条便是变斜角类零件的一种，该零件角度是从3°10′变化为0°0′的。

变斜角类零件的变斜角加工面不能展开为平面，但在加工中，加工面与铣刀圆周接触的瞬间为一条直线。最好采用4坐标和5坐标数控铣床摆角加工，在没有上述机床时，也可用3坐标数控铣床进行2.5坐标近似加工。

3．曲面轮廓零件

曲面轮廓零件的加工面为空间曲面。常见的空间曲面类零件有模具、叶片、螺旋桨等。在加工此类型零件时，铣刀和加工面始终为点接触。

4．孔类零件

数控铣床在零件上打孔操作可以是多种方式，如钻、扩、铰、镗等类型，但是，由于打孔加工需要频繁换刀，因此，数控铣床打孔加工不是很方便。

5．螺纹类零件

数控铣床对零件进行内、外螺纹及圆柱螺纹的加工都是可以的。

4.1.3 数控铣床坐标系

1．数控铣床坐标系的方向

数控铣床的坐标系采用右手坐标系。在判断数控铣床坐标系中各个坐标轴及其正方向时，应首先判断 Z 轴，然后再判断 X 轴，最后判断 Y 轴，如图4-1和图4-2所示。

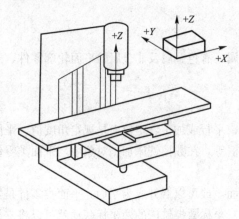
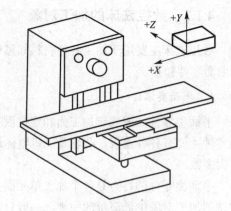

图 4-1　立式数控铣床坐标系　　　　图 4-2　卧式数控铣床坐标系

（1）Z 坐标方向。Z 坐标的运动由传递切削力的主轴所决定，在有主轴的机床中与主轴轴线平行的坐标轴即 Z 轴。根据坐标系正方向的确定原则，在钻、镗、铣加工中，钻入或镗入工件的方向为 Z 轴的负方向（或刀具远离工件的方向为 Z 轴的正方向）。

（2）X 坐标方向。X 坐标一般为水平方向，它垂直于 Z 轴且平行于工件的装夹。对于立式数控铣床，Z 方向是垂直的，则为站在工作台前，从刀具主轴向立柱看，水平向右方向为 X 轴的正方向，如图 4-1 所示。对于卧式数控铣床，则从主轴向工件看（即从机床背面向工件看），向右方向为 X 轴的正方向，如图 4-2 所示。

（3）Y 坐标方向。Y 坐标垂直于 X、Z 坐标轴，根据右手坐标系来进行判别。

（4）旋转轴方向。旋转运动 A、B、C 相对应表示其轴线平行于 X、Y、Z 坐标轴的旋转运动。A、B、C 的正方向，相应地表示在 X、Y、Z 坐标正方向上按照右旋旋进的方向（即沿着该坐标轴的反方向去看，逆时针的方向为旋转轴的正方向）。

2．数控铣床上的有关点

（1）机床原点。机床原点是指在机床上设置的一个固定的点，也是一个极限点，即机床坐标系的原点。其在机床装配、调试时就已经确定，是数控机床进行加工运动的基准。在数控铣床上，机床原点一般取在 X、Y、Z 三个直线坐标轴正方向的极限位置上。

（2）机床参考点。许多数控机床（全功能型及高档型）都设置有机床参考点，该点至机床原点在其进给坐标轴方向上的距离在机床出厂时已经准确确定，使用时可通过"寻找操作"方式确认。它与机床原点相对应，有的机床参考点与机床原点重合。它是机床制造商在机床上借助行程开关设置的一个物理位置，与机床原点的相对位置是固定的，机床出厂之前由机床制造商精密测量确定，并将相关数据存储到数控系统所对应的寄存器中，作为机床参数来使用。

机床原点实际上是通过返回（或称寻找）机床参考点来完成确定的。机床参考点的位置在每个轴上都是通过减速行程开关粗定位，然后由编码器零位电脉冲（或称栅格零点）精定位的。数控机床通电后，必须首先使各轴均返回各自参考点，从而确定了机床坐标系后，才能进行其他操作。机床参考点相对机床原点的值是一个可设定的参数值。其由机床厂家测量并输入至数控系统中，用户不得改变。当返回参考点的工作完成后，显示器即显示出机床参考点在机床坐标系中的坐标值，此时表明机床坐标系已经建立。

(3) 刀架相关点。从机械上说，所谓寻找机床参考点，就是使刀架相关点与机床参考点重合，从而使数控系统得知刀架相关点在机床坐标系中的坐标位置。所有刀具的长度补偿量均是刀尖相对该点的长度尺寸，即刀长。

数控铣床在使用时，可以将某刀具作为基准刀具，其他刀具的长度补偿均以该刀具作为基准，对刀则直接用基准刀具完成。这实际上是将基准刀尖作为刀架相关点在使用。

(4) 工件坐标系原点。在工件坐标系上，确定工件轮廓的编程和计算原点，称为工件坐标系原点，简称工件原点，也称编程零点。在加工中，由于其工件的装夹位置是相对于机床而固定的，所以工件坐标系在机床坐标系中位置也就确定了。

4.2　数控铣床基本指令编程

4.2.1　数控铣床编程特点

(1) 在编写程序时可以用绝对值编写，也可以用相对值编写。可以根据零件的尺寸标注方法进行选择，尽量与尺寸标注基准重合。

(2) 在确定铣削加工顺序时，尽量采用基准重合、先粗后精、先面后孔、先外后内、先主后次的方法来安排。

(3) 在确定走刀路线时，应在保证零件加工精度和表面质量的条件下，尽量缩短加工路线，以提高生产效率。

(4) 编程时，由于通常刀具的刀位点与铣刀加工时和工件的接触点并不重合，所以尽可能使用刀具补偿功能。既可以减少对刀具中心轨迹的计算，也容易保证零件的加工精度因刀具的磨损等因素的影响。

(5) 对于钻孔类零件的加工，可以选择钻孔类固定循环进行程序编写，以使程序书写简单、阅读方便。

(6) 对于具有特殊形状的零件结构，例如，同一零件图形中出现相同结构、相同尺寸或成比例尺寸时；同一零件图形中图形是关于某个方向是对称关系等，则可以选择特殊编程方法进行编程，如子程序、坐标系平移、坐标系旋转、图形比例缩放和镜像加工等。

4.2.2　数控铣床编程基本指令

1. 程序结构

(1) 程序名称。为了识别程序和调用程序，每个程序必须有一个程序名。在编制程序时，西门子数控系统可以按以下规则确定程序名称：

1) 开始的两个符号必须是字母，其后的符号可以是字母、数字或下划线。

2) 最多为16个字符，不得使用分隔符。

例如：SK3201_01。

（2）程序的结构和内容。数控程序由若干个程序段组成，所采用的程序段格式属于可变程序段格式。每一个程序段执行一个加工工步，每个程序段由若干个程序字组成，最后一个程序段包含程序结束符指令 M02 或 M30。

（3）程序字及地址符。

1）程序字。程序字主要由地址符和数值两部分组成。地址符一般为字母；数值是一个数字串，它可以带正号、负号和小数点，正号可以省略不写。

一个程序字可以包含多个字母，数值与字母之间还可以用符号"="隔开。

例如：CR=16.5，表示圆弧半径为 16.5 mm。

另外，G 功能也可以通过一个符号名进行调用。例如，SCALE，即打开比例系数。

2）扩展地址。对于如下地址：R 为计算参数；H 为 H 功能；I、J、K 为圆弧参数 / 中间点；这些地址可以通过 1～4 个数字进行地址扩展。在这种情况下，其数值可以通过"="进行赋值。

例如：R10 =，H5 = 12.1，I1 = 32.67。

（4）程序段结构。程序段由若干个字和程序段结束符"LF"组成。在程序编写输入过程中进行换行或按"输入"键时，可以自动产生程序段结束符。

那些不需在每次运行中都执行的程序段可以被跳越过去，为此可以在该程序段号之前输入斜线符"/"。通过机床控制面板或 PLC 接口，使跳过程序段生效。

在程序运行过程中，一旦跳过程序段有效，则所有带"/"符的程序段都不予执行，程序从下一个没带斜线符的程序段开始执行。

利用加注释的方法可在程序中对程序段进行说明。注释可作为对操作者的提示，显示在屏幕上。通常在程序段末加"；"进行说明。

例如：/N30 G00 X125 Y150；程序段可以被跳过。

2．基本功能指令应用

（1）工件坐标系的建立。

1）工件零点的选择。工件坐标系是用来确定工件几何形体上各要素的位置而设置的坐标系，工件坐标系的原点即工件零点。工件零点的位置是任意的，它由编程人员在编制程序时根据零件的特点选定。在选择工件零点的位置时应按照以下几点进行选择：

① 工件零点应选择在零件图的尺寸基准上，这样便于坐标值的计算，并减少错误。

② 工件零点应尽量选择在精度较高的工件表面，以提高被加工零件的加工精度。

③ 对于对称的零件，工件零点应设置在对称中心上。

④ Z 轴方向的零点，一般设置在工件的上表面上。

2）工件坐标系建立指令。常用建立工件坐标系的指令有 G92，G54～G59 两种方法。

① G92 指令设定工件坐标系。

程序格式：

G92 X__ Y__ Z__；

其中，X__ Y__ Z__ 为刀位点处在工件坐标系中的初始位置（为绝对坐标尺寸），是整个程序的起刀点。该指令建立了工件坐标系，该坐标系在机床重新开机时消失。要注意该指令是作为一个单独的程序段来使用，该程序段中尽管有位置指令，但在执行 G92 指令时机床并不作运动，这就要求在使用 G92 指令之前，必须保证机床刀具的刀位点处于程序的加工起始点位置，即对刀点位置。如 N05　G92　X50.0　Y40.0　Z30.0；则表示刀具的刀位点与工件坐标原点之间的关系，如图 4-3 所示。

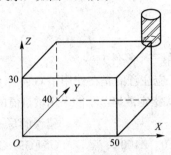

图 4-3　工件坐标系的建立

② G54～G59 设定工件坐标系。在机床行程范围内还可由 G54～G59 指令设定 6 个不同的工件坐标系。使用时，由操作者在安装好工件之后，测量工件零点相对于机床坐标系原点的偏移量，并将工件零点各个轴方向上相对于机床坐标系的位置偏移量，写入数控系统中零点偏置寄存器中，其后系统在执行程序时，就可以调用 G54～G59 指令中的偏移值，便可以控制刀具按照工件坐标系中的坐标值来运动了。

在机床重新通电后，各个坐标轴执行返回机床参考点操作后，1～6 工件坐标系自动建立，初通电源时系统自动选择 G54 方式。

图 4-4 描述了一个一次装夹加工 3 个相同零件的多程序原点与机床参考点之间的关系及偏移计算方法。

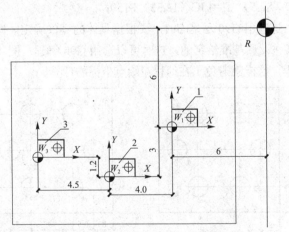

图 4-4　机床参考点向多程序原点的偏移

首先设置 G54～G56 原点偏置寄存器中的数值如下：
对于零件 1：G54 X-6.0 Y-6.0 Z0

对于零件 2：G55 X-10.0 Y-9.0 Z0

对于零件 3：G56 X-14.5 Y-7.8 Z0

然后调用： N01 G90 G54；

…； （加工第一个零件）

N30 G55；

…； （加工第二个零件）

N90 G56；

…； （加工第三个零件）

使用 G54～G59 指令时，应注意的是在使用了 G54～G59 指令之后，控制刀具的第一个坐标点应采用绝对值的方式指定数据，不能采用增量值的方式指定数据。例如：

正确的写法： 错误的写法：

G54 G90 G17　G00 X0　Y0　Z100.0； G54 G91 G17　G00 X0　Y0　Z100.0；

G91 G01…； G01…；

（2）绝对尺寸与增量尺寸。

1）绝对尺寸指令用 G90 表示。其表示程序段中的尺寸字为绝对尺寸，即从编程零点开始的坐标值，是数控系统默认状态指令。如 G90 G01 X30.0 Y60.0 F100；。

2）增量尺寸指令用 G91 表示。其表示程序段中的尺寸字为增量尺寸，即根据刀具运动的终点相对于起点坐标值的增量。如 G91 G01 X30.0 Y60.0 F100；。

在一个程序段中，西门子数控系统可以进行绝对尺寸和增量尺寸混合编程，即一个坐标用绝对尺寸编程；另一个坐标用增量尺寸编程。其格式为

X = AC（_____）；X 轴以绝对尺寸输入，程序段方式。

Y = IC（_____）；Y 轴以增量尺寸输入，程序段方式。

如 G01 X = AC（82.5）Y = IC（12.33）F150；。

在实际编程中，是选用 G90 还是 G91，要根据具体的零件确定。图 4-5（a）所示的尺寸都是根据零件上某一设计基准给定的，这时可以选用 G90 编程；图 4-5（b）所示的尺寸就应该选用 G91 编程，这样就避免了在编程对给点坐标的计算。

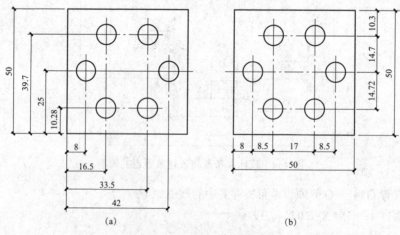

图 4-5　绝对坐标与增量坐标

（3）选择平面指令。选择平面指令用于选择圆弧插补和刀具半径补偿平面。如果数控系统中具有模拟功能，则也可用于选择模拟时所显示的平面。

G17——选择 XOY 平面；

G18——选择 ZOX 平面；

G19——选择 YOZ 平面。

对于坐标系平面的正确认识是沿着第三轴的反方向去观察该平面上的内容。例如，对 G17 平面的正确认识是应该沿着 Z 轴的反方向去观察该平面上的内容。

选择平面指令为模态指令，系统初始状态为 G17 状态，需要注意的是，直线移动指令与平面选择无关。

（4）控制刀具运动指令。

1）快速点定位指令 G00。用 G00 指定点定位，命令刀具以点位控制方式，从刀具所在点以最快的速度移动到目标点。程序格式：

G00 X__ Y__ Z__；

其中，X__ Y__ Z__ 为目标点坐标。如图 4-6 所示，现将刀具从 A 点快速移动到 B 点，其程序格式为

G90 G00 X90.0 Y70.0;   // 绝对尺寸指令

G91 G00 X70.0 Y50.0;   // 增量尺寸指令

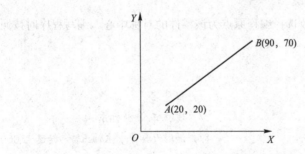

图 4-6 G00（G01）编程举例

机床快速移动的速度不需要指定，可以通过数控系统的参数进行设定，但一般是由生产厂家确定，用户一般没有权限进行设定和修改。需要注意的是，使用 G00 时，不能对工件进行切削，只是让刀具快速接近工件，以提高生产效率。

2）直线插补指令 G01。用 G01 指定直线插补，其作用是指令两个坐标（或三个坐标）以联动的方式，按指定的进给速度 F，插补加工出任意斜率的平面（或空间）直线。其程序格式为

G01 X__ Y__ Z__ F__；

其中，X__ Y__ Z__ 为目标点坐标，F__ 为刀具移动的速度。如图 4-6 所示，若控制刀具从 A 点以 100 mm/min 的速度沿 AB 切削到达 B 点，其程序格式为

G90 G01 X90.0 Y70.0 F100;   // 绝对尺寸编程

G90 G01 X70.0 Y50.0 F100;   // 增量尺寸编程

需要注意的是，使用 G01 指令时必须由编程人员对进给量进行设定，否则系统在执行程序时有的认为进给速度为零，有的系统自动会有报警信息。

G00 和 G01 指令均为模态指令，且 G01 中的 F 功能也具有续效性。

【例 4-1】如图 4-7 所示，被加工工件的形状为正六边形，其刀具的刀位点轨迹如图中的虚线所示。试编写该零件的精加工程序。

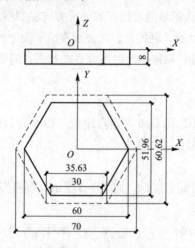

图 4-7　平面正六边形

该零件为对称性零件，故选择编程原点为该零件的对称中心。编写程序时按照刀具的刀位点轨迹进行编写。

参考程序如下：

```
SK3201_01;                        //程序名
N05  G54 G90 G17;                 //建立工件坐标系
N10  M03 S1000 T01;               //调用刀具号，主轴正转，转速 1 000 r/min
N15  G00 X-25.0 Y30.31;           //定位
N20  Z10.0;                       //刀具到安全平面
N25  G01 Z-10.0 F50 M08;          //下刀，开冷却液
N30  X17.815 Y30.31 F100;         //按轨迹切削
N35  X35.0 Y0;
N40  X17.815 Y-30.31;
N45  X-17.815 Y-30.31;
N50  X-35.0 Y0;
N55  X-17.815 Y30.31;
N60  G00 Z100.0 M09;              //抬刀，关闭冷却液
N65  M05;                         //主轴停转
N70  M30;                         //程序结束
```

3）圆弧插补指令 G02、G03。用 G02、G03 指定圆弧插补。G02 表示顺时针圆弧插补；G03 表示逆时针圆弧插补。顺时针圆弧和逆时针圆弧的判断方法是沿着第三轴（除圆弧所处平面的两个轴之外的轴）的反方向去看，走刀方向为顺时针方向则为 G02，走刀方向为逆时针方向则为 G03，如图 4-8 所示。

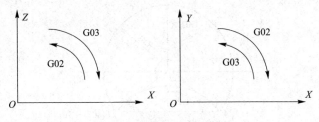

图 4-8　顺圆和逆圆的判断

程序格式如下：

在 XOY 平面上的圆弧

$$G17\begin{Bmatrix}G02\\G03\end{Bmatrix}X\underline{\quad}Y\underline{\quad}\begin{Bmatrix}I\underline{\quad}\quad J\underline{\quad}\\CR=\underline{\quad}\end{Bmatrix}F\underline{\quad}$$

在 XOZ 平面上的圆弧

$$G18\begin{Bmatrix}G02\\G03\end{Bmatrix}X\underline{\quad}Z\underline{\quad}\begin{Bmatrix}I\underline{\quad}\quad K\underline{\quad}\\CR=\underline{\quad}\end{Bmatrix}F\underline{\quad}$$

在 YOZ 平面上的圆弧

$$G19\begin{Bmatrix}G02\\G03\end{Bmatrix}Y\underline{\quad}Z\underline{\quad}\begin{Bmatrix}J\underline{\quad}\quad K\underline{\quad}\\CR=\underline{\quad}\end{Bmatrix}F\underline{\quad}$$

G17、G18、G19 为圆弧插补平面选择指令，以此来确定被加工表面所在平面，G17 可以省略。X、Y、Z 为圆弧终点坐标，可以用绝对坐标，也可以用增量坐标，由 G90 和 G91 决定。I、J、K 表示圆弧圆心的坐标（该坐标值与 G90 指令和 G91 指令无关），其确定的方法有以下两种：

①I、J、K 是圆心相对于圆弧起点在 X、Y、Z 轴方向上的增量值。

②从圆弧起点向圆心作矢量（矢量方向指向圆心），I、J、K 表示的是该矢量分别向 X、Y、Z 轴所作的分矢量。

圆弧指令也可以由圆弧半径 CR＝来确定圆弧圆心的坐标。又由于在同一半径 R 的情况下，从起点 A 到终点 B 的同性质圆弧可以有两种情况，如图 4-8 所示，即圆弧段 1 和圆弧段 2；而且当加工一个整圆时，圆弧起点 A 和终点 B 重合，能够满足圆弧半径为 R 条件的情况有无数种。故采用 CR＝编写程序时应注意以下三点：

①当圆弧的圆心角 $0<\alpha\leqslant 180°$ 时，规定 CR 的值为正值；

②当圆弧的圆心角 $180°<\alpha<360°$ 时，规定 CR 的值为负值；

③采用 CR＝360° 编程，不能够编写整圆。

指令格式中 F 规定了沿圆弧切向的进给速度。

按图 4-9 编写的程序段如下：

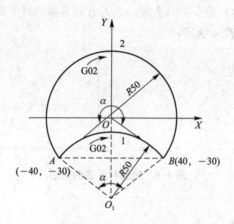

图 4-9 圆弧编程

圆弧段 1 程序为

$$\text{G90 G02 X40.0 Y}-30.0 \begin{Bmatrix} \text{I40.0 J}-30.0 \\ \text{CR}=50.0 \end{Bmatrix} \text{F100;}$$

或

$$\text{G90 G02 X80.0 Y0} \begin{Bmatrix} \text{I40.0 J}-30.0 \\ \text{CR}=50.0 \end{Bmatrix} \text{F100;}$$

圆弧段 2 程序为

$$\text{G90 G02 X40.0 Y}-30.0 \begin{Bmatrix} \text{I40.0 J30.0} \\ \text{CR}=-50.0 \end{Bmatrix} \text{F100;}$$

或

$$\text{G90 G02 X40.0 Y}-30.0 \begin{Bmatrix} \text{I40.0 J30.0} \\ \text{CR}=-50.0 \end{Bmatrix} \text{F100;}$$

【例 4-2】被加工工件的形状如图 4-10 所示，其刀具的刀位点轨迹如图 4-10 中的虚线所示（所用刀具的直径为 $\phi 8$）。试编写该零件的精加工程序。

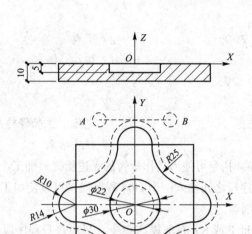

图 4-10 圆弧指令应用

该零件外表面为光滑轮廓表面,考虑到避免接刀痕的产生,应控制刀具的刀位点沿轮廓曲线的切线方向切入,为了使切线上点的坐标好计算,所以选择特殊位置作切线 AB,如图 4-10 所示。编写程序时按照刀具的刀位点轨迹进行编写。

参考程序如下:

```
SK3201_02;                          // 程序名
N05  G54 G90 G17 G00 X0 Y0;         // 建立工件坐标系
N10  Z100.0 M03 S1000;              // 抬刀,主轴正转,转速 1 000 r/min
N15  X-15.0 Y49.0;                  // 定位
N20  Z-12.0;                        // 下刀
N25  G01 X0 F100;                   // 切向切入
N30  G02 X14.0 Y35.0 CR=14.0;
N35  G03 X35.0 Y14.0 CR=21.0;
N40  G02 X35.0 Y-14.0 CR=14.0;
N45  G03 X14.0 Y-35.0 CR=21.0;
N50  G02 X-14.0 Y-35.0 CR=14.0;
N55  G03 X-35.0 Y-14.0 CR=21.0;
N60  G02 X-35.0 Y14.0 CR=14.0;
N65  G03 X-14.0 Y35.0 CR=21.0;
N70  G02 X0 Y49.0 CR=14.0;
N75  G01 X15.0;                     // 切向切出
N80  G00 Z10;                       // 抬刀
N85  X0 Y0;                         // 定位
```

```
N90  G01 Z-5.0 F50;              // 下刀
N95  X-11.0;                     // 切入
N100 G02 I11.0 J0;
N105 G00 Z100;                   // 抬刀
N110 X0 Y0 M05;                  // 定位，主轴停转
N115 M30;                        // 程序结束
```

（5）暂停指令。G04 指令可使刀具作短暂的无进给光整加工，一般用于锪平面、镗孔等场合。通过在两个程序段之间插入一个 G04 程序段，可以使加工程序按程序中所给定的时间暂停，如退刀槽切削等。

G04 程序段（含地址 F 或 S）是非模态指令，只对自身程序段有效，并按所给定的时间暂停。在此之前程序中的进给量 F 和主轴转速 S 保持存储状态。

G04 编程格式：

```
G04 F__;                         // 暂停时间（秒）
G04 S__;                         // 暂停主轴转数
```

说明：G04 S__ 只有在受控主轴情况下才有效（当转速给定值同样通过 S__ 编程时）。

（6）M、F、S、T 功能指令。在 SIEMENS 802D 系统中，一个程序段中最多可以有 5 个 M 功能、一个 T 功能和一个 D 功能，它们按 M、S、T、D、F 的顺序输出到接口控制器。可由机床数据指定是在轴运动之前，还是在轴运动期间输出这些功能。如果是在轴运动过程中输出这些功能，则在轴运动之前，新的值是有效的，新的功能必须写入前一个程序段中。

1）辅助功能 M。利用辅助功能可以设定一些开关操作，如"打开/关闭切削液""主轴旋转/主轴停止"等。除少数功能被数控系统生产厂家固定地设定了某些功能外，其余部分均可自由设定。编程格式：

```
M__;
```

M 功能在坐标轴运行程序段中的作用情况如下：

①如果 M00、M01、M02 功能位于一个有坐标轴运行指令的程序段中，则只有在坐标轴运行之后，这些功能才会有效。

②对于 M03、M04、M05 功能，则在坐标轴运行之前信号就传送到内部的接口控制器中。只有当受控主轴按 M03 或 M04 启动之后，坐标轴才开始运行。在执行 M05 指令时并不等待主轴停止，坐标轴已经在主轴停止之前开始运动。

③其他 M 功能信号与坐标轴运行信号一起输出到内部接口控制器上。

如果需要在坐标轴运行之前或之后编制一个 M 功能，则必须编制一个独立的 M 功能程序段，但是，此程序段会中断 G64 路径连续运行方式，并产生停止状态。

编程举例：

```
N10 S1600;
N20 X__ M03;                     //M 功能在有坐标轴运行的程序段中，主轴
                                   在 X 轴运行之前启动运行
```

```
N180 M78 M67 M10 M12 M37;        // 程序段中最多有 5 个 M 功能。
```
说明：除 M 功能和 H 功能外，T、D 和 S 功能也可以传送到 PLC。每个程序段中最多可以写入 10 个这样的功能指令。

2）进给功能 F。进给速度是刀具轨迹速度，它是所有移动坐标轴速度的矢量和。坐标轴速度是刀具轨迹速度在坐标轴上的分量。进给率 F 在 G01、G02、G03、CIP、CT 插补方式中生效，并且一直有效，直到被一个新的地址 F 取代为止。进给速度 F 的单位，由相应的 G 功能指令确定，即 G94 和 G95。

编程格式：

```
G94 F__;
G95 F__;
```

G94：直线进给速度，单位为 mm/min，为数控系统默认状态。

G95：直线进给速度，单位为 mm/r（只有主轴旋转才有意义）。

3）主轴功能 S。当机床具有受控主轴时，主轴的转速可以用地址 S 编程，单位为 r/min。旋转方向和主轴运动起始点和终点通过 M 指令规定。

M03：主轴正转；M04：主轴反转；M05：主轴停转。

说明：如果在程序段中不仅有 M03 或 M04 指令，而且还写有坐标轴运行指令，则 M 指令在坐标轴运行之前生效。

默认设定：当主轴运行之后（M03，M04），坐标轴才开始运行。如程序段中有 M05，坐标轴在主轴停止之前就开始运动。可以通过程序结束或复位停止主轴。程序开始时主轴转速零（S0）有效。

4）刀具功能 T。刀具功能由地址代码 T 及后面的 2 位数字组成。数字表示所用刀具的编号。西门子数控系统使用 T 指令编程可以选择刀具，也可以与 D 和 H 寄存器实现刀具半径补偿功能和刀具长度补偿功能。

4.2.3 刀具半径补偿指令

数控机床在切削过程中不可避免地存在刀具磨损问题，譬如钻头长度变短，铣刀半径变小等，这时加工出的工件尺寸也随之变化。如果系统功能中有刀具尺寸补偿，可在操作面板上输入相应的修正值，使加工出来的工件尺寸仍然符合图样要求。刀具尺寸补偿通常有刀具位置补偿、刀具半径补偿和刀具长度补偿三种。在数控铣床上用到的刀具补偿为刀具半径补偿和刀具长度补偿两种。

1. 刀具半径补偿的作用及指令格式

通过例 4-1 和例 4-2 的程序编写中可以体会到，采用刀具刀位点轨迹进行编写程序很麻烦，且不易保证零件加工质量，主要有以下两点：

（1）当用半径为 R 的圆柱铣刀加工工件轮廓时，需要计算刀具刀位点轨迹上各基点的坐标值，使数值计算复杂，而且有时所进行的运算是很复杂的。

（2）当刀具磨损后，刀具的直径值减小，或者重新换刀而导致刀具的直径变化时，那么就要按新的刀心轨迹编程，原先编写的程序已不能够满足零件图纸的要求，这就需要重新计算刀具刀位点轨迹上各基点的坐标值，重新修改程序，这样既烦琐又不易保证加工精度。

如果数控系统具有刀具半径补偿功能，则编写程序时只需要按照工件的实际轮廓曲线编写程序，数控系统会主动地计算刀具刀位点轨迹上各基点的坐标值，使刀具偏离工件轮廓一个刀具半径值，即进行刀具半径补偿。而且在数控机床加工工件之前，只需要输入使用刀具的参数，这样大大减少了工人的劳动强度。

刀具补偿指令如下：

G41——刀具半径左补偿：即沿刀具进刀方向看去，刀具中心在零件轮廓的左侧，如图4-11（a）所示。

G42——刀具半径右补偿：即沿刀具进刀方向看去，刀具中心在零件轮廓的右侧，如图4-11（b）所示。

G40——取消刀具半径补偿。

该组指令均为模态指令，G40是机床开机后的初始状态。

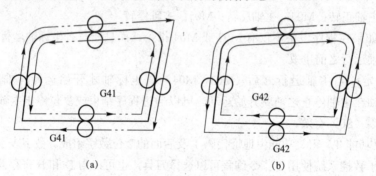

图 4-11　刀具半径的左右补偿

（a）左补偿；（b）右补偿

刀具半径补偿建立的编程格式为

$$\begin{Bmatrix}G17\\G18\\G19\end{Bmatrix}\begin{Bmatrix}G41\\G42\end{Bmatrix}\begin{Bmatrix}G00\\G01\end{Bmatrix}\begin{Bmatrix}X\_\_\_\ Y\_\_\_\\X\_\_\_\ Z\_\_\_\\Y\_\_\_\ Z\_\_\_\end{Bmatrix}D\_\_\_;$$

其中G17、G18、G19是指定在哪个平面进行补偿，D与后面的数值是刀具补偿寄存器号码，它表示刀具参数库中刀具补偿的数值号码。如D01表示刀具参数库中第01号刀具的刀具半径值（这一数值预先输在数控系统中刀具参数库刀具补偿表中对应的01号刀具位置上）。一般是第几号刀具，则选择第几号寄存器，如第02号刀具使用刀具补偿时的补偿寄存器号为D02。

2．刀具半径补偿实现的三个阶段

（1）刀具半径补偿的建立阶段。刀补的建立就是在刀具从起点接近工件时，刀具中心从与编程轨迹重合过渡到与编程轨迹偏离一个偏置量的过程。如图 4-12 所示，OA 段为建立刀补段，刀具的进给方向如图 4-12 所示，当用编程轨迹（零件轮廓）编程时如不用刀补，由 O—A 时，刀具的刀位点在 A 点，如采用刀补，刀具将让出一个偏置量（本图为刀具半径）使刀具中心移动到 B 点。如图 4-12 所示建立刀补的程序为

  G41 G01 X50.0 Y40.0 F100 D01;

或 G41 G00 X50.0 Y40.0 D01;

  如果刀具处于加工的平面上，为避免刀具与工件发生碰撞，一般不用 G00 指令控制刀具运动。偏置量（刀具半径值）预先寄存在 D01 指令的寄存器中。

  （2）刀具半径补偿进行阶段。在 G41、G42 程序段后，刀具中心始终与编程轨迹相距一个偏置量，直到刀具半径补偿指令取消。

  （3）刀具半径补偿的取消。刀具离开工件，刀具刀位点轨迹要过渡到与编程重合的过程。图中 CO 段为取消刀补段。当刀具以 G41 的形式加工完工件又回到 A 点后，就进入了取消刀补的阶段。取消刀具半径补偿完成后，刀具的刀位点又回到了起点位置 O 点。

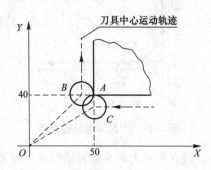

图 4-12 刀具半径补偿的建立过程

如图 4-12 所示，取消刀补的程序段为

  G40 G01 X0 Y0 F100;

或 G40 G00 X0 Y0;

  G40 必须和 G41 或 G42 成对使用。

3. 刀具半径补偿使用时应注意的问题

在建立刀具半径补偿与取消刀具半径补偿的过程中，应注意以下四点要求：

（1）G41、G42、G40 指令只有在 G00 和 G01 指令之前才有效，否则无效。

（2）在加工工件之前必须建立好刀具半径补偿，在加工完成工件之后才能取消刀具半径补偿。不能一边加工工件一边建立或取消刀具半径补偿，这样会出现过切现象。

（3）为避免在加工中出现不安全的因素，一般在下刀过程中不建立刀具半径补偿，在抬刀过程中不取消刀具半径补偿。

（4）在设计刀具运动轨迹路线时，一定要避免刀具路径中出现锐角关系，也要注意刀具应该从工件外侧向工件的方向建立刀补，应该从工件向工件外侧的方向取消刀补，否则容易出现刀具与工件之间的干涉现象。

如果加工的内容中既有外轮廓形状又有内轮廓形状，即使是同一种刀具半径补偿方式，也最好是每个加工轮廓的刀具半径补偿应该单独建立和取消。

【例4-3】被加工工件的轮廓形状如图4-13所示，采用刀具半径自动补偿编写零件的精加工程序。

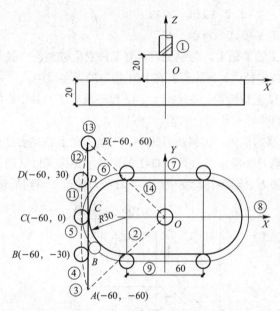

图4-13 刀具半径补偿功能

该零件为光滑轮廓表面，故在建立刀具半径补偿时，一定要控制刀具的刀位点轨迹沿零件轮廓曲线的切线方向切入工件和切出工件。同时，为避免刀具与工件发生碰撞。现设计该零件的走刀路线为①→②→③→④→⑤→⑥→⑦→⑧→⑨→⑩→⑪→⑫→⑬→⑭。例如，所用刀具是刀库中第01号立式指状铣刀，刀具直径为$\phi10$，则刀具半径补偿寄存器D01中在加工之前存入5.0。根据零件图中的数据及图上各点的坐标值，参考程序如下：

```
SK3201_03;                          //程序名
N01 G54 G40 G00 X0 Y0 Z20.0 M03 S1000;
                                    //建立工件坐标系
N05 G90 G17 G00 X-60.0 Y-60.0;
                                    //定位
N10 Z-24.0;                         //下刀
N15 G41 G01 X-60.0 Y-30.0 D01 F100 M08;
                                    //建立刀具半径补偿，调用补偿值
N20 Y0;
N25 G02 X-30.0 Y30.0 CR=30.0;
N30 G01 X30.0 Y30.0;
```

```
N35 G02 X30.0 Y-30.0 CR=30.0;
N40 G01 X-30.0 Y-30.0;
N45 G02 X-60.0 Y0 CR=30.0;
N50 G01 X-60.0 Y30.0;
N55 G40 G00 X-60.0 Y60.0 M09;    //取消刀具半径补偿
N60 Z20.0;                         //抬刀
N65 X0 Y0 M05;
N70 M30;                           //程序结束
```

使用刀具半径补偿功能后,具有以下几个特点:

(1) 避免了计算刀具刀位点轨迹的过程,可以直接用零件轮廓尺寸编程。

(2) 刀具因为磨损、重磨、换新刀而引起的直径改变后不需要修改程序,只需要更改刀具参数中刀具的半径补偿值。

(3) 应用同一程序,使用同一尺寸的刀具,利用刀具半径补偿值的修改可以进行粗精加工。例如,在粗加工时,给刀具库中刀具半径补偿设置为 D, $D = R+\Delta$,其中 R 为刀具的半径,Δ 为精加工前的加工余量,那么所加工出来的工件要比零件图纸上轮廓的要求尺寸都大一个 Δ。在精加工零件时,设置刀具半径补偿值为 $D = R$,这样即可得到零件图纸上所要求的轮廓。

(4) 应用同一程序,加工同一个公称尺寸的内、外两个型面。例如,加工相同尺寸形状的凸模和凹模,如果在加工凸模轮廓形状时所设置的刀具半径补偿值为 $+D$,那么在加工凹模轮廓形状时将刀具半径补偿值设置为 $-D$ 就可加工出所需轮廓尺寸。

利用刀具补偿值可以控制轮廓的尺寸精度,操作人员一般在设置刀具半径补偿值时故意将补偿值设置得较实际的刀具直径值大,加工完零件轮廓形状并测量尺寸后,再对刀具半径补偿值进行修改,即可得到所需的零件轮廓精度。

4.2.4 刀具长度补偿指令

刀具长度补偿指令一般用于刀具轴向的补偿,它使刀具在 Z 方向上的实际位移量比程序给定值增加或减少一个偏移量,这样,当刀具在长度方向的尺寸有所变化时,可以在不改变程序的情况下,通过改变偏置量,加工出所要求的零件尺寸。特别是应用在同一程序中需要使用多把刀具的情况下。指令格式:

$$\begin{Bmatrix} G00 \\ G01 \end{Bmatrix} \begin{Bmatrix} G43 \\ G44 \end{Bmatrix} Z\_\_\_\_ H\_\_\_\_;$$

G43 为刀具长度正补偿,即程序在执行该指令时,是将 Z 值与 H 中的存储值相加对刀具进行定位。

G44 为刀具长度负补偿,即程序在执行该指令时,是将 Z 值与 H 中的存储值相减对刀具进行定位。

Z__ 为目标点坐标。

H__ 为刀具长度补偿的存储地址。补偿量存入由 H 代码指令的存储器中。存储器从 H00 到 H99 共 100 组，其中 H00 中的值为 0。

使用该指令后，编程时可以不考虑刀具的长短，只按照假设的标准刀具长度编程，实际所用刀具的长度和标准刀具长度不同时则用长度补偿功能进行补偿。

输入 G49 指令或 H00，可取消刀具长度补偿。

该组指令均为模态指令，数值计算时与 G90 和 G91 状态无关，G49 是机床开机后的初始状态。

如图 4-14 所示零件的加工。加工孔的位置在（0，0）处，编程时刀具的理论刀点与工件上表面的距离为 80 mm，孔的深度为 30 mm。编写程序如下：

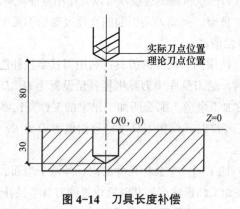

图 4-14 刀具长度补偿

```
G90 G00 X0 Y0 M03 S1000 T01;
Z5.0;
G01 Z-30.0 F50;
G00 Z80.0;
```

如果刀具受到磨损，若磨损量为 2 mm，则原程序中的数值需要修改，否则加工出来的孔的深度为 28 mm。当使用刀具长度补偿时，程序如下：

```
G90 G00 X0 Y0 M03 S1000 T01;
G43 Z5.0 H01;
G01 Z-30.0 F50;
G49 G00 Z80.0;
```

这样给 H01 中存储长度补偿值为 -2.0 mm，则程序先将理论刀点位置定位到 5.0+（-2.0）= 3.0 位置上，此刻刀具的实际刀点正好在 5.0 mm 处，加工到孔底时，程序将理论刀点位置定位到 -30.0+（-2.0）= -32.0 位置上，此刻刀具的实际刀点正好在 30.0 mm 处，满足加工尺寸的要求。如果程序中使用 G44 指令，则给 H01 中存储长度补偿值为 2.0 mm 即可实现满足图纸要求的孔的加工。

4.3 孔加工固定循环功能指令编程

数控铣床配备的固定循环功能，主要用于孔加工，包括钻孔、扩孔、锪孔、镗孔、攻螺纹等。使用一个程序段就可以完成一个孔加工的全部动作，使得程序编写大大简化，减少编程工作量的目的，阅读程序方便。常见孔加工固定循环见表4-1。

表 4-1 孔加工固定循环

指令代码	加工动作 （-Z 方向）	孔底部动作	退刀动作 （+Z 方向）	用途
CYCLE81	切削进给	—	快速进给	普通钻孔循环
CYCLE82	切削进给	暂停	快速进给	钻孔、锪孔循环
CYCLE83	间歇进给		快速进给	深孔往复排屑钻循环
CYCLE84	攻螺纹进给	暂停、主轴反转	退刀速度可设定	刚性攻螺纹循环
CYCLE840	攻螺纹进给	暂停、主轴反转	切削进给	柔性攻螺纹循环
CYCLE85	切削进给	—	切削进给	精镗孔循环
CYCLE86	切削进给	准停、平移	快速进给	精镗孔循环
CYCLE87	切削进给	M0、M5	手动	镗孔循环
CYCLE88	切削进给	暂停、M0、M5	手动	镗孔循环
CYCLE89	切削进给	暂停	切削进给	精镗阶梯孔循环

4.3.1 孔加工固定循环简介

1. 孔加工循环动作

西门子数控系统孔加工固定循环通常由以下4个动作组成，主要是Z轴方向的动作和孔底的动作，具体如下：

动作1：快速进给到安全（SDIS）平面。刀具从初始平面快速进给定位到SDIS平面。

动作2：孔加工。以切削进给方式执行孔加工的动作。

动作3：孔底动作。包括暂停、主轴准停、刀具移位等动作。

动作4：返回到返回（RTP）平面。孔加工完成后，根据需要指定刀具退回的平面位置。

2. 固定循环的调用

（1）非模态调用。西门子数控系统孔加工固定循环的非模态调用格式如下：

CYCLE81～89(RTP,RFP,SDIS,DP,DPR,…);

例如：N10 G00 X30 Y40;

N20 CYCLE81（RTP，RFP，SDIS，DP，DPR）;

N30 G00 X0 Y0;

采用这种格式时，该循环指令为非模态指令，只有在指定的程序段内才能执行循环动作。需要注意的是，西门子数控系统固定循环加工孔时，刀具必须定位至孔的正上方。

（2）模态调用。孔加工固定循环的模态调用格式如下：

MCALL CYCLE81～89(RTP,RFP,SDIS,DP,DPR,…);

```
MCALL;                              // 取消模态调用
```

例如：N10 G00 X30 Y40;

N20 MCALL CYCLE81（RTP，RFP，SDIS，DP，DPR）；

N30 G00 X0 Y0;

N40 MCALL;

采用这种格式后，只要不取消模态调用，则刀具每执行一次移动量，将执行一次固定循环调用，如上例中的N30程序段表示刀具移动到（0,0）位置后，将再执行一次固定循环，直至取消。

3．固定循环的平面

固定循环的平面如图4-15所示。说明如下：

（1）退回平面（RTP）。退回平面是为安全下刀而规定的一个平面。退回平面可以设定在任意一个安全高度上，当使用一把刀具加工多个孔时，刀具在退回平面内任意移动将不会与夹具、工件凸台等发生干涉。RTP的数值编程人员根据加工实际情况而定。

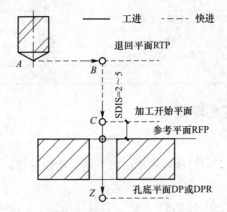

图 4-15 固定循环平面

（2）加工开始平面（RFP+SDIS）。加工开始平面类似于FANUC系统中的R参考平面，是刀具进刀时，自快进转为工进的高度平面。该平面与工件表面的距离主要考虑工件表面的尺寸变化，一般情况下取2～5 mm，如图4-15所示。

（3）参考平面（RFP）。参考平面是指孔深在Z轴方向上的工件表面的起始测量位置平面。该平面一般设置在工件的上表面，参考平面等于加工开始平面减安全间隙。请注意与FANUC固定循环中的R参考平面的区别。

（4）孔底平面（DP或DPR）。加工盲孔时，孔底平面就是孔底的Z轴高度。而加工通孔时，除要考虑孔底平面的位置外，还要考虑刀具的超越量（图4-15中Z点），以保证所有孔深都加工到尺寸。

4．孔加工循环中参数的赋值

（1）直接赋值。在编写孔加工固定循环时，参数直接用数字编写，格式如下：

```
CYCLE81(30,0,3,-30);
```

需要注意的是,数值的先后顺序不能随意编写,要与指令中的参数相对应。

(2)变量赋值。在编写孔加工固定循环时,先对变量赋值,然后在程序中直接调用变量。

例如:DEF REAL RTP,RFP,SDIS,DP,DPR;

N10 RTP = 30 RFP = 0 SDIS = 3 DP = −30 DPR = −30;

……

N50 CYCLE81(RTP,RFP,SDIS,DP,DPR);

固定循环指令参数及其意义见表4-2。

表4-2 固定循环指令参数及其意义

参数	意义
RTP	返回平面
RFP	参考平面
SDIS	安全距离(无符号,参考平面到工件开始加工表面的距离)
DP	最终的深度(相对于工件坐标系中的终点的Z轴坐标值)
DPR	孔的深度(无符号,参考平面到孔底平面的距离)
FDEP	第一次钻孔深度(绝对值,FIRST DRILLNG DEPTH)
FDPR	相对于参考平面的第一次钻孔深度(无符号,增量值)
DAM	相对于第一次钻孔深度每次递减量(无符号,当 FDPR−n×DAM ≤ DAM,从 n+1 次开始以 DAM 进给)
DTB	暂停时间(在每次进给所到深度处的停留时间)
DTS	暂停时间(在每次退回到返回平面处的停留时间)
FRF	第一次钻孔深度的进给速度调整系数(无符号,取值范围为0.001~1)
VARI	整数,决定加工类型,0—断屑,每次进给完毕仅退回1 mm,然后立即开始下次进给;1—排屑,每次进给完毕退回至加工开始平面
SDAC	主轴的旋转方向,取值的范围为3、4、5,分别对应于M03、M04、M05
MPIT	标准螺距,取值范围为3(M03)~48(M48)
PIT	螺距,取值范围为0.001~2 000.000 mm
POSS	主轴的准停角度
SST	攻螺纹进给速度
SST1	返回进给速度
SDR	返回时主轴的旋转方向,取值范围为3、4、5,分别对应于M03、M04、M05
ENC	整数,0—带编码器攻螺纹,1—不带编码器攻螺纹
FFR	进给速度
RFF	返回速度(切削退回)
SDIR	主轴旋转方向,整数,3=M03,4=M04
RPA	横坐标让刀量,增量,无符号
RPO	激活平面纵坐标的返回路径,增量,无符号
RPAP	应用平面的返回路径,增量,无符号

4.3.2 孔加工固定循环指令

1. 钻孔循环（CYCLE81）与锪孔循环（CYCLE82）

（1）指令格式。

CYCLE81(RTP,RFP,SDIS,DP,DPR);

CYCLE82(RTP,RFP,SDIS,DP,DPR,DTB);

例如，CYCLE81（10，0，3，-30）；

CYCLE82（10，0，3，，30，2）；

参数说明：RTP 为返回平面，用绝对值进行编程；RFP 为参考平面，用绝对值进行编程；SDIS 为安全距离，无符号编程，其值为参考平面到加工开始平面的距离；DP 为最终的孔加工深度，用绝对值进行编程；DPR 为孔的相对深度，无符号编程，其值为最终孔加工深度与参考平面的距离。程序中参数 DP 与 DPR 只用指定一个就可以了，如果两个参数同时指定，则以参数 DP 为准。DTB 为孔底暂停。

（2）动作说明。CYCLE81 孔加工动作如图 4-16 所示，执行该循环，刀具从加工开始平面切削进给执行到孔底，然后刀具从孔底快速退回至返回平面。

CYCLE82 动作类似于 CYCLE81，只是在孔底增加了进给后的暂停动作，如图 4-17 所示。因此，在盲孔加工中，提高了孔底的精度。该指令常用于锪孔或台阶孔的粗加工。

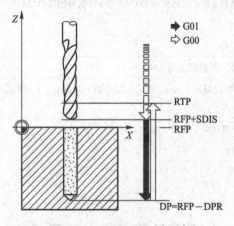 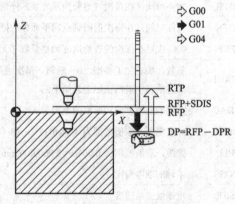

图 4-16 CYCLE81 循环动作　　　图 4-17 CYCLE82 循环动作

2. 深孔往复排屑钻循环（CYCLE83）

（1）指令格式。

CYCLE83(RTP,RFP,SDIS,DP,DPR,FDEP,FDPR,DAM,DTB,DTS,FRF,VARI);

例如，CYCLE83（30，0，3，-30，，-5，5，2，1，1，1，0）；

参数说明：参数 RTP，RFP，SDIS，DP，DPR，DTB 参照 CYCLE82。

FDEP 为起始钻孔深度，用绝对值表示；FDPR 为相对于参考平面的起始孔深度，用增量值表示；DAM 为相对于上次钻孔深度的 Z 方向退回量，无符号；DTS 为起始点处用于排屑的停顿时间；FRF 为起始钻孔深度与进给系数（系数不大于 1）；VARI 为排屑与断屑类型的选择，VARI=0 为断屑，VARI=1 为排屑。

（2）动作说明。当 VARI = 1 时，CYCLE83 孔加工动作如图 4-18 所示，该循环指令通过 Z 轴方向的间隙进给来实现断屑与排屑的目的。刀具从加工开始平面 Z 方向进给 FDPR 后暂停断屑；然后快速退回到加工开始平面；暂停排屑后再次快速进给到 Z 方向距上次切削孔底平面 DAM 处，从该点处，快进变成工进，工进距离为 FDRP+DAM，如此循环直到加工至孔深，退回到返回平面完成孔的加工。此类孔加工方式多用于精度较高的深孔加工。

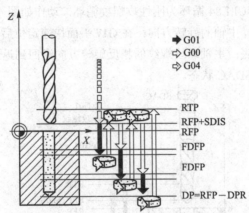

图 4-18　CYCLE83 深孔循环动作

当 VARI = 0 时，CYCLE83 孔加工动作如图 4-19 所示。该循环指令通过 Z 轴方向的间隙进给来实现断屑与排屑的目的。刀具从加工开始平面 Z 方向进给 FDPR 后暂停断屑；然后快速回退 DAM 的距离暂停排屑，从该点处以工进速度继续加工孔，工进距离为 FDRP+DAM，如此循环直到加工至孔深，退回到返回平面完成孔的加工。此类孔加工方式多用于一般精度深孔的高速加工。

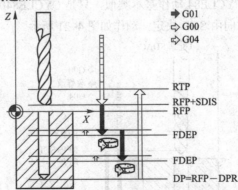

图 4-19　CYCLE83 高速深孔循环动作

3．刚性攻螺纹循环（CYCLE84）与柔性攻螺纹循环（CYCLE840）

（1）指令格式。

CYCLE84(RTP,RFP,SDIS,DP,DPR,DTB,SDAC,MPIT,PIT,POSS,SST,SST1);

```
CYCLE840(RTP,RFP,SDIS,DP,DPR,DTB,SDR,SDAC,ENC,MPIT,PIT);
```
参数说明：RTP，RFP，SDIS，DP，DRP，DTB 参数参照 CYCLE82。

SDAC：主轴返回后的旋转方向，取 3、4、5，分别代表 M3、M4、M5；MPIT：标准螺距，取值范围为 3～48，符号代表旋转方向；PIT：螺距由数值决定，符号代表旋转方向；POSS：主轴的准停角度；SST：攻螺纹进给速度；SST1：退回速度；SDR：返回时的主轴旋转方向，取 3、4、5，分别代表 M3、M4、M5；ENC：是否带编码器攻螺纹，ENC=0 为带编码器，ENC=1 为不带编码器。

（2）动作说明。CYCLE84 循环为刚性攻螺纹循环，动作如图 4-20 所示。执行该循环时，根据螺纹的旋向选择主轴的旋转方向；在 G17 平面快速定位后快速移动到加工开始平面；执行攻螺纹到达孔底；主轴以攻螺纹的相反旋转方向退回到返回平面，完成攻螺纹动作；主轴旋转方向回到 SDAC 状态。

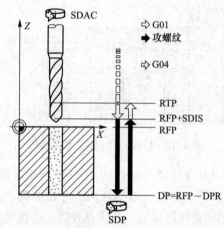

图 4-20 CYCLE84 循环动作

CYCLE840 动作与 CYCLE84 动作基本类似，只是 CYCLE840 在刀具到达最后钻孔深度后退回时的主轴旋转方向由 SDR 决定，动作如图 4-21 所示。

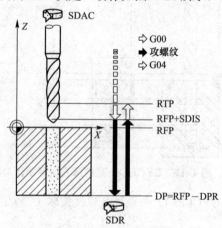

图 4-21 CYCLE840 循环动作

在 CYCLE84 与 CYCLE840 攻螺纹期间，进给倍率、进给保持均被忽略。

4. 精镗孔循环 I 型（CYCLE85、CYCLE89）

（1）指令格式。

CYCLE85(RTP,RFP,SDIS,DP,DPR,DTB,FFR,RFF);

CYCLE89(RTP,RFP,SDIS,DP,DPR,DTB);

例如，CYCLE85（10，0，2，-30,，0，100，200）；

CYCLE89（10，0，2，-30,，2）；

参数说明：RTP，RFP，SDIS，DP，DPR，DTB 的意义与 CYCLE82 中的一样。

FFR：刀具切削进给时的进给速率；RFF：刀具从最后加工深度退回加工开始平面时的进给速率。

（2）动作说明。该循环的孔加工动作如图 4-22 所示。当执行 CYCLE85 循环时，刀具以切削进给方式加工到孔底；然后以切削进给方式返回到加工开始平面；再以快速进给方式回到返回平面。因此，该指令除可用于较精密的镗孔外，还可用于铰孔、扩孔的加工。

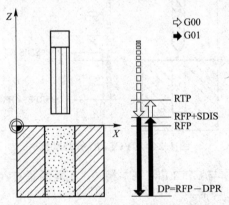

图 4-22　**CYCLE85 循环动作**

CYCLE89 动作与 CYCLE85 动作基本类似，不同的是 CYCLE89 动作在孔底增加了暂停，动作如图 4-23 所示。因此，该指令常用于阶梯孔的精加工。

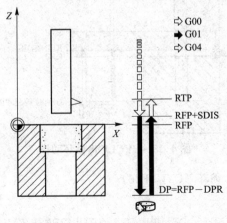

图 4-23　**CYCLE89 循环动作**

5. 镗孔循环Ⅱ型（CYCLE87、CYCLE88）

（1）指令格式。

CYCLE87(RTP,RFP,SDIS,DP,DPR,SDIR);

CYCLE88(RTP,RFP,SDIS,DP,DRP,DTB,SDIR);

参数说明：RTP，RFP，SDIS，DP，DRP，DTB 参数参照 CYCLE82。

SDIR：主轴旋转方向，取 3、4，分别代表 M3、M4。

（2）动作说明。孔加工动作如图 4-24 所示。当执行 CYCLE87 循环时，刀具以切削进给方式加工到孔底；主轴在孔底位置停转，程序暂停；在 G17 平面内手动移动刀具退出工件表面；按下机床面板上的循环启动按钮，主轴快速退回返回平面；主轴恢复 SDIR 转向。此种方式虽能相应提高孔的加工精度，但加工效率较低。

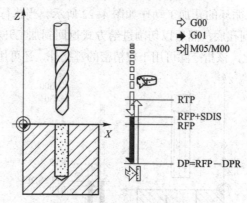

图 4-24　CYCLE87 循环动作

CYCLE88 的加工动作与 CYCLE87 基本相同，不同的是 CYCLE88 动作在孔底增加了暂停。孔加工动作如图 4-25 所示。

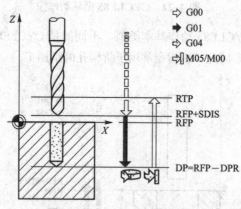

图 4-25　CYCLE88 循环动作

6. 精镗孔（镗孔Ⅲ）循环（CYCLE86）

（1）指令格式。

CYCLE86(RTP,RFP,SDIS,DP,DRP,DTB,SDIR,RPA,RPO,RPAP,POSS);

例如，CYCLE86（30，0，2，-30，0，3，3，0，2，0）；

参数说明：RTP，RFP，SDIS，DP，DRP，DTB 参数参照 CYCLE82。

SDIR：主轴旋转方向，取 3、4，分别代表 M3、M4；RPA：平面中第一轴（如 G17 平面中的 X 轴）方向的让刀量，该值用带符号增量值表示；RPO：平面中第二轴（如 G17 平面中的 Y 轴）方向的让刀量，该值用带符号增量值表示；RPAP：镗孔轴上的返回路径，该值用带符号增量值表示；POSS：固定循环中用于规定主轴的准停位置，其单位为°。

（2）动作说明。CYCLE86 孔加工动作如图 4-26 所示。当执行 CYCLE86 循环时，刀具以切削进给方式加工到孔底；实现主轴准停；刀具在加工平面第一轴方向移动 RPO，在第二轴方向移动 RPA（图 4-27），使刀具脱离工件表面，保证刀具退出时不擦伤工件表面；主轴快速退回至加工开始平面；然后主轴快退回返回平面的循环程序起点；主轴恢复 SDIR 旋转方向。该指令主要用于精密镗孔加工。

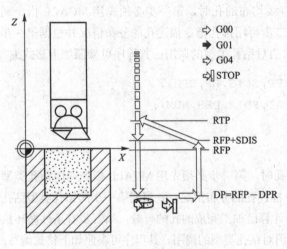
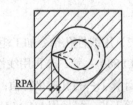

图 4-26　CYCLE86 循环动作　　　　图 4-27　平移量 RPA 的位置

4.3.3　孔加工固定循环应用

1. 线性孔的钻孔样式循环（HOLES1）

（1）功能及作用。线性孔钻孔样式循环（HOLES1）与钻孔类固定循环（如 CYCLE83）联用可用来加工沿直线均布的一排孔，通过简单变量计算及循环调用可加工矩形均布的网格孔。

（2）指令格式。

HOLES1(SPCA,SPCO,STA1,FDIS,DBH,NUM);

参数说明：SPCA 为线性孔参考点的横坐标；SPCO 为排孔参考点的纵坐标；STA1 为线性孔的中心线与横坐标的夹角；FDIS 为第一个孔到参考点的距离（无符号输入）；DBH 为孔间距（无符号输入）；NUM 为孔数，如图 4-28 所示。

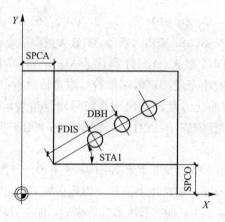

图 4-28　HOLES1 循环

(3) 指令说明。

1) 用线性孔指令加工沿一条直线均布的孔时，第一步必须先用 MCALL 指令调用任一种钻孔类型（如 CYCLE81）；第二步再用排孔指令描述孔的分布情况并根据第一步的钻孔类型钻孔；最后用 MCALL 指令取消对钻孔类型的调用。其程序可参照如下格式编写：

```
N10 MCALL CYCLE81(RTP,RFP,SDIS,DP,DPR);
N20 HOLES1(SPCA,SPCO,STA1,FDIS,DBH,NUM);
N30 MCALL;
……
```

2) 用线性孔指令加工矩形网格孔时，第一步必须先用 MCALL 指令调用钻孔类型（如 CYCLE88）；第二步再用线性孔指令描述孔的分布情况，并根据第一步的钻孔类型钻孔；第三步计算下一行孔的坐标值；第四步计算已加工完成的孔的行数；第五步有条件循环执行第二到第五步；最后用 MCALL 指令取消对钻孔类型的调用。其程序可参照如下格式编写：

```
……
N80 MCALL  CYCLE88(RTP,RFP,SDIS,DP,DRP,DTB,SDIR);
N90 LABEL1:HOLES1(SPCA,R10,STA1,FDIS,DBH,NUM);
N100 R10=R10+R11;           //R10 表示上一行孔的 Y 坐标,R11 表示
                              每行孔的间距
N110 R12=R12+1;             //R12 表示已加工完的孔的行数
N120 IF R12<R13 GOTO LABEL1; //R13 表示孔的总行数
N130 MCALL;
……
```

(4) 程序示例。

【例 4-3】用 HOLES1 指令加工如图 4-29 所示的网格孔，网格孔分布在 XY 平面内，总共 6 行，每行 7 个孔，孔间距为 12，行间距为 10，参考点坐标为 (30，20)。

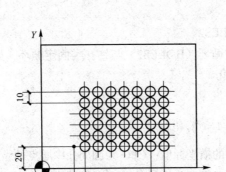
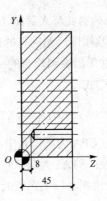

图 4-29 网孔加工示例

参考程序如下：

SK3201_04;   // 程序名
R10 = 30;   // 第一行孔的参考点的横坐标
R11 = 20;   // 第一行孔的参考点的纵坐标
R12=0;   // 起始角度
R13 = 10;   // 第一行中第一个孔到参考点的距离
R14=12;   // 孔的列间距
R15 = 7;   // 一行中孔的个数
R16=6;   // 总行数
R17 = 0;   // 孔已加工完的行数
R18=10;   // 孔的行间距
N10 G0 G17 G90 G94 G71 G54 F100;
N20 T1 M6;
N30 G00 X=R10 Y=R11 Z60 D1;
N40 S600 M3;
N50 M08;
N60 MCALL CYCLE81(55,45,2,8);
N70 LABEL1: HOLES1(R10,R11,R12,R13,R14,R15);
N80 R11=R11+R18;
N90 R17=R17+1;
N100 IF R17<R16 GOTO LABEL1;
N110 MCALL;
N120 G00 Z100;
N130 M05;   // 主轴停止
N140 M09;   // 关闭冷却液
N150 M30;   // 程序结束

2. 圆周孔的钻孔样式循环（HOLES2）

（1）功能及作用。圆周孔的样式循环（HOLES2）与钻孔类固定循环（如 CYCLE83）联用，可用来加工沿圆周均布的一圈孔。

（2）指令格式。

HOLES2(CPA,CPO,RAD,STA1,INDA,NUM);

参数说明：CPA 为圆周孔中心点的横坐标值；CPO 为圆周孔中心点的纵坐标值；RAD 为圆周孔的半径；STA1 为起始角度；INDA 为增量角；NUM 为孔数。

（3）指令说明。以上参数的具体含义如图 4-30 所示。

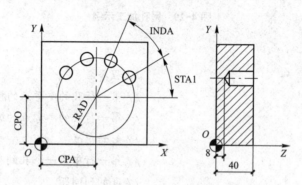

图 4-30　HOLES2 循环

（4）程序示例。

【例 4-4】用 CYCLE82 及 HOLES2 来加工如图 4-30 所示的 4 个孔。设 CPA=60，CPO=45，STA1=40，INDA=30，RAD=40。

......
N60 MCALL CYCLE82(50,40,2,8,,1);
N70 HOLES2(60,45,40,40,30,4);
N80 MCALL;
......

4.4　子程序及特殊功能应用

在 SIEMENS 数控系统中，应用子程序可以解决重复路线或形状完全相同的零件加工，从而大大简化程序编写量。随着工业的飞速发展，越来越多的模具产品不再是规则的，面对根据产品需求进行设计的特点，数控系统也配备了坐标平移、坐标镜像、坐标旋转、比例缩放等特殊功能指令，可以使用特殊功能指令来描述坐标系的转换从而满足客户的编程需求。

4.4.1 子程序功能

某些被加工的零件中,常常会出现几何形状完全相同的加工轨迹,如图 4-31 所示。在程序编程中,将有固定顺序和重复模式的程序段作为子程序存放,可使程序简单化。主程序在执行过程中如果需要某一个子程序,可以通过一定格式的子程序调用指令来调用该子程序,执行完成后返回到主程序,继续执行后面的程序段。

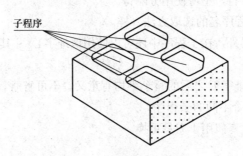

图 4-31 完全相同的轨迹

原则上,主程序和子程序之间并没有区别。用子程序可编写经常重复进行的加工,例如,某一确定的轮廓形状。子程序位于主程序中适当的位置,在需要时进行调用、运行,可简化程序编制。

1. 子程序的结构

子程序的结构与主程序的结构一样,子程序也是在最后一个程序段中用 M17 结束子程序运行,子程序结束后返回主程序。

子程序结束除用 M17 指令外,还可以用 RET 指令。RET 要求占用一个单独的程序段,不能与其他内容写在同一行。用 RET 指令结束子程序,返回主程序时不会中断 G64 连续路径运行方式,用 M17 指令则会中断 G64 运行方式,并进入停止状态。如图 4-32 所示为两次调用子程序的示意。

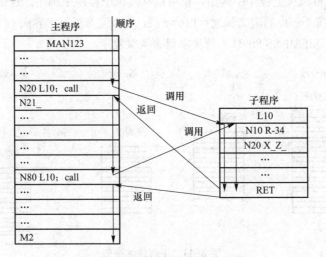

图 4-32 两次调用子程序的示意

2. 子程序名

为了方便地调用某一子程序，必须给子程序取一个程序名。程序名可以自由选取，但必须符合以下规定：

（1）开始的两个符号必须是字母。

（2）其后的符号可以是字母、数字或下划线。

（3）最多为 16 个字符，不得使用分隔符。

其方法与主程序中程序名的选取方法一样。

例如，FRAME6。另外，在子程序中还可以使用地址字 L＿；其中的值，可以有 7 位（只能为整数）。

需要注意的是，地址字 L 之后的每个零均有意义，不可省略。例如，L169 并非 L0169 或 L00169。以上表示 3 个不同的子程序。

说明：子程序名 L6 专门用于刀具更换。

3. 子程序调用

在一个程序中（主程序或子程序）可以直接用程序名调用子程序。子程序调用要求占用一个独立的程序段。例如：

```
N10 L789;              // 调用子程序 L789
N20 LFAME6;            // 调用子程序 LFAME6
```

4. 程序重复调用次数 P

如果要求多次连续地执行某一子程序，则在编程时必须在所调用子程序的程序名后地址 P 下写入调用次数，最大次数可以为 9 999，即 P1～P9 999。例如：

```
N10 L789 P3;      // 调用子程序 L789,运行 3 次
```

5. 嵌套深度

子程序不仅可以从主程序中调用，也可以从其他子程序中调用，这个过程称为子程序的嵌套。有的系统子程序的嵌套深度可以为 8 层，也就是 8 级程序界面（包括主程序界面），如图 4-33 所示。SIEMENS 802D 系统要求最多 4 级程序。

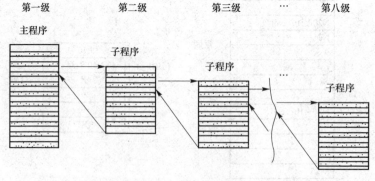

图 4-33 子程序的嵌套

说明：在子程序中可以改变模态有效的 G 功能，如 G90 到 G91 的变换。在返回调用程序时，请注意检查所有模态有效的功能指令，并按照要求进行调整。

对于 R 参数也需同样注意，不要无意识地用上级程序界面中所使用的计算参数来修改下级程序界面的计算参数。

4.4.2 特殊编程功能指令应用

在 SIEMENS 数控系统中，可以使用特殊功能指令来描述坐标系的转换。常用的特殊编程功能指令有坐标平移（TRANS，ATRANS）、坐标旋转（ROT，AROT）、坐标缩放（SCALE，ASCALE）、坐标镜像（MIRROR，AMIRROR）。

1. 坐标平移（TRANS，ATRANS）

（1）功能及作用。TRANS/ATRANS 可以平移当前坐标系。如果工件上不同的位置有重复出现的需要加工的形状或结构，或者为方便编程要选用一个新的参考点，可用此项功能。使用坐标平移功能之后，会根据平移量产生一个新的当前坐标系，新输入的尺寸均是在新的当前坐标系中的数据尺寸。

（2）指令格式。

TRANS X__ Y__ Z__;
ATRANS X__ Y__ Z__;

参数说明：TRANS 为绝对可编程零位偏置，参考基准为 G54～G59 设定的有效坐标系；ATRANS 为附加可编程零位偏置，参考基准为当前设定的或最后编程的有效工件零位；X、Y、Z 为各轴的平移量。

用 TRANS 后面不带任何偏置值可取消所有的以前激活的 FRAME 指令。

（3）程序示例。

【例 4-5】如图 4-34 所示，要完成两个形状相同的结构的加工。该形状的加工程序存储在子程序 L10 中。

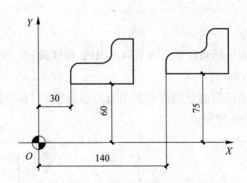

图 4-34　坐标平移编程示例

本例首先用坐标平移来实现零位偏置，然后再调用子程序。

参考程序如下:
```
N10 G0 G17 G90 G94 G71 G54;
……
N60 TRANS X30 Y6;              // 绝对平移
N70 L10;                        // 子程序调用
N80 TRANS X140 Y75;            // 绝对平移
N90 L10;                        // 子程序调用
……
N120 M30;                       // 程序结束
```
注意:N80 可用附加平移写成:N80 ATRANS X110 Y15;

2. 坐标旋转（ROT、AROT）

（1）功能及作用。ROT、AROT 命令可以使工件坐标系在选定的 G17～G19 平面内绕着横坐标轴旋转一个角度;也可以使工件坐标系绕着指定的几何轴 X、Y 或 Z 作空间旋转。使用坐标旋转功能之后,会根据旋转情况产生一个当前坐标系,新输入的尺寸均是在当前坐标系中的数据尺寸。

（2）指令格式。

1）绕垂直轴在平面内旋转:

ROT RPL=___;
AROT RPL=___;

参数说明:ROT 为绝对可编程零位旋转,参考 G54～G59 设定的当前有效坐标系;AROT 为附加可编程零位旋转,即在原有坐标转换的基础上进行叠加;RPL 为旋转角度。

2）绕指定轴作空间旋转:

$$ROT \begin{Bmatrix} X \\ Y \\ Z \end{Bmatrix} \_\_\_;$$

（3）指令说明。

1）如图 4-35 所示为坐标系在平面内旋转时 RPL 角度设置,坐标系沿逆时针旋转为正方向,顺时针旋转为负方向。

2）用 ROT 后面不带任何偏置值可取消所有以前激活的 FRAME 指令。以上指令在使用时,必须单独占用一个程序段。

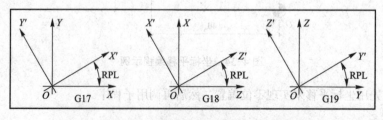

图 4-35 坐标系平面内旋转方向示意

(4)程序示例。

【例4-6】如图4-36所示,右边的图形是由左边的图形平移后旋转45°而得。加工本例除要对坐标进行平移外,还要对坐标进行旋转。加工程序存储在子程序L10中。

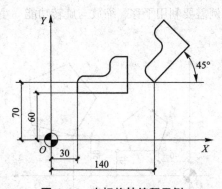

图4-36 坐标旋转编程示例

参考程序如下:

```
N10 G0 G17 G90 G94 G71 G54;
……
N60 TRANS X30 Y60;              //绝对平移
N70 L10;                        //调用子程序加工左边形状
N80 TRANS X140 Y70;             //绝对平移
N90 AROT RPL=45;                //附加旋转45°
N100 L10;                       //调用子程序加工右边形状
N110 M30;                       //程序结束
```

3. 坐标缩放(SCALE,ASCALE)

(1)功能及作用。SCALE/ASCALE可使所有轴或选定轴实现比例缩放。使用比例缩放功能之后,会根据比例缩放量产生一个当前坐标系,新输入的尺寸均是在当前坐标系中的数据尺寸。

(2)指令格式。

```
SCALE  X__ Y__ Z__;
ASCALE X__ Y__ Z__;
```

参数说明:SCALE为参考G54~G59设定的当前有效坐标系的绝对放大/缩小;ASCALE为参考当前有效设定或编程坐标系的补充放大/缩小;X、Y、Z为各轴后跟缩放因子。

(3)指令说明。

1)当先用SCALE、ASCALE指令进行比例缩放后,再使用ATRANS进行坐标附加平移时,各轴的附加偏移量也会按比例缩放。

2)用SCALE后面不带任何偏置值可取消所有的以前激活的FRAME指令。

3)以上指令在使用时,必须单独占用一段程序。

(4)程序示例。

【例4-7】如图4-37所示,大的正五边形由小的正五边形平移并放大1.5倍后,再在平面内旋转15°而得。本例需要利用平移、缩放与旋转功能,小的正五边形的加工程序存储在子程序L10中。

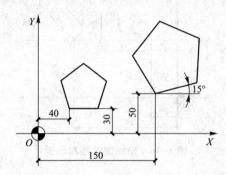

图4-37 比例缩放编程示例

参考程序如下:

N10 G0 G17 G90 G94 G71 G54;
N60 TRANS X40 Y30;
N70 L10;
N80 TRANS X150 Y50;
N90 ASCALE X1.5 Y1.5;
N100 AROT RPL=15;
N110 L10;
N120 M30;

4. 坐标镜像(MIRROR、AMIRROR)

(1)功能及作用。MIRROR/AMIRROR可以在坐标系内镜像工件的几何尺寸。使用镜像功能之后,会产生一个当前坐标系,新输入的尺寸均是在当前坐标系中的数据尺寸。

(2)指令格式。

MIRROR X__ Y__ Z__;
AMIRROR X__ Y__ Z__;

参数说明:MIRROR为参考G54~G59设定的当前有效坐标系的绝对镜像;AMIRROR为参考当前有效设定或编程坐标系的补充镜像;X、Y、Z分别为指定镜像轴。

(3)指令说明。

1)使用镜像功能之后,刀具半径补偿及圆弧均自动反向,即原为G41/G42自动变成G42/G41,原为G02/G03自动变成G03/G02。

2）用 MIRROR 后面不带任何偏置值可取消所有的以前激活的 FRAME 指令。
3）以上指令在使用时，必须单独占用一个程序段。
4）程序示例。

【例 4-8】加工如图 4-38 所示的 4 个五边形。左上角的正五边形的加工程序存储在子程序 L10 中，现用镜像功能完成 4 个正五边形的加工程序。

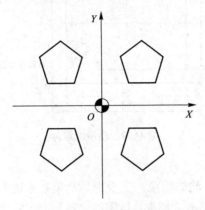

图 4-38　镜像编程示例

参考程序如下：

N10 G0 G17 G90 G94 G71 G54;
……
N50 L10;
N60 MIRROR Y0;
N70 L10;
N80 AMIRROR X0;
N90 L10;
N100 AMIRROR Y0;
N110 L10;
……
N180 M30;

4.5　数控铣床编程应用实例

4.5.1　精加工平面零件编程实例

【例 4-9】图 4-39 所示为一凸模板的零件图，毛坯尺寸为 100 mm× 80 mm×22 mm，材料为 45 钢，采用数控铣床加工，分析加工工艺并编制凸模板的数控加工程序。

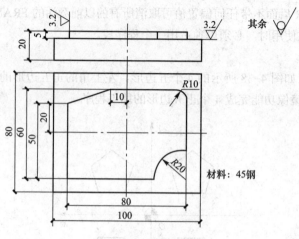

图 4-39 凸模板零件

1. 零件工艺性分析

该零件主要由平面及外轮廓组成。上表面、凸模板轮廓和凸台底面的表面粗糙度为 Ra=3.2 μm，要求较高，无垂直度要求。该零件材料为 45 钢，切削加工性能较好。

2. 制定数控加工工艺方案

（1）拟订工艺路线。

1）确定工件的定位基准。根据零件形状及加工精度要求，一次装夹完成所有加工内容。以底面为基准，可选择先粗后精、先主后次的原则进行加工。因为零件毛坯外形为规则的长方形，因此加工上表面与轮廓时选择平口机用虎钳。装夹高度为 25 mm，因此要在虎钳定位基面加垫铁。

2）选择加工方法。

①因为平口机用虎钳为欠定位，与定位钳口平行方向无定位，所以上表面采用与定位钳口相垂直的方向加工。

②外轮廓粗加工可采用往复加工提高加工效率。

③外轮廓精加工采用顺铣方式，刀具沿切线方向切入与切出，提高加工精度。

3）拟订工艺路线。轮廓加工方案如下：

①粗、精加工上表面。

②粗、精加工外轮廓。

（2）设计数控铣加工设备。

1）选择加工设备：选择在立式铣床 XD-40 上加工，系统为 SIEMENS 系统。

2）选择工艺装备。

①该零件采用平口钳定位夹紧。

②刀具选择：顶面的加工选择 ϕ100 mm 的可转位硬质合金刀片端铣刀粗、精加工；凸模板外轮廓的加工，选用大直径铣刀，以提高加工效率。选用 ϕ16 mm 高速钢立铣刀分别进行粗、精加工。

③量具选择如下:

a. 量程为 1～50 mm,分度值为 0.02 mm 的游标卡尺。

b. 量程为 25～50 mm,分度值为 0.001 mm 的内径千分尺。

(3) 确定切削用量,可见表 4-4。

3．编制数控加工工艺文件

(1) 编制机械加工工艺过程卡,见表 4-3。

表 4-3 支承座零件的机械加工工艺过程卡

机械加工工艺过程卡		产品名称	零件名称	零件图号	材料	毛坯规格
			凸模板零件	X02	45 钢	100 mm×80 mm×22 mm
工序号	工序名称	工序简要内容	设备:XD-40	工艺装备		工时
10	下料	100 mm×80 mm×22 mm				
20	铣面	铣削 6 个平面,保证 100 mm×80 mm×22 mm	XD-40	平口钳、面铣刀、游标卡尺		
30	钳工	去毛刺		钳工台		
40	数控铣	铣削上表面、精铣上表面、铣削外轮廓、精铣外轮廓	XD-40	平口钳、φ100 mm 的可转位硬质合金刀片端铣刀、φ16 mm 高速钢立铣刀、游标卡尺、内径千分尺		
50	钳工	去毛刺				
60	检验			钳工台		
编制		审核	批准		共 页	第 页

(2) 编制数控加工工序卡,见表 4-4。

表 4-4 凸模板的数控加工工序卡

数控加工工序卡				产品名称	零件名称	零件图号		
					凸模板零件	X02		
工序号	程序编号	材料	数量	夹具名称	使用设备	车间		
20		45	10	机用平口虎钳	XD-40	数控加工车间		
工步号	工步内容	切削用量			刀具		量具	
		$n/(r \cdot min^{-1})$	$F/(mm \cdot min^{-1})$	a_p/mm	名称	编号	名称	
1	粗铣顶面留余量 0.2 mm	380	200	1.8	φ100 mm 端铣刀	T01	游标卡尺	
2	精铣面到尺寸,保证加工面 Ra=3.2 μm	500	150	0.2	φ100 mm 端铣刀	T01	游标卡尺	
3	粗铣外轮廓留侧余量 0.5 mm,底余量 0.2 mm	2000	180	4.5	φ16 mm 立铣刀	T02	游标卡尺、千分尺	

续表

数控加工工序卡				产品名称	零件名称		零件图号	
					凸模板零件		X02	
工序号	程序编号	材料	数量	夹具名称	使用设备		车间	
4	粗铣外轮廓达图样要求	2800	250	0.5 0.2		ϕ16 mm立铣刀	T02	游标卡尺、千分尺
编制		审核		批准			共 页	第 页

(3) 编制刀具调整卡,见表4-5。

表4-5 凸模板的数控铣刀调整卡

	产品名称或代号			零件名称	凸模板零件	零件图号	X02
序号	刀具号	刀具名称	刀具材料	刀具参数		刀补地址	
				直径/mm	长度/mm	半径	长度
1	T01	可转位端铣刀	硬质合金	ϕ100	100	D01	H01
2	T02	立铣刀	高速钢	ϕ16	100		H02
编制		审核		批准		共 页	第 页

4. 编制数控加工程序

(1) 凸模板平面铣削数控加工程序。

SK320105;   //程序名
N20 G54 G90 G00 X0.0 Y0.0 Z100;
                                   //设置G54坐标系
N30 M03 S380;   //主轴正转,转速为380 r/min
N40 G00 X-120 Y0 Z2;   //刀具定位(X-120.0 Y0)
N50 G01 Z-1.8 F200;   //粗铣上表面
N60 X120;   //刀具直线铣削终点(X120.0 Y0)
N70 S500;   //精铣转速为500 r/min
N80 Z-2;   //在点(X120.0 Y0)处下刀至-2处
N90 X-120 F150;   //精铣上表面
N100 G00 Z200;   //主轴抬起
N110 M05;   //主轴停转
N120 M30;   //程序结束

(2) 凸模板轮廓精铣数控加工程序。

SK320106;   //程序名
N20 G54 G90 G00 X0 Y0 Z100;   //设置G54坐标系
N30 M03 S2800;   //主轴正转,转速为2 800 r/min
N40 G00 X-60 Y-60 Z2;   //定位
N50 G01 Z-5 F250;   //刀具铣削下移

```
N60  G41 G01 X-40 Y-40 D01;      //建立刀具半径补偿
N70  X-40 Y-30;                  //沿轮廓直线铣削至点 X-40 Y-30 处
N80  Y20;                        //沿轮廓直线铣削至点 X-40 Y20 处
N90  X-10 Y30;                   //沿轮廓直线铣削至点 X-10 Y30 处
N100 X30;                        //沿轮廓直线铣削至点 X30 Y30 处
N110 G02 X40 Y20  CR=10;         //沿轮廓圆弧铣削至点 X40 Y20 处
N120 G01 Y-10;                   //沿轮廓直线铣削至点 X40 Y-10 处
N130 G03 X20 Y-30 CR=20;         //沿轮廓圆弧铣削至点 X20 Y-30 处
N140 G01 X-50;                   //沿轮廓直线铣削至点 X-50 Y-30 处
N150 G40 G00 X-60 Y-60;          //取消刀具半径补偿
N160 G00 Z200;                   //主轴抬起
N170 M05;                        //主轴停转
N180 M30;                        //程序结束
```

4.5.2 应用刀补轮廓零件编程实例

【例 4-10】加工如图 4-40 所示的内外轮廓，用刀具半径补偿指令编程，刀具直径为 $\phi 10$。

（1）工艺过程。外轮廓用左刀补，沿圆弧切线方向切入 1→2，切出时沿切线方向 2→3。内轮廓采用右刀补，4→5 为切入段，6→4 为切出段。外轮廓加工完毕取消左刀补，待刀具至 4 点，再建立右刀补。

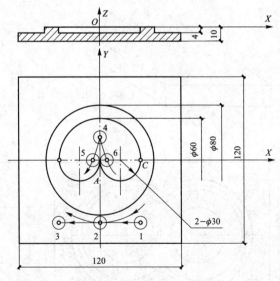

图 4-40 内外轮廓加工实例

（2）参考程序。
```
SK320107;                        //程序名
N010 G54 G00 X-50 Y-50 Z-140 S1000 M03;
```

```
                            //设置工件零点
N020 G00 X20 Y-44 Z2;       //刀具快速进至1点上方
N030 G01 Z-4 F100;          //刀具Z向工件进至深4 mm处
N040 G41 X0 Y-40 D01;       //建立左刀补1→2
N050 G02 X0 Y-40 I0 J40;    //铣外轮廓顺圆至2点
N060 G40 X-20 Y-44;         //取消左刀补2→3
N070 G00 X0 Y15 Z2;         //刀具快进至4点上方、G00移动轴依次
                              为Z、X、Y
N080 G01 Z-4;               //刀具Z向工件进至深4 mm处
N090 G42 X0 Y0 D01;         //建立右刀补4→5
N100 G02 X-30 Y0 I-15 J0;   //铣内轮廓顺圆A→B
N110 G02 X30 Y0 I30 J0;     //铣内轮廓顺圆B→C
N120 G02 X0 Y0 I-15 J0;     //铣内轮廓顺圆C→A
N130 G40 G01 X0 Y15;        //取消右刀补6→4
N140 G00 Z100;              //刀具Z向快退
N150 M05;                   //主轴停转
N160 M30;                   //程序结束
```

【例4-11】编写如图4-41所示零件的加工程序，零件材料为45钢。

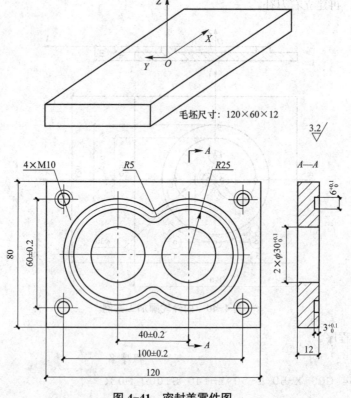

图4-41 密封盖零件图

(1) 工艺过程。工件坐标系原点设置在工件上表面的中心,计算 $R25$ 和 $R5$ 相切圆弧的四个切点坐标,为编程做准备。工艺路线安排如下:

1)用中心钻钻 4 个螺纹的中心孔和 2 个 $\phi23$ mm 的中心孔。

2)4×M10 螺纹孔的底孔,注意钻头尺寸与螺纹小径尺寸相一致。以该钻头钻 2 个 $\phi30$ 的内孔,为后面铣孔做准备。

3)用丝锥攻 4×M10 螺纹。

4)用立铣刀粗铣两个 $\phi30$ mm 孔,留 0.5 mm 的精加工余量。

5)粗铣深度为 3 mm 的圆弧槽,深度方向留 0.3 mm 的精加工余量,侧面单边留 0.2 mm 的精加工余量。

6)精铣 2 个内孔及圆弧槽。

(2) 刀具及切削参数(表 4-6)。

表 4-6 密封盖零件加工刀具及切削参数

刀具号	刀具名称	规格	切削用量		D1（半径补偿值）	D2（长度补偿值）
			S/(r·min^{-1})	F/(mm·min^{-1})		
T1	中心钻	A2	1000	100	无	值需要测定
T2	麻花钻	$\phi8.5$	800	80	无	值需要测定
T3	丝锥	M10	100	150	无	值需要测定
T4	立铣刀	$\phi16$	600	60	8	值需要测定
T5	键槽铣刀	$\phi6$	1500	50	3	值需要测定

(3) 参考程序。

```
SK320108;                          //程序名
N10 T1;                            //调用 1 号刀
N12 G40 G17;                       //取消刀补,选择 XY 平面
N14 G90 G54 G00 X0 Y0;             //建立坐标系,定位
N16 S1000 M03;                     //主轴正转,转速 1 000 r/min
N18 D2 Z50;                        //调用长度补偿
N20 G00 Z5;                        //下刀安全高度
N22 G00 X-50 Y-30 F100;            //定位
N24 CYCLE81(5,0,2,-5);             //钻孔
N26 Y30;
N28 CYCLE81(5,0,2,-5);
N30 X50;
N32 CYCLE81(5,0,2,-5);
```

```
N34 Y-30;
N36 CYCLE81(5,0,2,-5);
N38 X-20 Y0;
N40 CYCLE81(5,0,2,-5);
N42 X20 Y0;
N44 CYCLE81(5,0,2,-5);
N46 G00 Z100;                    // 抬刀
N48 X0 Y0;                       // 定位
N50 M05;                         // 程序停转
N52 M00;                         // 计划停止
N54 T2;                          // 手动换2号刀具
N56 G90 G54 G00 X0 Y0;           // 建立坐标系
N58 S800 M03;                    // 启动主轴，转速800 r/min
N60 D2 Z50;                      // 建立长度补偿
N62 G00 Z5;                      // 下刀至安全高度
N64 X-50 Y-30 F80;               // 定位
N66 CYCLE81(5,0,2,-14);          // 钻孔
N68 Y30;
N70 CYCLE81(5,0,2,-14);
N72 X50;
N74 CYCLE81(5,0,2,-14);
N76 Y-30;
N78 CYCLE81(5,0,2,-14);
N80 X-20 Y0;
N82 CYCLE81(5,0,2,-14);
N84 X20 Y0;
N86 CYCLE81(5,0,2,-14);
N88 G00 Z100;                    // 抬刀
N90 X0 Y0;                       // 定位
N92 M05;                         // 主轴停转
N94 M00;                         // 程序停止
N96 T3;                          // 换3号刀具
N98 G90 G54 G00 X-50 Y-30;       // 建立坐标系
N100 S100 M03;                   // 主轴正转，转速100 r/min
N102 D2 Z50;                     // 调用长度补偿
N104 G00 Z5 F150;                // 下刀至安全高度
```

```
N106 CYCLE840(5,0,,-14,0,1,4,3,1,,);
                                    // 攻螺纹
N108 CYCLE840(5,0,,-14,0,1,4,3,1,,);
N110 Y30;
N112 CYCLE840(5,0,,-14,0,1,4,3,1,,);
N114 X50;
N116 CYCLE840(5,0,,-14,0,1,4,3,1,,);
N118 Y-30;
N120 CYCLE840(5,0,,-14,0,1,4,3,1,);
N122 G00 Z100;                      // 抬刀
N124 G00 X0 Y0;                     // 定位
N126 M05;                           // 主轴停
N128 M00;                           // 程序停止
N130 T4;                            // 换4号刀
N132 G40 G54 G00 X0 Y0;             // 建立坐标系
N134 S600 M03;                      // 主轴正转，转速600 r/min
N136 D2 Z50;                        // 调用长度补偿
N138 G00 X-20 Y0;                   // 定位
N140 Z5;                            // 下刀至安全高度
N142 G01 Z-14 F60;                  // 下刀切削至-14
N144 G01 G42 D1 X-14 Y9;            // 建立半径补偿
N146 G02 X-5 Y0 CR=9;               // 轮廓切削
N148 G02 X-5 Y0 I-15 J0;
N150 G02 X-14 Y-9 CR=9;
N152 G40 G01 X-20 Y0;               // 取消半径补偿
N154 G00 Z5;                        // 抬刀
N156 X20 Y0;                        // 定位
N158 G01 Z-14;                      // 下刀至-14
N160 G01 G42 D1 X26 Y9;             // 建立刀具半径右补偿
N162 G02 X35 Y0 CR=9;               // 轮廓切削
N164 G02 X35 Y0 I-15 J0;
N166 G02 X26 Y-9 CR=9;
N168 G40 G01 X20 Y0;                // 取消半径补偿
N170 G00 Z100;                      // 抬刀
N172 X0 Y0;                         // 定位
N174 M05;                           // 主轴停
```

```
N176 M00;                              // 程序停止
N178 T5;                               // 换 5 号刀具
N180 G40 G90 G54 G00 X-48 Y0;
                                       // 建立坐标系
N182 S1500 M03;                        // 主轴正转，转速 1 500 r/min
N184 D2 Z50;                           // 建立长度补偿
N186 Z5;                               // 下刀至安全高度
N188 G01 Z-3 F50;                      // 下刀切削至-3
N190 G02 X-3.03 Y22.272 CR＝28 F30;
                                       // 铣削轮廓
N192 G03 X3.03 Y22.272 CR＝5;
N194 G02 X3.03 Y-22.272 CR＝28;
N196 G03 X-3.03 Y-22.272 CR＝5;
N198 G02 X-48 Y0 CR＝28;
N200 G01 Z100 F200;                    // 抬刀
N202 G00 X0 Y0 M05;                    // 定位，主轴停止
N204 M02;                              // 程序结束
```

4.5.3 孔系零件编程实例

【例 4-12】图 4-42 所示为一孔系零件图，毛坯尺寸为 90 mm×90 mm×40 mm，材料为 45 钢，采用数控铣床加工，分析加工工艺并编制数控加工程序。

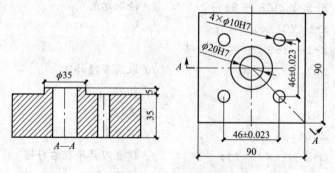

图 4-42 孔系零件图

1. 零件工艺分析

该工件材料为铝合金，切削性能较好，毛坯尺寸 90 mm×90 mm×40 mm，已完成上、下平面及周边侧面的加工（在普通机床上）。该零件属于孔系加工，由 5 个通孔组成。有 $\phi10$ mm、$\phi20$ mm 两种尺寸，孔的尺寸精度为 7 级，要求较高，4 个 $\phi10H7$ 孔的中心位置尺寸有一定要求，所以采取钻—扩—铰的加工方案。钻孔时由于孔深尺寸较大，采用深孔钻削循环指令编程，以使刀具在钻削过程中适当退刀以利于排屑。

2. 制定机械加工工艺方案

(1) 拟订工艺路线。由于加工该零件时,仅一次装夹即可完成所有孔的加工,因此确定工序为①,分6个工步,按照先小孔后大孔的加工原则,安排如下:

1) 用 $\phi3$ mm 的中心钻钻 5 个通孔的中心孔;
2) 用 $\phi9.8$ mm 的麻花钻分别将 4 个要求 $\phi10$ mm 的孔先粗钻至 9.8 mm;
3) 用 $\phi10$ mm 的机用铰刀精铰 $4\times\phi9.8$ mm 的孔至 $\phi10$ mm,符合尺寸要求;
4) 用 $\phi13$ mm 的麻花钻将要求 $\phi20$ mm 的孔粗钻至 $\phi13$ mm;
5) 用 $\phi19.8$ mm 的麻花钻将 $\phi13$ mm 的孔粗钻至 $\phi19.8$ mm;
6) 用 $\phi20H7$ 的机用铰刀精铰 $\phi19.8$ mm 的孔至尺寸要求 $\phi20$ mm,符合尺寸要求。

4 个 $\phi10$ mm 孔加工平面的进给路线,如图 4-43 所示。

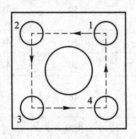

图 4-43 进给路线

(2) 设计数控铣工装选择。

1) 选择加工设备。选择在立式铣床 XD-40 上加工,系统为 SIEMENS 系统。
2) 选择工艺装备。
①该零件采用平口钳定位夹紧。
②确定刀具及切削用量。
③量具选择:$\phi20$ mm、$\phi10$ mm 的塞规各一个。
④工件装夹。

3) 刀具选择:

T2:$\phi3$ mm 的高速钢中心钻; T3:$\phi9.8$ mm 的高速钢麻花钻;
T4:$\phi10H7$ 的机用铰刀; T5:$\phi13$ mm 高速钢麻花钻;
T6:$\phi19.8$ mm 麻花钻; T7:$\phi20H7$ 机用铰刀。

(3) 确定切削用量,见表 4-7。选择毛坯底面和两侧面为定位平面,其中底面为主定位面,采用等高垫铁在平口虎钳口上装夹定位或直接将工件毛坯放在工作台上,用等高垫铁将工件托起,再用百分表找正工件两侧面进行安装定位,最后用压板螺母、螺栓、垫圈等元件将工件夹紧。

3. 编制数控技术文档

(1) 编制数控加工工序卡,见表 4-7。

表 4-7 孔系零件的数控加工工序卡

数控加工工序卡				产品名称	零件名称		零件图号	
					孔系零件		X02	
工序号	程序编号	材料	数量	夹具名称	使用设备		车间	
		45	10	机用平口虎钳	XD-40		数控加工车间	
工步号	工步内容		切削用量				刀具	量具
		n/ (r·min^{-1})	F/ (mm·min^{-1})		a_p/mm	名称	编号	名称
1	钻中心孔	1400	50		3	φ3 mm 中心钻	T02	
2	钻孔（粗）	500	50		48	φ9.8 mm 中心钻	T03	
3	铰孔（精）	200	50		48	φ10H7 mm 铰孔刀	T04	φ10H7 塞规
4	钻孔（粗）	500	50		48	φ13 mm 麻花钻	T05	
5	钻孔（粗）	300	50		48	φ19.8 mm 麻花钻	T06	
6	铰孔（精）	100	50		48	φ20H7 mm 铰孔刀	T07	φ20H7 塞规
编制		审核		批准			共 页	第 页

（2）编制刀具调整卡，见表 4-8。

表 4-8 孔系零件的数控铣刀调整卡

	产品名称或代号			零件名称	凸模板零件	零件图号	X02
序号	刀具号	刀具名称	刀具材料	刀具参数		刀补地址	
				直径/mm	长度/mm	半径	长度
1	T01	中心钻	硬质合金	φ3	总长 30		H01
2	T02	中心钻	高速工具钢	φ9.8	总长 30		H02
3	T04	铰孔刀	铰部分 YG3	φ10H7	总长 60		H03
4	T05	麻花钻	高速工具钢	φ13	总长 120		H04
5	T06	麻花钻	高速工具钢	φ19.8	总长 120		H05
6	T07	铰孔刀	铰部分 YG3	φ20H7	总长 60		H06
编制		审核		批准		共 页	第 页

（3）编制数控加工程序。

1）工件坐标系的确定：工件坐标系原点设置在毛坯上表面中心处。

2）数学处理。孔加工中，为了简化程序，一般采用固定循环指令。这时的数学处理主要是按固定循环指令格式的要求，确定孔的位置坐标、快进尺寸和工进尺寸等值。

3）编写加工程序。应用 SIEMENS 数控系统的指令及规则编写加工程序如下：

```
SK320109                          // 程序名
N0010 G54 G17 G40;                // 安全模式
N0030 T2 D1;                      //φ3 mm 中心钻
N0040 S1400 M03;
N0050 G00 Z50;
N0060 X0 Y0;
N0070 G01 Z20 F80;
N0080 CYCLE81(10,0,5,-5,,);
N0090 MCALL CYCLE81(10,-5,2,-10,,);
                                  // 模态调用钻孔循环打中心孔
N0100 X23 Y23;
N0110 X-23;
N0120 Y-23;
N0130 X-23;
N0140 G00 Z100;
N0150 MCALL;                      // 取消模态调用
N0160 M05;                        // 主轴停止
N0170 M02;                        // 程序结束
```

4.5.4 型腔零件编程实例

【例 4-13】如图 4-44 所示,材料为 45 钢,单件生产,毛坯尺寸为 84 mm×84 mm× 22 mm,试对该零件的顶面和内外轮廓进行数控铣削加工工艺分析,编制机械加工工艺过程文件,并编写零件的加工程序。

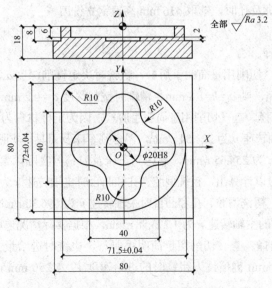

图 4-44 带型腔的凸台零件图

1. 零件工艺性分析

该零件是带型腔的凸台零件,主要由圆弧和直线组成,该零件的加工内容主要有平面、轮廓、凸台、型腔、铰孔。需要粗、精铣上下表面、外轮廓、内轮廓、凸台、内腔及铰孔等加工工序。图上的尺寸标注既满足了设计要求,又便于加工,各图形几何要素间的相互关系(相切、相交、垂直和平行)比较明确,条件充分,并且采用了集中标注的方法,满足了设计基准、工艺基准与编程原点的统一,材料为 45 钢。最高精度等级为 IT8 级,所以表面粗糙度均为 $Ra3.2$ μm。加工时不宜产生振荡。如果定位不好可能会导致表面粗糙度、加工精度难以达到要求。因此,该图的尺寸标注符合了数控加工的特点。

2. 制定机械加工工艺方案

(1)拟订工艺路线。加工顺序的拟订按照基面先行、先粗后精的原则,因此,先加工零件的外轮廓表面,加工上下表面,接着粗铣型腔,再加工孔,按照顺序再精铣一遍即可。

加工圆弧时,应沿圆弧切向切入。

(2)设计数控铣加工设备。

1)选择加工设备。由该零件外形和材料等条件,选择在立式铣床 XD-40 上加工,系统为 SIEMENS 系统。

2)选择工艺装备。

①由零件图可得,以零件的下端面为定位基准,加工上表面。将零件竖放加工外轮廓。零件的装夹方式采用机用台虎钳。

②刀具选择如下:

a. 加工上下表面时采用 $\phi125$ mm 的面铣刀,齿数为 8。

b. 粗加工外轮廓时采用 $\phi16$ mm 的键槽铣刀。

c. 粗加工内轮廓及孔时,选用 $\phi16$ mm 的键槽铣刀以减少换刀次数。

d. 精加工内外轮廓及孔时,选取 $\phi16$ mm 高速钢立铣刀。

e. $\phi3$ mm 的中心钻。

(3)切削用量选择。

1)背吃刀量。查《切削用量简明手册》,粗铣时决定铣削深度 a_p,由于加工余量不大,故可在一次走刀内切完,则 $a_p=h=1.8$ mm。精铣时铣削深度 $a_p=0.2$ mm。

2)主轴转速的选择。查《切削用量简明手册》,因为工件材料为 45 钢,刀具材料为高速钢,粗铣端面时主轴转速 n 为 221.54 r/min,考虑到车床及刀具等实际因素,取 250 r/min。精铣端面时主轴转速 n 为 254.65 r/min,考虑到车床及刀具等实际因素,取 300 r/min。由公式 $n=1\,000V_c/(\pi d)$ 可以计算出,粗铣型腔、孔和凸台时主轴转速 n 为 397.89 r/min,根据实际情况选取 500 r/min;精铣型腔、孔和凸台时主轴转速 n 为 696.30 r/min,根据实际情况选取 700 r/min。钻中心孔时的主轴转速 n 为 1 273.88 r/min,根据实际情况选取 1 250 r/min。

3)进给速度的选择。查《切削用量简明手册》,粗铣时进给量 $f=0.5$ mm,精铣时进给量 $f=0.05$ mm,$\phi16$ mm 键槽铣刀粗铣时的进给速度 V_f 为 250 mm/min,$\phi16$ mm 高速钢立铣刀精铣时的进给速度 V_f 为 35 mm/min；粗铣端面时 V_f 为 180 mm/min，精铣端面时 V_f 为 30 mm/min；$\phi3$ mm 钻头进给速度 V_f 为 112.5 mm/min。

3．编制数控加工工艺文件

（1）编制机械加工工艺过程卡，见表 4-9。

表 4-9　支承座零件的机械加工工艺过程卡

机械加工工艺过程卡		产品名称	零件名称	零件图号	材料	毛坯规格
			型腔零件	X02	45 钢	84 mm×84 mm×22 mm
工序号	工序名称	工序简要内容	设备	工艺装备		工时
10	铣削	粗、精铣下底面	XD-40	平口钳、面铣刀、游标卡尺		
20	铣削	粗、精铣上端面	XD-40	平口钳、面铣刀、游标卡尺		
30	钻削	钻 $\phi20H8$ 孔的中心孔	XD-40	平口钳、$\phi3$ mm 中心钻、游标卡尺、内径千分尺		
40	铣削	铣削型腔、$\phi20H8$ 孔、外轮廓至尺寸	XD-40	平口钳、$\phi16$ mm 平底刀、游标卡尺、塞规、R 规		
50	检验	检验、入库	钳工台			
编制		审核		批准	共 页	第 页

（2）编制数控加工工序卡，见表 4-10。

表 4-10　凸模板的数控加工工序卡

数控加工工序卡				产品名称	零件名称	零件图号		
					型腔零件			
工序号	程序编号	材料	数量	夹具名称	使用设备	车间		
40		45	10	机用平口虎钳	XD-40	数控加工车间		
工步号	工步内容		切削用量			刀具		量具
		$n/(\text{r}\cdot\text{min}^{-1})$	$F/(\text{mm}\cdot\text{min}^{-1})$	a_p/mm	名称	编号	名称	
1	粗铣型腔	500	250	0.5	$\phi16$ mm 键槽铣刀	T03	游标卡尺	
2	粗铣 $\phi20H8$ 孔	500	250	0.5	$\phi16$ mm 键槽铣刀	T03	游标卡尺	
3	粗铣外轮廓	500	250	0.5	$\phi16$ mm 键槽铣刀	T03	游标卡尺	
4	精铣型腔至尺寸	700	35	0.05	$\phi16$ mm 键槽铣刀	T02	游标卡尺	
5	精铣 $\phi20H8$ 孔至尺寸	700	35	0.05	$\phi16$ mm 键槽铣刀	T02	游标卡尺	
6	精铣外轮廓至尺寸	700	35	0.05	高速钢立铣刀	T04	游标卡尺、R 规	
编制		审核			批准		共 页	第 页

（3）编制刀具调整卡，见表 4-11。

表 4-11 型腔零件数控铣刀调整卡

产品名称或代号				零件名称	凸模板零件	零件图号	X02
序号	刀具号	刀具名称	刀具材料	刀具参数		刀补地址	
				直径/mm	长度/mm	半径	长度
1	T01	面铣刀	刀片部位高速工具钢	φ125			
2	T02	键槽铣刀	高速工具钢	φ16	100	D02	
3	T03	键槽铣刀	高速工具钢	φ16	100	D03	
4	T04	高速钢立铣刀	高速工具钢	φ16	100	D04	
5	T05	中心钻	高速工具钢	φ3	60		
编制		审核		批准		共 页	第 页

(4) 编制数控加工程序。

1) 型腔外轮廓精加工程序如下：

```
SK320110;                              // 程序名
N10 G54 G90 G40 G00 X0 Y0 M03 S600;
                                       // 建立坐标系，绝对坐标，快速点定位至
                                       //   工件原点，主轴正转，转速600 r/min
N20 G41 G00 X-50 Y36 D01;              // 添加左刀补
N30 Z-8;                               // 下刀
N40 G01 X0 F100;
N50 G02 X0 Y-36 I0 J-36 F30;
N60 G01 X-27.75;
N70 G02 X-35.75 Y-26 CR=10;
N80 G01 X-35.75 Y26;
N90 G02 X-27.75 Y36 CR=10;
N100 G01 X0;
N110 Z10;                              // 抬刀
N120 G40 G00 X0 Y0;                    // 取消刀补
N130 M05;                              // 主轴停转
N140 M30;                              // 程序停止
```

2) 内腔精加工程序如下：

```
SK320111;                              // 程序名
N10 G54 G90 G40 G00 X0 Y0 M03 S600;
                                       // 建立工件坐标系，绝对坐标，取消刀具
```

```
                                    补偿，快速点定位至工件原点，主轴正
                                    转，转速 600 r/min
N20 G41 G01 X10 F100 D01;    // 添加左刀补
N30 Z-6;                     // 下刀
N40 G01 X10 Y24;             // 直线铣削
N50 G03 X-10 Y20 I-10 J0 F100; // 轮廓铣削
N60 G02 X-20 Y10 I-10 J0;
N70 G03 X-20 Y-10 I0 J-10;
N80 G02 X-10 Y-20 I0 J-10;
N90 G03 X10 Y-20 I10 J0;
N100 G02 X20 Y-10 I10 J0;
N110 G03 X20 Y10 I10 J0;
N120 G02 X10 Y20 I0 J10;
N130 G03 X-10 Y20 I-10 J0;
N140 G01 X-10 Y0 F100;
N150 Z10;                    // 抬刀
N160 G40 X0 Y0;              // 取消刀补
N170 M05;                    // 主轴停转
N180 M30;                    // 程序结束
```

4.5.5 配合件编程实例

【例 4-14】如图 4-45 所示，完成凹凸模的配合件加工。中小批量生产，材料为 45 钢，进行数控加工工艺设计并编写程序。

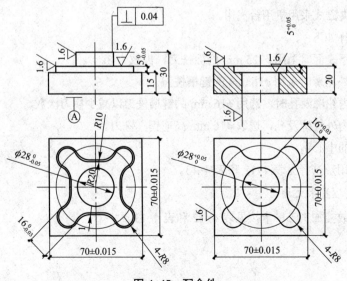

图 4-45 配合件

图 4-45 所示为一配合件零件图，毛坯尺寸为 70 mm×70 mm×22 mm，材料为 45 钢，采用数控铣床加工，分析加工工艺并编制配合件的数控加工程序。

1. 数控加工工艺设计

（1）拟订工艺路线。加工顺序的拟订按照基面先行、先粗后精的原则，因此，先加工零件的外轮廓表面，加工上下表面，接着粗铣凸台和型腔，再加工孔，按照顺序再精铣一遍即可。

加工圆弧时，应沿圆弧切向切入。

（2）工序安排。

1）配合件中的外轮廓件。

设定加工原点，用试切法找正。

工序 1：加工中间 $\phi 28$ 的外圆；

工序 2：加工 X 形外轮廓；

工序 3：加工工件底板外轮廓。

2）配合件中的内轮廓件。

设定加工原点，用百分表找正。

工序 1：加工 X 形内轮廓。

工序 2：加工中间 $\phi 28$ 的圆槽。

工序 3：加工工件底板外轮廓。

（3）设计数控铣加工设备。

1）选择加工设备。由该零件外形和材料等条件，选择在立式铣床 XD-40 上加工，系统为 SIEMENS 系统。

2）选择工艺装备。

①由零件图可得，以零件的下端面为定位基准，加工上表面。把零件竖放加工至各尺寸。零件的装夹方式采用机用台虎钳。

②刀具选择如下：

a. 加工上下表面时采用 $\phi 125$ mm 的面铣刀，齿数为 8。

b. 粗加工外轮廓时采用 $\phi 16$ mm 的键槽铣刀。

c. 粗加工内轮廓及孔时，选用 $\phi 16$ mm 的键槽铣刀以减少换刀次数。

d. 精加工内外轮廓及孔，选取 $\phi 16$ mm 高速钢立铣刀。

e. $\phi 3$ mm 的中心钻。

（4）切削用量选择见表 4-12 和表 4-13。

2. 编制数控技术文档

（1）编制数控加工工序卡，见表 4-12 和表 4-13。

表 4-12 配合件中外轮廓件的数控加工工序卡

数控加工工序卡				产品名称	零件名称	零件图号	
					配合件 1		
工序号	程序编号	材料	数量	夹具名称	使用设备	车间	
		45		机用平口虎钳	XD-40	数控加工车间	
工步号	工步内容	切削用量				刀具	量具
		$n/(\text{r}\cdot\text{min}^{-1})$	$F/(\text{mm}\cdot\text{min}^{-1})$	a_p/mm	名称	编号	名称
1	粗加工底板外轮廓	700	160	0.1	$\phi 16$ mm 立铣刀	T03	游标卡尺
2	粗加工外圆	600	150	2	$\phi 20$ mm 立铣刀	T03	游标卡尺
3	粗加工 X 形外轮廓	600	150	2	$\phi 20$ mm 立铣刀	T03	游标卡尺
4	精加工外圆	700	160	0.1	$\phi 16$ mm 立铣刀	T02	游标卡尺
5	精加工 X 形外轮廓	1000	130	2	$\phi 12$ mm 立铣刀	T02	游标卡尺
6	精加工底板外轮廓	1000	130	0.1	高速钢立铣刀	T04	游标卡尺
编制				审核		批准		共 页	第 页

表 4-13 配合件中内轮廓件的数控加工工序卡

数控加工工序卡				产品名称	零件名称	零件图号	
					配合件 2		
工序号	程序编号	材料	数量	夹具名称	使用设备	车间	
		45		机用平口虎钳	XD-40	数控加工车间	
工步号	工步内容	切削用量			刀具		量具
		$n/(\text{r}\cdot\text{min}^{-1})$	$F/(\text{mm}\cdot\text{min}^{-1})$	a_p/mm	名称	编号	名称
1	粗加工底板外轮廓	700	160	0.1	$\phi 16$ mm 立铣刀	T03	游标卡尺
2	粗加工中心槽,孔定心	600	150	2	$\phi 20$ mm 键槽刀	T03	游标卡尺
3	粗加工中心孔,至尺寸 $\phi 28+0.05$	1000	130	2	$\phi 12$ mm 立铣刀	T03	游标卡尺
4	粗加工内轮廓	1000	130	0.9	$\phi 12$ mm 键槽刀	T02	游标卡尺
5	精加工内轮廓	1000	130	0.1	$\phi 12$ mm 立铣刀	T02	游标卡尺
6	精加工底板外轮廓	1000	130	0.1	$\phi 12$ mm 立铣刀	T04	游标卡尺
编制				审核		批准		共 页	第 页

(2) 编制刀具调整卡,见表 4-14。

表 4-14 配合件数控铣刀调整卡

产品名称或代号				零件名称	凸模板零件	零件图号	X02
序号	刀具号	刀具名称	刀具材料	刀具参数		刀补地址	
				直径/mm	长度/mm	半径	长度
1	T01	立铣刀	高速工具钢	$\phi 20$			
2	T02	端面铣刀	高速工具钢	$\phi 32$	100	D02	

续表

序号	刀具号	产品名称或代号		零件名称	凸模板零件	零件图号	X02
		刀具名称	刀具材料	刀具参数		刀补地址	
				直径/mm	长度/mm	半径	长度
3	T03	立铣刀	高速工具钢	φ16	100	D03	
4	T04	立铣刀	高速工具钢	φ12	100	D04	
5	T05	键槽刀	高速工具钢	φ12	100		
编制		审核		批准		共 页	第 页

3. 编制数控加工程序

（1）加工 10 mm 高的凸圆台数控加工程序如下：

SK320112;   // 程序名
N10 G90 G54 G00 X0 Y0;   // 定位起始点
N20 Z150;   // 定位起始高度
N30 S750 M03;   // 主轴正转，转速 750 r/min
N40 X40;
N50 Z10;
N60 G01 Z0 F60;
N70 G41 X14 D01;   // 建立刀具半径左补偿
N80 G02 I-14 J0;
N90 I-14;
N100 G01 G40 X40;   // 取消补偿
N110 G00 Z100;   // 抬刀
N120 M05;   // 主轴停
N130 M30;   // 程序结束

（2）加工 10 mm 深的凹圆槽数控加工程序如下：

SK320113;   // 程序名
N10 G90 G54 G00 X0 Y0;   // 定位起始点
N20 Z150;   // 定位起始高度
N30 S750 M03;   // 主轴正转，转速 750 r/min
N40 Z10;
N50 G01 Z0 F60;
N60 G41 X14 D01;   // 建立刀具半径左补偿，调用 D01 补偿值
N70 G03 I-14 J0;   // 轮廓铣削
N80   I-14;

```
N90 G01 G40 X0;                    //取消补偿
N100 G00 Z100;                     //抬刀
N110 M05;                          //主轴停
N120 M30;                          //程序结束
```

思考练习

一、选择题

1. 由直线和圆弧组成的平面轮廓，编程时数值计算的主要任务是求各（　　）坐标。
   A. 节点　　　　B. 基点　　　　C. 交点　　　　D. 切点
2. 在 SIEMENS 系统中，主轴转速功能用（　　）表示。
   A. K　　　　　B. S　　　　　C. T　　　　　D. R
3. 在 SIEMENS 系统中，刀具补偿寄存器号用（　　）表示。
   A. D　　　　　B. F　　　　　C. S　　　　　D. T
4. 西门子系统中，程序段 G02 CR=30 X20 Y-10 F200 中的 CR=__表示（　　）。
   A. 圆弧起点与圆心的距离　　　　B. 圆弧终点与圆心的距离
   C. 圆弧起点与终点的距离　　　　D. 圆弧的半径
5. 西门子系统中，程序段 G02 AR=30 I20 J-10 F200 中的 I，J 表示（　　）。
   A. 圆弧起点与圆心的距离　　　　B. 圆弧终点与圆心的距离
   C. 圆弧起点与终点的距离　　　　D. 圆弧的圆心角
6. 在数控铣床上的 XY 平面内加工曲线外形工件，应选择（　　）指令。
   A. G17　　　　B. G18　　　　C. G19　　　　D. G20
7. CYCLEG82（RTP，RFP，SDIS，DP，DPR，DTB）中 DTB 表示（　　）。
   A. 返回平面　　B. 安全平面　　C. 参考平面　　D. 暂停时间
8. CYCLEG82（RTP，RFP，SDIS，DP，DPR，DTB）中 RTP 表示（　　）。
   A. 返回平面　　B. 安全平面　　C. 参考平面　　D. 暂停时间
9. CYCLEG82（RTP，RFP，SDIS，DP，DPR，DTB）中 RFP 表示（　　）。
   A. 返回平面　　B. 安全平面　　C. 参考平面　　D. 暂停时间
10. CYCLEG82（RTP，RFP，SDIS，DP，DPR，DTB）中 SDIS 表示（　　）。
    A. 返回平面　　B. 安全平面　　C. 参考平面　　D. 暂停时间
11. CYCLEG82（RTP，RFP，SDIS，DP，DPR，DTB）中 DP 表示（　　）。
    A. 返回平面　　B. 安全平面　　C. 最终孔深　　D. 孔的深度
12. SIEMENS 系统中，子程序的返回指令为（　　）。
    A. M17　　　　B. M02　　　　C. M30　　　　D. M99
13. SIEMENS 系统的调用子程序指令 "L0005 P2;" 表示（　　）。
    A. 调用子程序 O2 五次　　　　B. 调用子程序 L5 两次
    C. 调用子程序 L0005 两次　　　D. 调用子程序 P2 五次

14. 在SIEMENS系统中，执行手动数据输入的模式选择按钮是（   ）。
A. MDI　　　　　B. MDA　　　　　C. VAR　　　　　D. JOG

15. 在SIEMENS系统中，增量进给的模式选择按钮是（   ）。
A. MDI　　　　　B. MDA　　　　　C. TAR　　　　　D. JOG

16. 在SIEMENS系统中的下列模式选择按钮中，用于程序编辑操作的按钮是（   ）。
A. EDIT　　　　　B. MDA　　　　　C. VAR　　　　　D. JOG

17. 当机床的程序保护开关处于"ON"时，不能对程序进行（   ）。
A. 输入　　　　　B. 修改　　　　　C. 删除　　　　　D. 以上均不能

18. SIEMENS系统中机床回参考点的指令为（   ）。
A. REF　　　　　B. ZRN　　　　　C. MDI　　　　　D. JOG

19. 与切削液有关的指令是（   ）。
A. M04　　　　　B. M05　　　　　C. M06　　　　　D. M08

20. 面铣削的工件较薄时，进给量宜（   ）。
A. 增加　　　　　B. 减少　　　　　C. 不变　　　　　D. 增减均可

21. 铣刀直径100 mm，主轴转速300 r/min，则铣削速度约为（   ）m/min。
A. 30　　　　　B. 60　　　　　C. 90　　　　　D. 120

22. 当执行圆弧切削或刀具半径补偿时，需最先设定（   ）。
A. 工作坐标　　　　B. 极坐标　　　　C. 切削平面　　　　D. 机械坐标

23. 铣削工件宽度100 mm的平面，切除效率较高的铣刀为（   ）。
A. 面铣刀　　　　B. 槽铣刀　　　　C. 端铣刀　　　　D. 侧铣刀

24. 铣刀在切削加工时，发生刀刃裂损的可能原因为（   ）。
A. 进刀量过小　　B. 切削液太多　　C. 切屑排出不良　　D. 切削深度过小

二、判断题

1. 铣削用量选择的次序是：铣削速度、每齿进给量、铣削宽度、铣削深度。（   ）
2. 用键槽铣刀和立铣刀加工封闭沟槽时，均需要先钻好落刀孔。（   ）
3. 立式指状铣刀是成型铣刀的一种。（   ）
4. 在SIEMENS系统中，子程序L10和子程序L010是相同的。（   ）
5. 在SIEMENS系统中，指令"T1 D1；"和指令"T2 D2；"使用的刀具补偿值是同一个刀补寄存器中的补偿值。（   ）
6. 固定循环中的孔底暂停是指刀具到达孔底后主轴暂时停止转动。（   ）
7. 在SIEMENS系统中，孔加工固定循环的参数中，参数DPR值一定是正值。（   ）
8. SIEMENS系统的调用子程序指令"L0123 P3；"，表示该程序段调用子程序L0123共计三次。（   ）
9. 程序段的顺序号，根据数控系统的不同，在某些系统中是可以省略的。（   ）
10. 一个主程序中只能有一个子程序。（   ）
11. 当数控机床失去对机床参考点的记忆时，必须进行返回参考点的操作。（   ）

12. 数控铣床加工时保持工件切削点的线速度不变的功能称为恒线速度控制。（   ）
13. 数控机床加工过程中可以根据需要改变主轴速度和进给速度。（   ）
14. SIEMENS 系统中新建立刀具首先要选择刀具类型。（   ）
15. SIEMENS 系统中的子程序调用最多不能超过四层。（   ）
16. 开冷却液有 M07、M08 两个指令，是因为有的数控机床使用两种冷却液。（   ）
17. 点位控制系统不仅要控制从一点到另一点的准确定位，还要控制从一点到另一点的路径（   ）。
18. CYCLE81 与 CYCLE82 的区别是有无孔底暂停。（   ）
19. CYCLE85 与 CYCLE89 的区别是有无孔底暂停。（   ）
20. CYCLE83 加工深孔的排屑方式有两种。（   ）
21. CYCLE84 与 CYCLE840 的功能完全相同。（   ）
22. CYCLE87 与 CYCLE88 都可用于镗孔加工。（   ）
23. G19 指令表示 XOZ 平面。（   ）
24. 采用 G92 指令建立工件坐标系时，执行该程序段时，刀具不做任何运动。（   ）
25. 采用 G54 指令建立工件坐标系时，程序的第一个程序段不能为 G91 状态，必须为 G90 状态。（   ）
26. 数控机床编写子程序时必须采用增量坐标系编写。（   ）
27. 数控铣床，在 SIEMENS 系统编写程序时可以实现混合值编程，即程序在表达一个目标点坐标时，一个坐标方向可以用绝对值，另一个坐标方向可以用增量值。（   ）
28. CYCLE86 指令的孔底动作包括：主轴准停和主轴位移。（   ）
29. CNC 铣床加工程序中，刀长补正取消采用 G80 指令。（   ）
30. SIEMENS 系统编程时，G71 指令的功能是数据状态为米制输入。（   ）
31. SIEMENS 系统子程序的命名原则与主程序的命名原则不同。（   ）

三、简答题

1. 数控铣床适用于加工哪些类型的零件？
2. 数控铣床的坐标系是如何确定的？
3. 机床原点、机床参考点、工件原点的概念是什么？三者的相互关系是什么？
4. 数控铣床工件零件的选择原则是什么？在程序中是如何建立的？
5. 西门子数控系统 G02、G03 指令是如何判断的？指令格式是什么？
6. G02、G03 指令采用 CR＝__ 格式编写程序应注意哪些问题？
7. 试述 M00、M01、M02、M30 在功能上的相同点和不同点。
8. 数控铣床为什么具有刀具半径补偿功能？
9. 刀具半径补偿实现的三个阶段是什么？
10. 刀具半径补偿在使用时应注意哪些问题？
11. 西门子数控系统孔加工循环的动作有哪些？
12. 西门子数控系统孔加工固定循环是如何进行模态调用的？

13. 说明 CYCLE81、CYCLE82、CYCLE85 和 CYCLE89 指令使用时的区别。

14. 编程时采用子程序技术的作用是什么？西门子数控系统子程序可以实现几级嵌套？

四、编程题

1. 编写图 4-46 所示零件的加工程序。

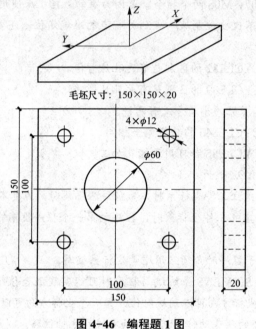

图 4-46　编程题 1 图

2. 编写图 4-47 所示零件的加工程序。

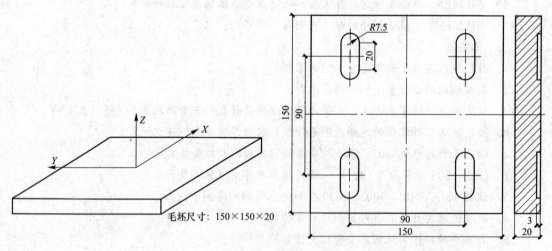

图 4-47　编程题 2 图

3. 编写图 4-48 所示零件的加工程序。

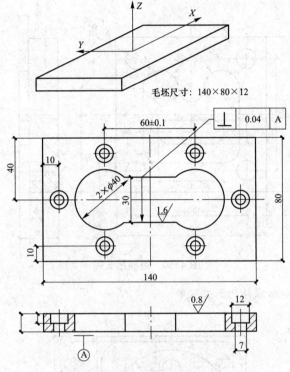

图 4-48　编程题 3 图

4. 编写图 4-49 所示零件的加工程序。

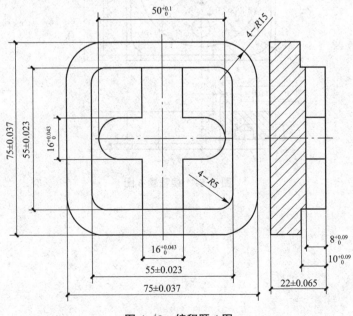

图 4-49　编程题 4 图

5. 编写图 4-50 所示零件的加工程序。

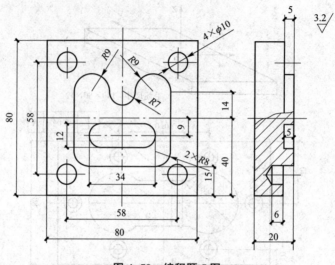

图 4-50　编程题 5 图

6. 编写图 4-51 所示零件的加工程序。

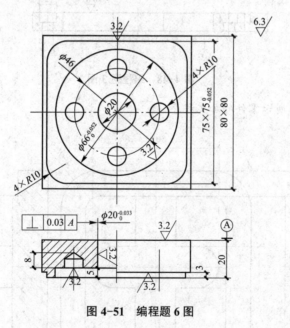

图 4-51　编程题 6 图

7. 编写图 4-52 所示零件的加工程序。

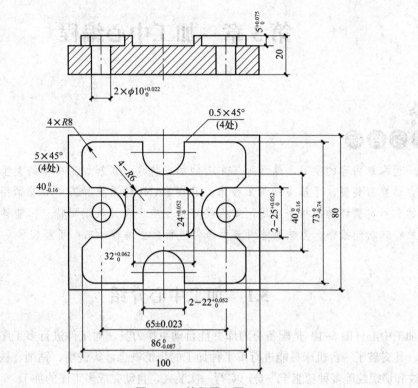

图 4-52 编程题 7 图

第 5 章 加工中心编程

通过本章内容的学习，熟悉加工中心的加工特点，了解加工中心的类型；熟悉加工中心自动换刀装置，了解多轴加工技术；掌握 FANUC 系统加工中心基本指令的应用，掌握钻孔固定循环功能指令应用，掌握换刀指令应用及刀具编码特点；能够熟练应用子程序及特殊功能指令；能够熟练对典型零件进行数控编程加工；了解宏程序的应用。

5.1 加工中心介绍

加工中心（图 5-1）是配备有刀库并能自动更换刀具，对工件进行多工序加工的数控机床。其突破了一台机床只能进行单工种加工的传统概念，集铣削、钻削、铰削、镗削、攻螺纹和切螺纹等多种功能于一身，实行一次装夹，自动完成多工序的加工。

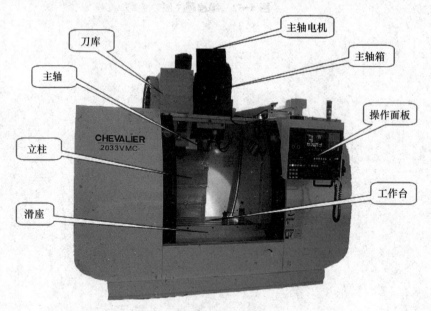

图 5-1 加工中心

5.1.1 加工中心的特点与分类

1. 加工中心的特点

与普通机床加工相比,加工中心具有许多显著的工艺特点。

(1) 加工精度高。在加工中心上加工工件,工序可以高度集中,一次装夹即可加工出零件上除定位面外的大部分甚至全部表面,不仅避免了工件因多次装夹而产生的装夹误差,而且还能获得表面间较高的相互位置精度,同时,机床的刚度高、抗震性好。加工中心的控制系统多采用半闭环甚至全闭环的补偿控制方式,有较高的定位精度和重复定位精度,在加工过程中产生的尺寸误差能及时得到补偿,与普通机床相比,能获得较高的尺寸精度。

(2) 表面质量好。加工中心主轴的转速和各轴进给量均是无级调速的,有的甚至具有自适应控制功能,能随刀具和工件材质及刀具参数的变化把切削参数调整到最佳值,从而提高了各加工面的表面质量。

(3) 质量稳定。加工中心的控制功能较多,整个加工过程都由程序自动控制,不受操作者人为因素的影响;同时,由于没有凸轮、靠模等传动硬件,就避免了由制造中的误差和使用中的磨损等因素带来的加工误差,加之具有位置补偿功能及较高的定位精度和重复定位精度,使得加工出的零件尺寸的一致性较好。

(4) 生产效率高。加工中心具有多种辅助功能,不仅可减少多次装夹工件所需的装夹时间,其自动换刀功能还缩短了换刀时间。同时,加工中心还能减少工件在机床与机床之间甚至车间与车间之间的周转运输工作量,辅助时间明显缩短。

(5) 具有较强的故障自诊断功能。当加工中心在加工过程中出现偏差时,可自动修正或报警,确保零件的正常加工及加工质量,使检查、调整的工作量大大减少。

(6) 软件适应性强。零件的每个加工内容、切削用量、工艺参数等都可以编制到机内程序中,以软件的形式出现。其软件的适应性很强,可以随时修改,这给新产品试制及实行新的工艺流程和试验提供了极大的方便。

与普通机床相比,加工中心所用的刀具应具有更高的强度、硬度和耐磨性;悬臂镗孔时,无辅助支承,刀具还应具备很好的刚性;加工中,切屑易堆积,甚至缠绕在工件和刀具上影响加工顺利进行,因此,需要采取断屑措施并及时清理;若一次装夹完成从毛坯到成品的加工,因无消除内应力的时效工序,故可能引起工件变形。即使与其他数控机床相比,加工中心也存在着结构较复杂、对操作者的技术水平要求高、维修管理难度大等缺点。另外,加工中心的价格高昂,一般都在几十万元到几百万元,一次性投入较大,因此零件的加工成本较高。

2. 加工中心加工的对象

根据加工中心的工艺特点,它最适用于加工形状复杂、加工内容多、精度要求高、需用多种类型的普通机床,以及各种刀具和夹具且需要经多次装夹和调整才能完成加工的零件。加工中心的加工对象主要有以下五类:

(1) 箱体类零件。箱体类零件一般是指具有平面和孔系,内部有型腔,在长、宽、高方向上具有一定比例要求的零件。这类零件包括各类机械设备和汽车、飞机、船舶等运输工具中的发动机缸体、变速箱体，机床的床头箱、主轴箱，齿轮泵壳体等。图 5-2 所示为热电机车主轴箱体，它属于箱体类零件。

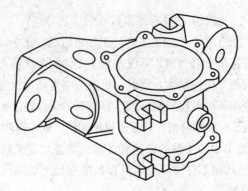

图 5-2　热电机车主轴箱体

箱体类零件形状复杂，加工精度要求较高，通常要经过铣、钻、扩、镗、铰、锪、攻螺纹等工序（或工步）加工，需要的工序和刀具较多。此类零件在普通机床上加工难度大，工装套数多，费用高，加工周期长，需多次装夹、找正，手工测量次数多，换刀次数多，精度难以保证；而在加工中心上加工，一次装夹后，就可完成需多台普通机床才能完成的绝大部分工序内容，零件各项精度高，质量稳定，同时能够减少大量的工装，节省工时、费用，生产周期短。因此，箱体类零件是加工中心的首选加工对象之一。

（2）具有复杂曲面的零件。具有复杂曲面的零件如凸轮、涡轮、叶轮、导风轮、螺旋桨等，其主要表面是由复杂曲线、曲面组成的，形状复杂，有的精度要求极高。加工这类零件时，需要多坐标联动加工，这在普通机床上是难以甚至无法完成的。而加工中心可以采取三、四坐标联动，甚至五坐标联动将这类零件加工出来，并且质量稳定、精度高、互换性好。因此，这类零件应是加工中心重点选择加工的对象。图 5-3 所示是轴向压缩机涡轮，它的叶面是一个典型的三维空间曲面，这样的型面可采用四坐标以上联动的加工中心加工。

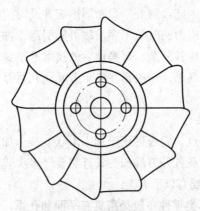

图 5-3　轴向压缩机涡轮

（3）外形不规则的异形件。异形件即外形特异的零件，如图5-4所示的异形支架等外形不规则的零件，这类零件大都需要采用点、线、面多工位混合加工。异形件的总体刚性一般较差，在装夹过程中易变形，在普通机床上只能采取工序分散的原则加工，需用工装较多，周期较长，而且难以保证加工精度。而加工中心具有多工位点、线、面混合加工的特点，能够完成大部分甚至全部工序内容。实践证明，异形件的形状越复杂、加工精度要求越高，使用加工中心便越能显示其优越性。

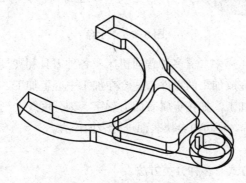

图5-4 一种异形支架零件

（4）模具。常见的模具有锻压模具、铸造模具、注塑模具及橡胶模具等。图5-5所示为连杆锻压模具。这类零件的型面大多由三维曲面构成，采用加工中心加工这类成型模具，由于工序高度集中，因而基本上能在一次安装中采用多坐标联动完成动模、静模等关键件的全部精加工，尺寸累积误差及修配工作量小。

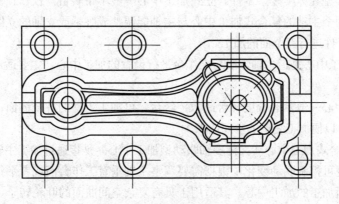

图5-5 连杆锻压模具简图

（5）多孔的盘、套、板类零件。带有键槽、径向孔，或端面分布的、有孔系或曲面的盘、套、板类零件，如带法兰的轴套、具有较多孔的板类零件和各种壳体类零件等，都适合在加工中心上加工，如图5-6所示为十字盘、板类零件。对于加工部位集中在单一端面上的盘、套、板类零件，宜选择立式加工中心；加工部位不位于同一方向表面上的零件，则应选择卧式加工中心。

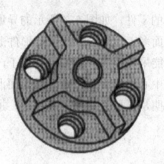 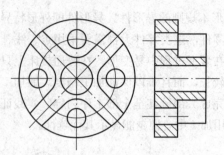

图 5-6 十字盘

总之,对于复杂、工序多(需多种普通机床及各种刀具和夹具)、精度要求较高、需经多次装夹和调整才能完成加工的零件,适合在加工中心上加工。同时,利用加工中心还可实现一些特殊工艺的加工,如在金属表面上刻字、刻分度线、刻图案等。在加工中心的主轴上装设高频专用电源,还可对金属表面进行表面淬火。

3. 加工中心的分类

加工中心根据不同方式有多种分类方法。

(1) 按照功能作用分类。加工中心按加工功能作用分类,可分为镗铣类加工中心、车削加工中心、车铣复合加工中心三大类。通常所说的加工中心都是指镗铣类加工中心。

(2) 按照主轴空间状态分类。加工中心常按主轴与工作台相对位置所处的状态分为立式加工中心、卧式加工中心和万能复合式加工中心。

1) 立式加工中心是指主轴轴线与工作台垂直设置的加工中心,主要适用于加工板类、盘类、模具及小型壳体类复杂零件。立式加工中心一般不带转台,仅作顶面加工。另外,还有带立、卧两个主轴的复合式加工中心与主轴能调整成卧轴或立轴的立卧可调式加工中心,它们能对工件进行五个面的加工。

2) 卧式加工中心是指主轴轴线与工作台平行设置的加工中心,主要适用于加工箱体类零件。

卧式加工中心一般具有分度转台或数控转台,可加工工件的各个侧面;也可作多个坐标的联合运动,以便加工复杂的空间曲面。

3) 万能复合式加工中心(又称多轴联动型加工中心)是指通过加工主轴轴线与工作台回转轴线的角度可控制联动变化,根据需要调整主轴垂直工作台面或者平行工作台面,完成复杂空间曲面加工的加工中心。其适用于具有复杂空间曲面的叶轮转子、模具、刃具等工件的加工。

(3) 按照立柱的数量分类。加工中心按照立柱数量分类,可分为单柱式和双柱式(龙门式)加工中心。

(4) 按照坐标轴数分类。加工中心按运动坐标数和同时控制的坐标数分类,可分为三轴加工中心、四轴加工中心、五轴加工中心。三轴、四轴、五轴是指加工中心具有的联动坐标数。联动是指控制系统可以同时控制运动的坐标数,从而实现刀具相对工件的位置和速度控制。

(5) 按照工作台数量和功能分类。加工中心按照工作台的数量和功能分类,可分为单工作台加工中心、双工作台加工中心和多工作台加工中心。

(6) 按照加工精度分类。加工中心按照加工精度分类,可分为普通加工中心和高精度加工中心。普通加工中心分辨率为 1 μm,最大进给速度为 15～25 m/min,定位精度为 10 μm 左右;高精度加工中心分辨率为 0.1 μm,最大进给速度为 15～100 m/min,定位精度为 2 μm 左右。介于 2～10 μm 的定位精度,以 ±5 μm 较多,可称精密级。

5.1.2 加工中心自动换刀装置

为了进一步提高数控机床的加工效率,数控机床向着工件在一台机床一次装夹即可完成多道工序或全部工序加工的方向发展,出现了各种类型的加工中心机床,如车削中心、镗铣加工中心、钻削中心等。这类多工序加工的数控机床加工中心使用多种刀具,因此必须有自动换刀装置,以便选用不同刀具,完成不同工序的加工工艺。自动换刀装置应当具备换刀时间短、刀具重复定位精度高、足够的刀具储备量、占地面积小、安全可靠等特性。

自动换刀装置是加工中心区别于其他数控机床的特征结构。自动换刀装置具有根据工艺要求自动更换所需刀具的功能,即自动换刀(ATC)功能。各类数控机床的自动换刀装置的结构取决于机床的类型、工艺范围、使用刀具种类和数量。

1. 自动换刀装置的分类

加工中心自动换刀装置根据其组成结构可分为转塔式自动换刀装置、无机械手式自动换刀装置和有机械手式自动换刀装置。

转塔式自动换刀装置是数控机床中比较简单的换刀装置。转塔刀架上装有主轴头,转塔转动时更换主轴头以实现自动换刀。在转塔各个主轴头上,预先安装有各工序所需要的旋转刀具。这种自动换刀装置存储刀具的数量较少,适用于加工较简单的工件。其优点是结构简单、可靠性好、换刀时间短。但由于空间位置的限制,主轴部件的结构刚性较低;并且由于它安装于机床上,对机床的结构影响较大。它适用于工序较少,精度要求不太高的数控钻镗床等。

目前大量使用的是带有刀库的自动换刀装置,与转塔式换刀装置不同,由于有了刀库,加工中心只需要一个夹持刀具进行切削的主轴,当需要某一刀具进行切削加工时,将该刀具自动地从刀库交换到主轴上,切削完毕后又将用过的刀具自动地从主轴上放回刀库。由于换刀过程是在各个部件之间进行的,所以要求各参与换刀的部件的动作必须准确协调。这种换刀方式由于主轴不像转塔式换刀机构那样受限制,因此主轴刚度可以提高,还有利于提高加工精度和加工效率。由于有了单独存储刀具的刀库,刀具的存储容量增大,有利于加工复杂零件。而且刀库可离开加工区,消除了很多不必要的干扰。

2. 刀库

刀库是用来存储加工刀具及辅助工具的地方。由于多数加工中心的取送刀位置都是在刀库中的某一固定刀位,因此刀库还需要有使刀具运动及定位的机构来保证换刀的可靠。其动力可采用电动机或伺服电动机,如有需要,还要有减速机构。刀具的定位机构是用来保证要更换的每一把刀具和刀套都能准确地停在换刀位置上。其控制部分可以采用简易位置控制器或类似半闭环进给系统的伺服位置控制，也可以采用电气和机械相结合的定位方式，一般要求综合定位精度达到 0.1～0.5 mm 即可。

(1) 刀库的种类很多，按照刀库的结构形式分类可分为圆盘式刀库、链式刀库、箱格式刀库。

1) 圆盘式刀库，结构简单，应用较多，但由于刀具环形排列，空间利用率低，因此出现将刀具在盘中采用双环或多环排列，以增加空间利用率。但这样会使刀库的外径扩大，转动惯量也很大，选刀时间也较长。因此，圆盘刀库一般用于刀具容量较小的刀库。

2) 链式刀库，结构紧凑，刀库容量较大，链可以根据机床的布局配置成各种形状，也可将换刀位突出以利换刀。当链式刀库必须增加刀具容量时，只需要增加链条的长度，在一定范围内，无须变更线速度及惯量。一般刀具数量为 30～120 把时，都采用链式刀库。

3) 箱格式刀库，结构简单，有线型和箱型两种。线型的刀库一般用于无机械手换刀装置；箱型刀库一般容量比较大，往往用于单元式加工中心。

(2) 按设置部位不同可分为顶置式、侧置式、悬挂式和落地式等多种类型。

(3) 按交换刀具还是主轴箱分类，可分为普通刀库（简称刀库）和主轴箱刀库两种。

3. 刀具的选择方式

按数控装置的刀具选择指令，从刀库中将所需要的刀具转换到取刀位置，称为自动选刀。在刀库中选择刀具通常采用以下两种方法：

(1) 顺序选择刀具。刀具按预定工序的先后顺序插入刀库的刀座中，使用时按顺序旋转到取刀位置。用过的刀具放回原来的刀座内，也可以按加工顺序放入下一个刀座内。该法不需要刀具识别装置，驱动控制也较简单，工作可靠，但刀库中每一把刀具在不同的工序中不能重复使用。为了满足加工需要，只有增加刀具的数量和刀库的容量，这就降低了刀具和刀库的利用率。另外，装刀时必须十分谨慎，如果刀具不按顺序装在刀库中，将会产生严重的后果。

(2) 任意选择刀具。这种方法根据程序指令的要求任意选择所需要的刀具，刀具在刀库中不必按照工件的加工顺序排列，可以任意存放。每把刀具（或刀座）都编上代码，自动换刀时，刀库旋转，每把刀具（或刀座）都经过刀具识别装置接受识别。当某把刀具的代码与数控指令的代码相符合时，该把刀具被选中，刀库将刀具送到换刀位置，等待机械手来抓取。任意选择刀具法的优点是刀库中刀具的排列顺序与工件加工顺序无关，相同的刀具可重复使用。因此，刀具数量比顺序选择法的刀具可少一些，刀库也相应小一些。

由于计算机技术的发展，可以利用软件选刀，它代替了传统的编码环和识刀器。在这种选刀与换刀的方式中，刀库中的刀具能与主轴上的刀具任意地直接交换，即随机换刀。主轴上换来的新刀号及还回刀库中的刀具号，均在 PLC 内部相应的存储单元记忆。随机换刀控制方式需要在 PLC 内部设置一个模拟刀库的数据表，其长度和表内设置的数据与刀库的位置数和刀具号相对应。这种方法主要由软件完成选刀，从而消除了由于识刀装置的稳定性、可靠性所带来的选刀失误。

4. 刀库的容量

刀库的存储量一般在 8～64 把范围内，多的可达 100～200 把。

刀库的容量首先要考虑加工工艺的需要。例如，立式加工中心的主要工艺为钻、铣。统计了 15 000 种工件，按成组技术分析，各种加工所必需的刀具数的结果是：4 把铣刀可完成工件 95% 左右的铣削工艺，10 把孔加工刀具可完成 70% 的钻削工艺，因此，14 把刀的容量就可完成 70% 以上的工件钻铣工艺。如果从完成工件的全部加工所需的刀具数目统计，所得结果是 80% 的工件（中等尺寸，复杂程度一般）完成全部加工任务所需的刀具数在 40 种以下，所以一般的中小型立式加工中心配有 14～30 把刀具的刀库就能够满足 70%～95% 的工件加工需要。刀库容量多大，要根据生产的实际要求进行选择，并非越大越好。

5.1.3 多轴加工技术介绍

1. 多轴加工概念

数控加工技术作为现代机械制造技术的基础，使得机械制造过程发生了显著的变化。现代数控加工技术与传统加工技术相比，无论在加工工艺、加工过程控制，还是加工设备与工艺装备等诸多方面均有显著不同。通常，数控机床有 X、Y、Z 三个直线坐标轴，多轴指在一台机床上至少具备第四轴，多轴数控加工是指四轴以上的数控加工，其中具有代表性的是五轴数控加工。

多轴数控加工能同时控制 4 个以上坐标轴的联动，将数控铣、数控镗、数控钻等功能组合在一起，工件在一次装夹后，可以对加工面进行铣、镗、钻等多工序加工，有效地避免了由于多次安装造成的定位误差，能缩短生产周期，提高加工精度。随着模具制造技术的迅速发展，对加工中心的加工能力和加工效率提出了更高的要求，因此，多轴数控加工技术得到了空前的发展。

随着数控技术的发展，多轴数控加工中心正在得到越来越为广泛的应用。它们的最大优点就是使原本复杂零件的加工变得容易了许多，并且缩短了加工周期，提高了表面的加工质量。产品质量的提高对产品性能的要求也在提高，例如，汽车大灯模具的精加工，用双转台五轴联动机床加工，由于大灯模具的特殊光学效果要求，用于反光的众多小曲面对加工的精度和光洁度都有非常高的指标要求，特别是光洁度，几乎要求达到镜面效果。采用高速切削工艺装备及五轴联动机床用球铣刀切削出镜面的效果，就变得很容易，而过去的较为落后的加工工艺手段就几乎不可能实现。采用五轴联动机床加工模具可以很快地完成模具加工，交货快，更好地保证模具的加工质量，使模具加工变得更加容易，并且使模具修改变得容易。在传统的模具加工中，一般用立式加工中心来完成工件的铣削加工。随着模具制造技术的不断发展，立式加工中心本身的一些弱点表现得越来越明显。现代模具加工普遍使用球头铣刀来完成，球头铣刀在模具加工中带来的好处非常明显，但是如果用立式加工中心的话，其底面的线速度为零，这样底面的光洁度就很差，如果使用四、五轴联动机床加工技术加工模具，可以克服上述不足。

2. 多轴加工的类型

多轴数控加工中心具有高效率、高精度的特点，工件在一次装夹后能完成 5 个面的加工。如果配置五轴联动的高档数控系统，还可以对复杂的空间曲面进行高精度加工，非常适用于加工汽车零部件、飞机结构件等工件的成型模具。

根据回转轴形式，多轴数控加工中心可分为以下两种设置方式：

（1）工作台回转轴。这种设置方式的多轴数控加工机床的优点是主轴结构比较简单，主轴刚性非常好，制造成本比较低。但一般工作台不能设计太大，承重也较小，特别是当 A 轴回转角度 $\geqslant 90°$ 时，工件切削时会对工作台带来很大的承载力矩。

（2）立式主轴头回转。这种设置方式的多轴数控加工机床的优点是主轴加工非常灵活，工作台也可以设计得非常大。在使用球面铣刀加工曲面时，当刀具中心线垂直于加工面时，由于球面铣刀的顶点线速度为零，顶点切出的工件表面质量会很差，而采用主轴回转的设计，令主轴相对工件转过一个角度，使球面铣刀避开顶点切削，保证有一定的线速度，可提高表面加工质量，这是工作台回转式加工中心难以做到的。

3．多轴加工的特点

采用多轴数控加工，具有以下几个特点：

（1）减少基准转换，提高加工精度。多轴数控加工的工序集成化不仅提高了工艺的有效性，而且由于零件在整个加工过程中只需要一次装夹，加工精度更容易得到保证。

（2）减少工装夹具数量和占地面积。尽管多轴数控加工中心的单台设备价格较高，但由于过程链的缩短和设备数量的减少，工装夹具数量、车间占地面积和设备维护费用也随之减少。

（3）缩短生产过程链，简化生产管理。多轴数控机床的完整加工大大缩短了生产过程链，而且由于只将加工任务交给一个工作岗位，不仅使生产管理和计划调度简化，而且透明度明显提高。工件越复杂，它相对传统工序分散的生产方法的优势就越明显。同时，由于生产过程链的缩短，在制品数量必然减少，可以简化生产管理，从而降低了生产运作和管理的成本。

（4）缩短新产品研发周期。对于航空航天、汽车等领域的企业，有的新产品零件及成型模具形状很复杂，精度要求也很高，因此具备高柔性、高精度、高集成性和完整加工能力的多轴数控加工中心可以很好地解决新产品研发过程中复杂零件加工的精度和周期问题，大大缩短研发周期和提高新产品的成功率。

（5）不足。多轴加工技术有很多的优点，但是也有不足，一是多轴数控编程抽象、操作困难；经验丰富的编程与操作人员的缺乏，是多轴数控加工技术普及的大阻力。二是刀具半径补偿困难；在5轴联动 NC 程序中，刀具长度补偿功能仍然有效，而刀具半径补偿却失效了。三是成本高，购置机床需要大量投资；多轴数控加工机床和三轴数控加工机床之间的价格悬殊。

4．多轴加工发展趋势

伴随着"工业4.0"及"中国制造2025"大环境的明显优化，多轴加工从发展趋势上看，主要向以下几个方向发展：

（1）更高工艺范围。通过增加特殊功能模块，实现更多工序集成。例如，将齿轮加工、内外磨削加工、深孔加工、型腔加工、激光淬火、在线测量等功能集成到车铣中心上，真正做到所有复杂零件的完整加工。

（2）更高效率。通过配置双动力头、双主轴、双刀架等功能，实现多刀同时加工，提高加工效率。

（3）大型化。由于大型零件一般多是结构复杂、要求加工的部位和工序较多、安装定位也较费时费事的零件，而车铣复合加工的主要优点之一是减少零件在多工序和多工艺加工过程中的多次重新安装调整和夹紧时间，所以采用车铣中心进行复合加工比较有利。所以目前多轴加工中心正向大型化发展。例如沈阳机床的 HTM125 系列五轴车铣中心，回转直径达到 1 250 mm，加工长度可以达到 10 000 mm，非常适合大型船用柴油机曲轴的车铣加工。

（4）结构模块化和功能可快速重组。五轴车铣中心的功能可快速重组是其能快速响应市场需求，并能抢占市场的重要条件，而结构模块化是五轴车铣中心功能可快速重组的基础。一些技术先进的厂家（如德国 DMG、日本 MAZAK 公司等）的许多产品都已实现结构模块化设计，并正在向如何实现功能快速重组的方面努力。

多轴加工技术在军工、航空、航天、船舶以及一些民用工业领域中的应用具有相当的优势，尤其在航空航天领域一些形状复杂的异形零件的加工中更具优势，因此国外早已在航空航天领域大批采用此类设备代替传统的加工设备，而国内在这方面则比较落后，因此还需借鉴国外的先进经验，争取在多轴加工技术的应用领域改变落后的局面。

5.2　加工中心基本指令编程

每种数控系统，根据系统自身的特点和编程的需要，都规定了一定的程序结构及格式。对于不同的数控机床，因其配有不同的数控系统，所以也有不同的程序结构和格式。编程人员在编写数控程序前，应仔细阅读机床所带说明书，严格按照规定格式进行编程。下面将以 FANUC 系统为例，介绍程序的结构、组成及编程的格式。

1. 数控程序的结构

程序段是可作为一个单位来处理的、连续的字组，是数控加工程序中的一条语句。一个数控加工程序是由若干个程序段组成的。

一个完整的零件加工程序由程序编号、程序内容和程序结束段三部分组成。例如在 FANUC-OTC 系统中编写的加工程序：

```
%                                              开始符
O0001                                          程序编号
N1 G00 X50.0 Z2.0 S500 M03      ⎫
N2 G01 Z-40.0 F100              ⎪
N3 X80.0 Z-60.0                 ⎬  程序内容
N4 X95.0 Z-80.0                 ⎪
N5 G00 X200.0 Z100.0            ⎭
N6 M02                                         程序结束
%                                              结束符
```

(1) 程序编号。程序编号即程序的开始部分,为了区分存储器中不同的加工程序,每个程序都要有程序编号,程序编号由程序编号地址码和其后的 2～4 位数字组成。不同的数控系统,其程序编号地址码也不同。在 FANUC 系统中,一般采用英文字母 O 作为程序编号地址码,美国的 AB8400 数控系统采用英文字母 P 作为程序编号地址码,而德国 SIEMENS 系统则用符号％作为程序编号地址码。

(2) 程序内容。程序内容部分是整个程序的核心,它由许多程序段组成。每个程序段由一个或多个指令构成,它规定了数控机床要完成的所有加工动作。不同的数控系统,采用不同的程序段指令格式。

(3) 程序结束段。程序结束段是以程序结束指令 M02 或 M30 作为整个程序结束的符号,用来表示数控程序的结束。

2. 程序段格式

程序段格式是指一个程序段中字、字符和数据的书写规则。现代数控系统广泛采用的程序段格式为字地址格式。

字地址程序段格式由语句号字、数据字和程序段结束字组成。每个程序字前标有地址符用以识别地址。每个程序段由一组开头为英文字母后面为数字的信息单元"字"组成,其中的字母即为地址符。如 N03 G01 X50 Y60 ;程序段中的 G 为地址符,01 为数字,组成的 G01 为"字"。

字地址程序段格式为

N____ G____ X____ Y____ Z____ …F____ S____ T____ M____;

其中,在一个程序段中,组成程序段的要素如下所列。

刀具的移动目标:终点坐标值 X、Y、Z。

沿怎样的轨迹移动:准备功能字 G。

进给速度:进给功能字 F。

切削速度:主轴转速功能字 S。

使用刀具:刀具功能字 T。

机床辅助动作:辅助功能字 M。

符号";"为程序段结束符,写在每一程序段之后,表示程序段结束。不同的数控系统有不同的定义,如"NI""CR"";""*"等,FANUC 数控系统程序段结束符用";"表示。当采用手工方式输入加工程序时,结束符可不写,CNC 系统会自动在每行程序结束处加上程序结束符。

FANUC 数控系统常用地址符见表 5-1。

表 5-1 常用地址符(FANUC 数控系统)

功能	地址符	功能作用
程序号	O	程序编号、子程序号指定
程序段号	N	程序段顺序号

续表

功能	地址符	功能作用
准备功能	G	机床动作方式指令
坐标字	X、Y、Z	坐标轴的移动指令
	A、B、C、U、V、W	附加轴的运动指令
	I、J、K	圆心坐标地址
进给功能	F	进给速度指令
主轴功能	S	主轴转速指令
刀具功能	T	刀具编号指令
辅助功能	M	机床开/关指令
	B	回转分度指令
补偿功能	H、D	补偿号指令
暂停功能	P、X	暂停时间指令
圆弧功能	R	圆弧半径地址

一个程序段定义一个将由数控装置执行的指令行。程序段的格式定义了每个程序段中功能字的句法：

N___　　G___　　IP___　　F___　　M___　　S___　　T___
程序段号　准备功能字　地址字　进给功能字　辅助功能字　主轴功能字　刀具功能字

5.2.1 基本功能指令应用

1. 加工中心坐标系

加工中心坐标系是遵循右手直角坐标系原则的。具体各个坐标轴的判断方法与数控铣床各个坐标轴的判断方法一致，在这里不再阐述。

机床坐标系是机床固有的坐标系，机床坐标系的原点也称为机床原点或机床零点。在机床经过设计制造和调整后这个原点便被确定，它是固定的点。数控装置通电后通常要进行回参考点操作（回零），以建立机床坐标系。所谓回零，就是主轴直线坐标或旋转坐标（如回转工作台）回到正向的极限位置。

2. 准备功能指令应用（G）

准备功能G代码是建立坐标平面、坐标系偏置、刀具与工件相对运动轨迹（插补功能），以及刀具补偿等多种加工操作方式的指令。范围由G0（等效于G00）～G99。G代码指令的功能见表5-2。

表 5-2 FANUC 0i-MC 数控系统的指令功能表

代码	分组	意义	格式
G00	01	快速进给、定位	G00 X__ Y__ Z__
G01		直线插补	G01 X__ Y__ Z__
G02		圆弧插补 CW（顺时针）	XY 平面内的圆弧： G17 {G02/G03} X__ Y__ {R__ / I__ J__}
G03		圆弧插补 CCW（逆时针）	ZX 平面的圆弧： G18 {G02/G03} X__ Z__ {R__ / I__ K__} YZ 平面的圆弧： G19 {G02/G03} Y__ Z__ {R__ / J__ K__}
G04	00	暂停	G04 [P|X] 单位为秒，增量状态单位为毫秒，无参数状态表示停止
G15	17	取消极坐标指令	G15 取消极坐标方式
G16		极坐标指令	Gxx Gyy G16 开始极坐标指令 G00 IP__ 极坐标指令 Gxx：极坐标指令的平面选择（G17、G18、G19） Gyy：G90 指定工件坐标系的零点为极坐标的原点， G91 指定当前位置作为极坐标的原点 IP：指定极坐标系选择平面的轴地址及其值 第 1 轴：极坐标半径 第 2 轴：极角
G17	02	XY 平面	G17 选择 XY 平面； G18 选择 XZ 平面； G19 选择 YZ 平面
G18		ZX 平面	
G19		YZ 平面	
G20	06	英制输入	
G21		米制输入	
G27	00	返回参考点监测	G27 X__ Y__ Z__
G28		返回参考点	G28 X__ Y__ Z__
G29		由参考点返回	G29 X__ Y__ Z__
G40	07	刀具半径补偿取消	G40
G41		左半径补偿	{G41 / G42} D××
G42		右半径补偿	
G43	08	刀具长度正补偿	{G41 / G42} H××
G44		刀具长度负补偿	
G49		刀具长度补偿取消	G49

续表

代码	分组	意义	格式
G50	11	取消缩放	G50 缩放取消
G51	11	比例缩放	G51 X__ Y__ Z__ P__：缩放开始 X__ Y__ Z__：比例缩放中心坐标的绝对值指令 P__：缩放比例 G51 X__ Y__ Z__ I__ J__ K__：缩放开始 X__ Y__ Z__：比例缩放中心坐标值的绝对值指令 I__ J__ K__：X、Y、Z各轴对应的缩放比例
G52	00	设定局部坐标系	G52 IP__：设定局部坐标系 G52 IP0：取消局部坐标系 IP：局部坐标系原点
G53		机械坐标系选择	G53 X__ Y__ Z__
G54~G59	14	选择第1~6工件坐标系	
G68	16	坐标系旋转	(G17/G18/G19) G68 a__ b__ R__：坐标系开始旋转 G17/G18/G19：平面选择，在其上包含旋转的形状 a__ b__：与指令坐标平面相应的X、Y、Z中的两个轴的绝对指令，在G68后面指定旋转中心 R__：角度位移，正值表示逆时针旋转。根据指令的G代码（G90或G91）确定绝对值或增量值
G69		取消坐标轴旋转	G69：坐标轴旋转取消指令
G73	09	深孔钻削固定循环	G73 X__ Y__ Z__ R__ Q__ F__
G74	09	左螺纹攻螺纹固定循环	G74 X__ Y__ Z__ R__ P__ F__
G76		精镗固定循环	G76 X__ Y__ Z__ R__ Q__ F__
G90	03	绝对方式指定	
G91		相对方式指定	
G92	00	工件坐标系的变更	G92 X__ Y__ Z__
G98	10	返回固定循环初始点	
G99		返回固定循环R点	
G80	09	固定循环取消	
G81		钻削固定循环、钻中心孔	G81 X__ Y__ Z__ R__ F__
G82		钻削固定循环、锪孔	G82 X__ Y__ Z__ R__ P__ F__
G83		深孔钻削固定循环	G83 X__ Y__ Z__ R__ Q__ F__
G84		攻螺纹固定循环	G84 X__ Y__ Z__ R__ F__
G85		镗削固定循环	G85 X__ Y__ Z__ R__ F__
G86		退刀型镗削固定循环	G86 X__ Y__ Z__ R__ P__ F__
G88		镗削固定循环	G88 X__ Y__ Z__ R__ P__ F__
G89		镗削固定循环	G89 X__ Y__ Z__ R__ P__ F__

(1) 单位设定指令（G20、G21、G22）。G20 是英制输入制式；G21 是公制输入制式；G22 是脉冲当量输入制式。3 种制式下线性轴和旋转轴的尺寸单位见表 5-3。

表 5-3　尺寸输入制式及单位

指令	线性轴	旋转轴
G20（英制）	英寸	度
G21（公制）	毫米	度
G22（脉冲当量）	移动轴脉冲当量	旋转轴脉冲当量

(2) 绝对值编程 G90 与相对值编程 G91。G90 是绝对值编程，即每个编程坐标轴上的编程值是相对于程序原点的；G91 是相对值编程，即每个编程坐标轴上的编程值是相对于前一位置而言的，该值等于沿轴移动的距离。G90 和 G91 可以用于同一个程序段中，但要注意其顺序所造成的差异。

(3) 平面设定指令（G17、G18、G19）。G17 选择 *XY* 平面；G18 选择 *ZX* 平面；G19 选择 *YZ* 平面。一般系统默认为 G17。该组指令用于选择进行圆弧插补和刀具半径补偿的平面。

需要注意的是，移动指令与平面选择无关，例如，执行指令"G17 G01 Z10.0；"时，Z 轴照样会移动。

(4) 坐标系设定指令。

1）工件坐标系建立指令 G92 与 G54～G59 指令。

FANUC 数控系统，加工中心编程时工件坐标系建立指令 G92 与 G54～G59 指令的应用方法和西门子数控系统的完全相同，这里不再阐述。

2）局部坐标系设定指令 G52。指令格式：

G52 X＿＿＿ Y＿＿＿ Z＿＿＿ A＿＿＿；

其中，X、Y、Z、A 是局部坐标系原点在当前工件坐标系中的坐标值。

G52 指令能在所有的工件坐标系（G92、G54～G59）内形成子坐标系，即局部坐标系。含有 G52 指令的程序段中，绝对值编程方式的指令值就是在该局部坐标系中的坐标值。设定局部坐标系后，工件坐标系和机床坐标系保持不变。G52 指令为非模态指令。在缩放及旋转功能下不能使用 G52 指令，但在 G52 下能进行缩放及坐标系旋转。

3）直接机床坐标系编程指令 G53。指令格式：

G53 X＿＿＿ Y＿＿＿ Z＿＿＿；

G53 是机床坐标系编程，该指令使刀具快速定位到机床坐标系中的指定位置上。在含有 G53 的程序段中，应采用绝对值编程。且 X、Y、Z 均为负值。

(5) 控制刀具运动指令。

1）快速定位指令 G00。指令格式：

G00 X＿＿＿ Y＿＿＿ Z＿＿＿ A＿＿＿；

其中 X、Y、Z、A 是快速定位终点，在 G90 时为终点在工件坐标系中的坐标，在 G91 时为终点相对于起点的位移量。

2）直线插补指令 G01。G01 是直线插补指令。它指定刀具从当前位置，以两轴或三轴联动方式向给定目标按 F 指定进给速度运动，加工出任意斜率的平面（或空间）直线。指令格式：

G01 X___Y___Z___F___;

其中 X、Y、Z 是线性进给的终点，F 是合成进给速度。

G01 是模态指令，可由 G00、G02、G03 或 G33 功能注销。

3）圆弧插补指令（G02、G03）。G02、G03 按指定进给速度的圆弧切削，G02 顺时针圆弧插补，G03 逆时针圆弧插补。

FANUC 数控系统圆弧指令格式为

$$G17 \begin{Bmatrix} G02 \\ G03 \end{Bmatrix} X\_\_ Y\_\_ \begin{Bmatrix} R\_\_ \\ I\_\_ \ J\_\_ \end{Bmatrix};$$

$$G18 \begin{Bmatrix} G02 \\ G03 \end{Bmatrix} X\_\_ Z\_\_ \begin{Bmatrix} R\_\_ \\ I\_\_ \ K\_\_ \end{Bmatrix};$$

$$G19 \begin{Bmatrix} G02 \\ G03 \end{Bmatrix} Y\_\_ Z\_\_ \begin{Bmatrix} R\_\_ \\ J\_\_ \ K\_\_ \end{Bmatrix};$$

其中，X、Y、Z——X 轴、Y 轴、Z 轴的终点坐标；

I、J、K——圆心相对于圆弧起点在 X、Y、Z 方向的增量值。

终点坐标可以用绝对坐标 G90 或增量坐标 G91 表示，但是 I、J、K 的值总是以增量方式表示。

【例 5-1】使用 G02 对图 5-7 所示的劣弧 a 和优弧 b 进行编程。

分析：在图中，a 弧与 b 弧的起点相同、终点相同、方向相同、半径相同，仅仅旋转角度 $a < 180°$，$b > 180°$。所以，a 弧半径以 R30 表示，b 弧半径以 R-30 表示。程序编制见表 5-4。

表 5-4 劣弧 a 和优弧 b 的编程

类别	劣弧（a 弧）	优弧（b 弧）
增量编程	G91 G02 X30.0 Y30.0 R30.0 F300	G91 G02 X30.0 Y30.0 R-30.0 F300
	G91 G02 X30.0 Y30.0 R30.0 F300	G91 G02 X30.0 Y30.0 I0.0 J30.0 F300
绝对编程	G90 G02 X0.0 Y30.0 R30.0 F300	G90 G02 X0.0 Y30.0 R-30.0 F300
	G90 G02 X0.0 Y30.0 I30.0 J0.0 F300	G90 G02 X0.0 Y30.0 I0.0 J30.0 F300

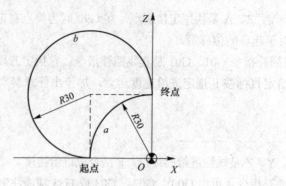

图 5-7 优弧与劣弧的编程

【例 5-2】使用 G02/G03 对图 5-8 所示的整圆编程。整圆的程序编制见表 5-5。

表 5-5 整圆的程序

类别	从 A 点顺时针一周	从 B 点逆时针一周
增量编程	G91 G02 X0.0 Y0.0 I30.0 J0.0 F300	G91 G03 X0.0 Y0.0 I0.0 J30.0 F300
绝对编程	G90 G02 X30.0 Y0.0 I30.0 J0.0 F300	G90 G03 X0.0 Y-30.0 I0.0 J30.0 F300

注意：

① 所谓顺时针或逆时针，是从垂直于圆弧所在平面的坐标轴的正方向看到的回转方向；

② 整圆编程时不可以使用 R 方式，只能用 I、J、K 方式；

③ 同时编入 R 与 I、J、K 时，只有 R 有效。

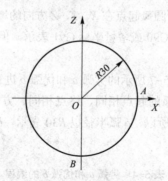

图 5-8 整圆编程

4) 螺旋线进给指令 G02/G03。FANUC 数控系统指令格式为

$$G17 \begin{Bmatrix} G02 \\ G03 \end{Bmatrix} X\_\_ Y\_\_ \begin{Bmatrix} I\_\_ \ J\_\_ \\ R\_\_ \end{Bmatrix} Z\_\_ F\_\_\_;$$

$$G18 \begin{Bmatrix} G02 \\ G03 \end{Bmatrix} X\_\_ Z\_\_ \begin{Bmatrix} I\_\_ \ K\_\_ \\ R\_\_ \end{Bmatrix} Y\_\_ F\_\_\_;$$

$$G18 \begin{Bmatrix} G02 \\ G03 \end{Bmatrix} X\_\_ Z\_\_ \begin{Bmatrix} J\_\_ \ K\_\_ \\ R\_\_ \end{Bmatrix} X\_\_ F\_\_\_;$$

其中，X、Y、Z是由G17、G18、G19平面选定的两个坐标为螺旋线投影圆弧的终点，意义同圆弧进给，第3坐标是与选定平面相垂直轴的终点。其余参数的意义同圆弧进给。该指令对另一个不在圆弧平面上的坐标轴施加运动指令，对于任何小于360°的圆弧，可附加任一数值的单轴指令。图5-9（a）所示的螺旋线编程的程序如图5-9（b）所示。

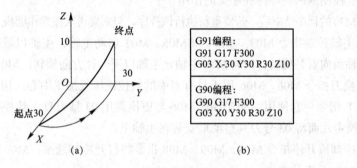

图5-9 螺旋线进给指令

3. 辅助功能指令应用（M）

辅助功能M指令，由地址字M后跟一至两位数字组成，如M00～M99。主要用来设定数控机床电控装置单纯的开/关动作，以及控制加工程序的执行走向。各M指令功能见表5-6。

表5-6 M指令功能表

M指令	功能	M指令	功能	
M00	程序停止	M30	程序结束，返回开头	
M01	程序选择性停止	M60	交换工作台	
M02	程序结束	M70	镜像取消	
M03	主轴正转	M71	Z轴镜像	
M04	主轴反转	M72	Y轴镜像	
M05	主轴停止	M81	刀具松开	
M06	刀具交换	M82	刀库出	
M08	切削液开启	M83	刀库进	M81～M86 只用于MDI调试
M09	切削液关闭	M84	刀具夹紧	
M10	Z轴锁紧	M85	工作台升起	
M11	Z轴松开	M86	工作台落下	
M12	开整体防护罩门	M98	调用子程序	
M13	关整体防护罩门	M99	子程序结束	
M19	主轴定向			

（1）程序停止指令M00。当CNC执行到M00指令时，将暂停执行当前程序，以方便操作者进行刀具更换、工件的尺寸测量、工件调头或手动变速等操作。暂停时机床的主轴进给及冷却液停止，而全部现存的模态信息保持不变。若欲继续执行后续程序重新按操作面板上的"启动"键即可。

数控编程技术

（2）程序选择停止指令 M01。M01 基本功能和操作与 M00 相同，需要按下机床操作面板上的"选择停止"键才有效。

（3）程序结束指令 M02。M02 用在主程序的最后一个程序段中，表示程序结束。当 CNC 执行到 M02 指令时机床的主轴、进给及冷却液全部停止。使用 M02 的程序结束后，若要重新执行该程序就必须重新调用该程序。

（4）程序结束并返回到零件程序头指令 M30。M30 和 M02 功能基本相同，只是 M30 指令还兼有控制返回到零件程序头的作用。

使用 M30 的程序结束后，若要重新执行该程序，只需要再次按操作面板上的"启动"键即可。

（5）主轴控制指令 M03、M04 和 M05。M03 启动主轴，主轴以顺时针方向（从 Z 轴正向朝 Z 轴负向看）旋转；M04 启动主轴，主轴以逆时针方向旋转；M05 主轴停止旋转。

（6）换刀指令 M06。M06 用于具有刀库的数控铣床或加工中心，用以换刀。通常与刀具功能字 T 指令一起使用。如 T0303 M06 是更换调用 03 号刀具，数控系统收到指令后，将原刀具换走，而将 03 号刀具自动地安装在主轴上。

（7）冷却液开停指令 M08、M09。M08 指令将打开冷却液泵；M09 指令将关闭冷却液泵。其中 M09 为默认功能。

（8）子程序调用及返回指令 M98、M99。M98 用来调用子程序，用在主程序中；M99 表示子程序结束，用在子程序最后，执行 M99 指令使程序控制指针返回到主程序中调用子程序的下一句地址。

在子程序开头必须规定子程序号，以作为调用入口地址。在子程序的结尾用 M99，以控制执行完成该子程序后返回主程序。

在这里可以带参数调用子程序，类似固定循环程序方式。有关内容可参见"固定循环宏程序"。另外，G65 指令的功能与 M98 相同。

4. 进给速度 F、主轴转速 S、刀具选择 T 功能指令应用

（1）F 功能。F 功能用于控制刀具移动时的进给速度，F 后面所接数值代表每分钟刀具进给量（mm/min），它为模态代码。

（2）S 功能。S 功能用于指令主轴转速（m/min）。中档以上的数控机床，其主轴驱动已采用主轴控制单元，它们的转速可以直接指令，即以地址 S 后面接 1～4 位数字组成来直接表示每分钟主轴转速。

（3）T 功能。数控铣床因无 ATC，必须用人工换刀，所以 T 功能只用于加工中心。自动刀具交换的指令为 M06，在 M06 后用 T 功能来选择所需的刀具。M06 中有 M05 功能，因此，用了 M06 后必须设置主轴转速与转向。刀具号由 T 后的两位数字（BCD 代码）来指定。

编程时可以使用以下两种方法：

1) N×××× G28 Z＿＿＿ T××

……

　N×××× M06

……

执行该程序段后，T××号刀由刀库中转至换刀刀位，作换刀准备，此时执行 T 指令的辅助时间与机动时间重合。本次所交换的为前段换刀指令执行后转至换刀刀位的刀具。

2）N×××× G28 Z＿＿＿ T×× M06

……

返回参考点时，刀库先将 T×× 号刀具转出，然后进行刀具交换，换到主轴上的刀具为 T××。若回参考点的时间小于 T 功能执行时间，则要等到刀库中相应的刀具转到换刀刀位以后才能执行 M06，因此，这种方法占用机动时间较长。

5.2.2 刀具补偿功能指令

1. 刀具半径补偿指令（G40、G41、G42）

FANUC 数控系统，加工中心刀具半径补偿功能使用的方法及应用和西门子数控系统的完全相同，这里不再阐述。

FANUC 数控系统编程时，使用非零的 D## 代码（D01～D32）选择正确的刀具偏置寄存器号，其偏置量（即补偿值）的大小通过 CRT/MDI 操作面板在对应的偏置寄存器号中设定，可设定值范围为 0～±999.999 mm。

FANUC 数控系统建立刀具半径补偿指令格式为

$$\begin{Bmatrix} G17 \\ G18 \\ G19 \end{Bmatrix} \begin{Bmatrix} G00 \\ G01 \end{Bmatrix} \begin{Bmatrix} G41 \\ G42 \end{Bmatrix} \alpha\_\_\_\_ \beta\_\_\_\_ D\_\_\_\_ ;$$

取消刀具半径补偿指令格式为

$$\begin{Bmatrix} G00 \\ G01 \end{Bmatrix} G40 \ \alpha\_\_\_\_ \ \beta\_\_\_\_ ;$$

其中，α、β 为 Z、Y、Z 三轴中配合平面选择（G17、G18、G19）的任意两轴；D 为刀具半径补偿号码，以 1～2 位数字表示。如 D12，表示刀具半径补偿号码为 12 号，执行 G41 或 G42 指令时，控制器会到 D 所指定的刀具补偿号内撷取刀具半径补偿值，以作为半径补偿的依据。

2. 刀具长度补偿指令（G43、G44、G49）

为了简化零件的数控加工编程，使数控程序与刀具形状和刀具尺寸尽量无关。现代数控系统除具有刀具半径补偿功能外，还具有刀具长度补偿功能。刀具长度补偿使刀具垂直于进给平面（如 XY 平面，由 G17 指定）偏移一个刀具长度修正值，因此在数控编程过程中，一般无须考虑刀具长度。

刀具长度补偿要视情况而定。一般来说，刀具长度补偿对于二坐标和三坐标联动数控加工是有效的，但对于刀具摆动的四、五坐标联动数控加工，刀具长度补偿则无效，在进行刀位计算时可以不考虑刀具长度，但后置处理计算过程中必须考虑刀具长度。

有的数控系统补偿的是刀具的实际长度与标准刀具的差，如图 5-10（a）所示。有的数控系统补偿的是刀具相对于相关点的长度,如图 5-10(b)、(c)所示,其中图 5-10(c) 所示为球形刀的情况。

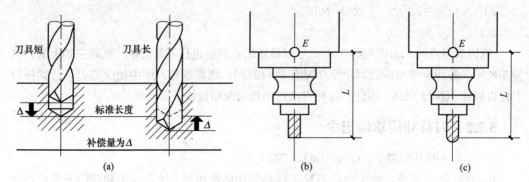

图 5-10 刀具长度补偿

FANUC 数控系统建立刀具长度补偿指令格式为

$$\begin{Bmatrix} G43 \\ G44 \end{Bmatrix} G00/G01 \ Z\_\_\_ \ H\_\_\_; 或 \begin{Bmatrix} G43 \\ G44 \end{Bmatrix} G00/G01 \ H\_\_\_\_;$$

根据上述指令,将 Z 轴移动指令的终点位置加上(G43)或减去(G44)补偿存储器设定的补偿值。由于将编程时设定的刀具长度的值和实际加工所使用的刀具长度值的差设定在补偿存储器中,无须变更程序便可以对刀具长度值的差进行补偿,这里的补偿又称为偏移,即进行补偿,以下皆同。

由 G43、G44 指令指明补偿方向,由 H 代码指定设定在补偿存储器中的补偿量。

(1)补偿方向。G43 表示正方向一侧补偿;G44 表示负方向一侧补偿。无论是绝对值指令还是增量值指令,在 G43 时程序中 Z 轴移动指令终点的坐标(设定在补偿存储器中)中加上用 H 代码指定的补偿量,其最终计算结果的坐标值为终点。Z 轴的移动被省略时,可认为是下述的指令:补偿值的符号为"+"时,G43 是在正方向移动一个补偿量,G44 是在负方向移动一个补偿量。

补偿值的符号为负时,分别变为反方向。G43、G44 为模态 G 代码,直到同一组的其他 G 代码出现之前均有效。

(2)指定补偿量。由 H 代码指定补偿号。程序中 Z 轴的指令值减去或加上与指定补偿号相对应(设定在补偿量存储器中)的补偿量。

补偿量与补偿号相对应,由 CRT/MDI 操作面板预先输入在存储器中。与补偿号 00 即 H00 相对应的补偿量,始终意味着零。不能设定与 H00 相对应的补偿量。

(3)取消刀具长度补偿。指令 G49 或 H00 取消补偿。一旦设定了 G49 或 H00,立刻取消补偿。变更补偿号及补偿量时,仅变更新的补偿量,并不将新的补偿量加到旧的补偿量上。

【例 5-3】加工如图 5-11 所示的孔,按理想刀具进行对刀编程,现测得实际刀具比理想刀具短 8 mm。若设定 H01=-8 mm,H02=8 mm,孔加工参考程序如下。

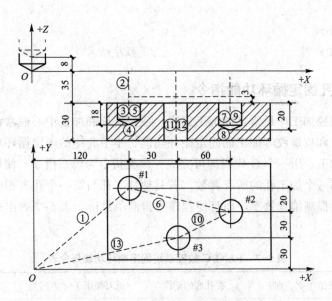

图 5-11 孔加工刀具长度补偿举例

```
O0001                                    //程序号
N0005 G54 G90 G00 X300 Y300 Z300 M03 S600;
N0010 G91 G00 X120.0 Y80.0;              //增量编程方式,快速定位到#1孔的正
                                           上方
N0020 G43 Z-32.0 H01 S600 M03;           //理想刀具下移值Z=-32 mm,实际刀具
                                           下移值Z=-32+(-8)=-40 mm,下移
                                           到离工件上表面3 mm的上方主轴正转,
                                           转速600 r/min
或(N0020 G44 Z-32.0 H02)
N0030 G01 Z-21.0 F100;                   //加工#1孔,进给速度100 mm/min
N0040 G04 P2000;                         //孔底暂停2 s
N0050 G00 Z21.0;                         //快速提刀至安全高度
N0060 X90.0 Y-20.0;                      //定位到#2孔
N0070 G01 Z-23.0 F100;                   //加工#2孔
N0080 G04 P2000;                         //孔底暂停2 s
N0090 G00 Z23.0;                         //快速上移23 mm,提刀返回至安全平面
N0100 X-60.0 Y-30.0;                     //定位到#3孔
N0110 G01 Z-41.0 F100;                   //加工#3孔
N0120 G49 G00 Z73.0;                     //刀具沿Z向退回至初始平面,取消刀具
                                           长度补偿
N0130 X-150.0 Y-30.0;                    //刀具返回初始位置
```

```
N0140 M05;
N0150 M30;                        // 程序结束
```

5.2.3 钻孔固定循环功能指令

孔加工是数控加工中最常见的加工工序,数控铣床和加工中心通常都具有能完成钻孔、镗孔、铰孔和攻螺纹等加工的固定循环功能。本节介绍的固定循环功能指令,即是针对各种孔的加工,用一个 G 代码即可完成。该类指令为模态指令,使用它编程加工孔时,只需给出第一个加工孔的所有参数,若其他加工孔与第一个孔有相同参数则均可省略,这样可极大提高编程效率,而且使程序变得简单易读。表 5-7 列出这些指令的基本含义。

表 5-7 FANUC 数控系统固定循环功能指令表

G 代码	钻孔操作（-Z 方向）	在孔底的动作	退刀操作（+Z 方向）	用途
G73	间歇进给	—	快速移动	高速深孔钻循环
G74	切削进给	停刀—主轴正转	切削进给	左旋攻丝循环
G76	切削进给	主轴定向停止	快速移动	精镗孔循环
G80	—	—	—	固定循环取消
G81	切削进给	—	快速移动	钻孔循环
G82	切削进给	暂停	快速移动	沉孔钻孔循环
G83	间歇进给	—	快速移动	深孔钻循环
G84	切削进给	停刀—主轴反转	切削进给	攻右螺纹循环
G85	切削进给	—	切削进给	铰孔循环
G86	切削进给	主轴停止	快速移动	镗孔循环
G87	切削进给	主轴停止	快速移动	背镗孔循环
G88	切削进给	暂停—主轴停止	手动操作	镗孔循环
G89	切削进给	暂停	切削进给	精镗阶梯孔循环

1. 固定循环的基本动作

如图 5-12 所示,孔加工固定循环一般由下述六个动作组成(图中用虚线表示的是快速进给,用实线表示的是切削进给):

动作 1——X 轴和 Y 轴定位:使刀具快速定位到孔加工的位置。

动作 2——快进到 R 点:刀具自初始点快速进给到 R 点。

动作 3——孔加工:以切削进给的方式执行孔加工的动作。

动作 4——孔底动作:包括暂停、主轴准停、刀具移位等动作。

动作 5——返回到 R 点：继续加工其他孔且可以安全移动刀具时选择返回 R 点。

动作 6——返回到起始点：孔加工完成后一般应选择返回起始点。

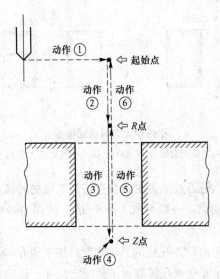

图 5-12　固定循环动作

说明：

（1）固定循环指令中地址 R 与地址 Z 的数据指定与 G90 或 G91 的方式选择有关。选择 G90 方式时 R 与 Z 一律取其终点坐标值；选择 G91 方式时则 R 是指自起始点到 R 点间的距离，Z 是指自 R 点到孔底平面上 Z 点的距离，如图 5-13 所示。

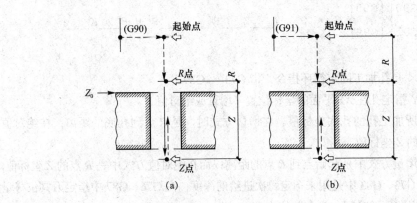

图 5-13　R 点与 Z 点指令

（a）绝对值方式；（b）增量方式

（2）起始点是为安全下刀而规定的点。该点到零件表面的距离可以任意设定在一个安全的高度上。当使用同一把刀具加工若干孔时，只有孔间存在障碍需要跳跃或全部孔加工完毕时，才使用 G98 功能使刀具返回到起始点，如图 5-14（a）所示。

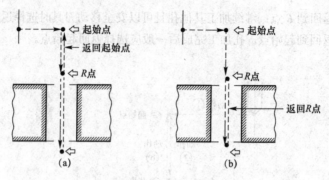

图 5-14 刀具返回指令

(a) 返回起始点（G98）；(b) 返回 R 点（G99）

（3）R 点又称参考点，是刀具下刀时自快进转为工进的转换起点。与工件表面的距离主要考虑工件表面尺寸的变化，一般可取 2～5 mm。使用 G99 时，刀具将返回到该点，如图 5-14（b）所示。

（4）加工盲孔时孔底平面就是孔底的 Z 轴高度；加工通孔时一般刀具还要伸出工件底平面一段距离，这主要是保证全部孔深都加工到规定尺寸。钻削加工时还应考虑钻头钻尖对孔深的影响。

（5）孔加工循环与平面选择指令（G17、G18 或 G19）无关，即无论选择了哪个平面，孔加工都是在 XY 平面上定位并在 Z 轴方向上加工孔。

2. 固定循环指令格式

孔加工固定循环指令格式为

$$\begin{Bmatrix} G90 \\ G91 \end{Bmatrix} \begin{Bmatrix} G98 \\ G99 \end{Bmatrix} G\times\times\ X\_\_\_Y\_\_\_Z\_\_\_R\_\_\_Q\_\_\_P\_\_\_F\_\_\_K\_\_\_;$$

说明：

（1）G×× 是孔加工固定循环指令，指 G73～G89。

（2）X、Y 指定孔在 XY 平面的坐标位置（增量或绝对值）。

（3）Z 指所加工孔的孔底坐标值。在增量方式时，是 R 点到孔底的距离；在绝对值方式时，是孔底的 Z 坐标值。

（4）R 在增量方式中是起始点到 R 点的距离；而在绝对值方式中是 R 点的 Z 坐标值。

（5）Q 在 G73、G83 中是用来指定每次进给的深度；在 G76、G87 中指定刀具位移量。

（6）P 指定暂停的时间，最小单位为 1 ms。

（7）F 为切削进给的进给量。

（8）K 指定固定循环的重复次数。只循环一次时 K 可不指定。

（9）G73～G89 是模态指令。一旦指定，一直有效，直到出现其他孔加工固定循环指令，或固定循环取消指令（G80），或 G00、G01、G02、G03 等插补指令才失效。因此，多孔加工时该指令只需指定一次。以后的程序段只给孔的位置即可。

（10）固定循环中的参数（Z、R、Q、P、F）是模态的，当变更固定循环方式时，可用的参数可以继续使用,不需要重设。但中间如果隔有 G80 或 G01、G02、G03 指令,不受固定循环的影响。

(11) 在使用固定循环编程时一定要在前面程序段中指定 M03(或 M04),使主轴启动。

(12) 若在固定循环指令程序段中同时指定一后指令 M 代码(如 M05、M09),则该 M 代码并不是在循环指令执行完成后才被执行,而是执行完循环指令的第一个动作(X、Y 轴向定位)后,即被执行。因此,固定循环指令不能和后指令 M 代码同时出现在同一程序段。

(13) 当用 G80 指令取消孔加工固定循环后,那些在固定循环之前的插补模式(如 G00、G01、G02、G03)恢复,M05 指令也自动生效(G80 指令可使主轴停转)。

(14) 在固定循环中,刀具半径尺寸补偿(G41、G42)无效,刀具长度补偿(G43、G44)有效。

3. 固定循环指令介绍

(1) 钻孔循环指令(G81)。指令格式:

G81 X___ Y___ Z___ R___ F___;

说明:孔加工动作如图 5-15 所示。本指令属于一般孔钻削加工固定循环指令。

(2) 沉孔钻孔循环指令(G82)。指令格式:

G82 X___ Y___ Z___ R___ P___ F___;

说明:与 G81 动作轨迹一样,仅在孔底增加了"暂停"时间,因而可以得到准确的孔深尺寸,表面更光滑,适用于锪孔或镗阶梯孔。

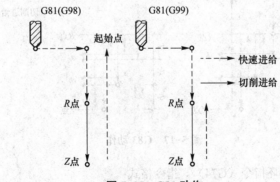

图 5-15　G81 动作

(3) 高速深孔钻循环指令(G73)。指令格式:

G73 X___ Y___ Z___ R___ Q___ F___;

说明:孔加工动作如图 5-16 所示。分多次工作进给,每次进给的深度由 Q 指定(一般 2～3 mm),且每次工作进给后都快速退回一段距离 d,d 值由参数设定(通常为 0.1 mm)。这种加工方法通过 Z 轴的间断进给可以比较容易地实现断屑与排屑。

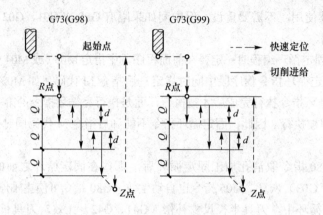

图 5-16 G73 动作

（4）深孔啄钻循环指令（G83）。指令格式：

G83 X___ Y___ Z___ R___ Q___ F___;

说明：孔加工动作如图 5-17 所示，本指令适用于加工较深的孔，与 G73 不同的是每次刀具间歇进给后退至 R 点，可将切屑带出孔外，以免切屑将钻槽塞满而增加钻削阻力及切削液无法到达切削区。当重复进给时，刀具快速下降，到规定的距离 d 时转为切削进给，q 为每次进给的深度。

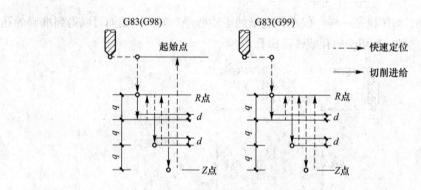

图 5-17 G83 动作

（5）攻左旋螺纹循环指令（G74）。指令格式：

G74 X___ Y___ Z___ R___ F___;

说明：加工动作如图 5-18 所示。图中 CW 表示主轴正转，CCW 表示主轴反转。此指令用于攻左旋螺纹，故需要先使主轴反转，再执行 G74 指令，刀具先快速定位至 X、Y 所指定的坐标位置，再快速定位到 R 点，接着以 F 所指定的进给速度攻螺纹至 Z 所指定的坐标位置后，主轴转换为正转且同时向 Z 轴正方向退回至 R 点，退至 R 点后主轴恢复原来的反转。

攻螺纹的进给速度为

$$v_F\,(\text{mm/min}) = 螺纹导程\,p\,(\text{mm}) \times 主轴转速\,n\,(\text{r/min})$$

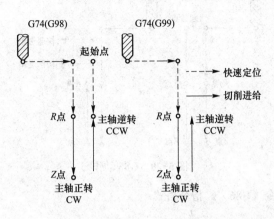

图 5-18 G74 动作

（6）攻右旋螺纹循环指令（G84）。指令格式：

G84 X___ Y___ Z___ R___ F___;

说明：与 G74 类似，但主轴旋转方向相反，用于攻右旋螺纹，其循环动作如图 5-19 所示。在 G74、G84 攻螺纹循环指令执行过程中，操作面板上的进给率调整旋钮无效，另外，即使按下进给暂停键，循环在回复动作结束之前也不会停止。

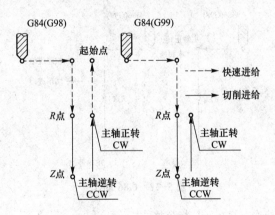

图 5-19 G84 动作

（7）铰孔循环指令（G85）。指令格式：

G85 X___ Y___ Z___ R___ F___;

说明：孔加工动作与 G81 类似，但返回行程中，从 $Z \rightarrow R$ 段为切削进给，以保证孔壁光滑，其循环动作如图 5-20 所示。此指令适宜铰孔。

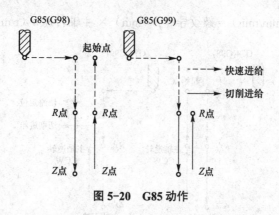

图 5-20　G85 动作

（8）镗孔循环指令（G86）。指令格式：

G86 X___ Y___ Z___ R___ F___;

说明：指令的格式与 G81 完全类似，但进给到孔底后，主轴停止，返回到 R 点（G99）或起始点（G98）后主轴再重新启动，其循环动作如图 5-21 所示。采用这种方式加工，如果连续加工的孔间距较小，则可能出现刀具已经定位到下一个孔加工的位置而主轴尚未到达规定的转速的情况，为此可以在各孔动作之间加入暂停指令 G04，以使主轴获得规定的转速。使用固定循环指令 G74 与 G84 时也有类似的情况，同样应注意避免。本指令属于一般孔的镗削加工固定循环。

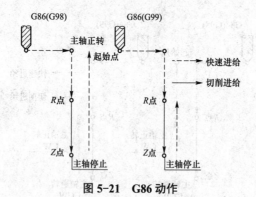

图 5-21　G86 动作

（9）精镗孔循环指令（G76）。指令格式：

G76 X___ Y___ Z___ R___ Q___ P___ F___;

说明：孔加工动作如图 5-22 所示。程序中 P 表示在孔底有暂停，OSS 表示主轴准停，Q 表示刀具移动量。采用这种方式镗孔可以保证提刀时不至于划伤内孔表面。

执行 G76 指令时，镗刀先快速定位至 X、Y 坐标点，再快速定位到 R 点，接着以 F 指定的进给速度镗孔至 Z 指定的深度后，主轴定向停止，使刀尖指向一固定的方向后，镗刀中心偏移使刀尖离开加工孔面（图 5-23），这样，镗刀以快速定位退出孔外时，才不至于刮伤孔面。当镗刀退回到 R 点或起始点时，刀具中心即回复原来位置，且主轴恢复转动。

· 206 ·

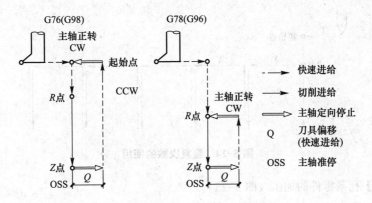

图 5-22　G76 动作

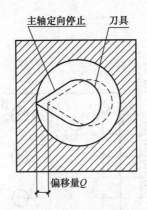

图 5-23　主轴定向停止与偏移

（10）取消固定循环指令（G80）。指令格式：

G80；

当固定循环指令不再使用时，应用 G80 指令取消固定循环，而回复到一般基本指令状态（如 G00、G01、G02、G03 等），此时固定循环指令中的孔加工数据（如 Z 点、R 点值等）也被取消。

4．固定循环中重复次数的使用方法

在固定循环指令最后，用 K 地址指定重复次数。在增量方式（G91）时，如果有孔距相同的若干相同孔，采用重复次数来编程是很方便的。在编程时要采用 G91、G99 方式。例如，当指令为"G91 G81 X50.0 Z-20.0 R-10.0 K6 F200；"时，其运动轨迹如图 5-24 所示。如果是在绝对值方式中，则不能钻出 6 个孔，仅仅在第一孔处往复钻 6 次，结果是 1 个孔。

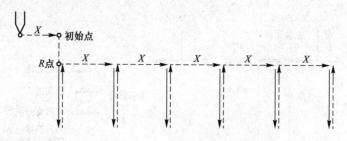

图 5-24 重复次数的使用

【例 5-4】孔系零件的加工（图 5-25）。

编写在加工中心上加工的程序，其中 11～13 号孔已粗加工。在补偿号 No.01 中设定补偿量 +200.0，在补偿号 No.02 中设定补偿量 +190.0，在补偿号 No.03 中设定补偿量 +150.0。

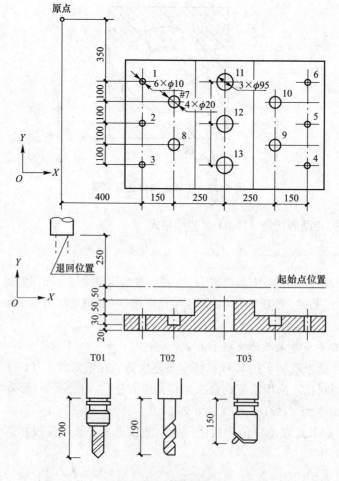

图 5-25 孔系零件图

参考程序如下:

```
O0002;                                  //程序号
N0010 G92 X0.0 Y0.0 Z0.0;               //设置工件坐标系
N0020 G90 G00 Z250.0 T01 M06;           //刀具交换
N0030 G43 Z0.0 H01;                     //建立刀具长度补偿
N0040 S300 M03;                         //主轴启动
N0050 G99 G81 X400.0 Y-350.0 Z-153.0 R-97.0 F120;
                                        //定位,钻1孔
N0060 Y-550.0;                          //定位,钻2孔,返回R平面
N0070 G98 Y-750.0;                      //定位,钻3孔,返回初始平面
N0080 G99 X1200.0;                      //定位,钻4孔,返回R平面
N0090 Y-550.0;                          //定位,钻5孔,返回R平面
N0100 G98 Y-350.0;                      //定位,钻6孔,返回初始平面
N0110 G49 G00 Z250.0;                   //取消刀具长度补偿
N0120 G28 Z350.0 T02 M06;               //刀具交换
N0130 G43 Z0.0 H02;                     //建立刀具长度补偿
N0140 S200 M03;                         //主轴启动
N0150 G99 G82 X550.0 Y-450.0 Z-130.0 R-97.0 P300 F300;
                                        //定位,钻7孔,返回R平面
N0160 G98 Y-650.0;                      //定位,钻8孔,返回初始平面
N0170 G99 X1050.0;                      //定位,钻9孔,返回R平面
N0180 G98 Y-450.0;                      //定位,钻10孔,返回初始平面
N0190 G49 G00 Z250.0;                   //取消刀具长度补偿
N0200 G28 Z350.0 T03 M06;               //刀具交换
N0210 G43 Z0.0 H03;                     //建立刀具长度补偿
N0220 S100 M03;                         //主轴启动
N0230 G99 G85 X800.0 Y-350.0 Z-158.0 R-47.0 F50;
                                        //定位,镗11孔,返回R平面
N0240 G91 Y-200.0 K2;                   //定位,镗12、13孔,返回R平面
N0250 G28 X0.0 Y0.0 M05;                //返回参考点,主轴停止
N0260 G90 G49 G00 Z350.0;               //取消刀具长度补偿
N0270 M30;                              //程序结束
```

5.2.4 自动换刀功能指令

1. 自动返回参考点指令（G28）

执行 G28 指令,使各轴快速移动,分别经过指令的点返回到参考点定位。在使用

G28 指令时，必须先取消刀具半径补偿，而不必先取消刀具长度补偿，因为 G28 指令包含刀具长度补偿取消、主轴停止、切削液关闭等功能。故 G28 指令一般用于自动换刀。指令格式：

G28 X___ Y___ Z___;

X、Y、Z 是被指令的返回参考点的轴的中间点的坐标。

如图 5-26 所示，自动返回参考点的程序如下：

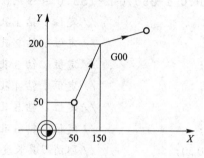

图 5-26　G28 返回参考点

G28 G90 X150.0 Y200.0;
T02 M06;

如果中间点与当前的刀具位置一致（例如，发出的命令是 G28 G91 X0.0 Y0.0 Z0.0;，机床就从其当前位置返回原点）。

2. 从参考点返回指令（G29）

执行 G29 指令时，首先使被指令的各轴快速移动到前面 G28 所指令的中间点，然后再移到被指令的位置上定位。指令格式：

G29 X___ Y___ Z___;

如：

G28 G90 X150.0 Y200.0;
T11 M06;
G29 X50.0 Y40.0;

通常 G28 和 G29 指令应配合使用，使机床换刀后直接返回加工点。

3. 换刀指令（M06）

指令格式：

T___ M06;

执行完成返回参考点指令后，调用刀具号，执行换刀指令，M06 执行的是加工中心内嵌换刀子程序，包括机械手抓刀、拔刀、换刀、机械手复位等动作在内的全部换刀过程。

加工中心在使用多把刀具时，需要使用机外对刀仪对每把刀具的半径值、长度值进行准确测量，从而对使用的每一把刀具进行半径补偿、长度补偿，使刀具刀位点能够准确到达切削位置。使用完成一把刀具后，要取消刀具半径补偿、长度补偿，返回参考点，换下一把刀具，以此类推进行加工操作。通过换刀功能，大大缩短了手动换刀的占机时间及人为操作误差。

下面以 FANUC 系统加工中心换刀过程为例，编写刀具换刀过程的程序。

```
O0003;                              // 程序名
N10 G54 G90 G17 G21 G40 G49 G80 G94;
                                    // 程序初始化
N20 G91 G28 Z0;                     // 从当前位置返回参考点
N30 T01 M06;                        // 调用1号刀具，换刀
N40 M03 S800 M08;                   // 打开切削液，启动主轴，正转，转速
                                       800 r/min
N50 G43 Z50 H01;                    // 建立长度补偿，调用H01
N60 G54 G90 G00 X50 Y50;            // 建立工件坐标系，到定位点
N70 G41 G01 X0 Y0 D01 F100;         // 建立刀具半径补偿，调用D01
…（加工过程程序略）
N150 G40 G01 X-60 Y-50;             // 取消1号刀具半径补偿
N160 G49 G00 Z100;                  // 抬刀，取消1号刀具长度补偿
N170 M05 M09;                       // 主轴停，冷却液关闭
N180 G91 G28 Z0;                    // 从当前点回参考点
N190 T02 M06;                       // 调用2号刀，换刀
N200 M03 S1600 M08;                 // 打开切削液，启动主轴，正转，转速
                                       1 600 r/min
N210 G90 G54 G00 X-25 Y25;          // 建立工件坐标系，到定位点
N220 G43 G00 Z50 H02;               // 建立长度补偿，调用H02
N230 G42 G01 X0 Y10 D02 F100;       // 建立刀具半径补偿，调用D02
…（加工过程程序略）
N350 G40 G01 X60 Y30;               // 取消2号刀具半径补偿
N360 G49 G00 Z100;                  // 抬刀，取消2号刀具长度补偿
N370 M05 M09;                       // 主轴停，冷却液关闭
N380 G91 G28 Z0;                    // 从当前点回参考点
N390 T03 M06;                       // 调用3号刀，换刀
…
```

5.3 子程序及特殊功能指令编程

一般情况下,数控机床是按主程序的指令工作的。在程序中将某些固定顺序或重复出现的程序单独抽出来,编制成一个程序供主程序调用,这个程序就是常说的子程序。使用子程序功能可以简化程序的编制时间,提高编程效率。

5.3.1 子程序编程

当程序段中有调用子程序的指令时,数控机床就按子程序进行工作。当遇到子程序返回到主程序的指令时,机床才返回主程序,继续按主程序的指令进行工作。子程序的调用与返回如图 5-27 所示。

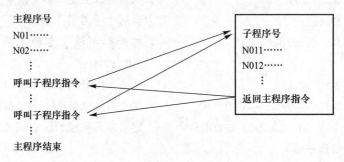

图 5-27 子程序的调用与返回

1. 子程序的嵌套

为了进一步简化程序,可以让子程序调用另一个子程序,这一功能称为子程序的嵌套。当主程序调用子程序时,该子程序被认为是一级子程序,系统不同,其子程序的嵌套级数也不同。一般情况下,在 FANUC 0i 系统中,子程序可以嵌套 4 级,如图 5-28 所示。

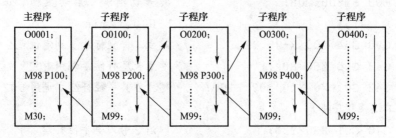

图 5-28 子程序的嵌套

2. 子程序调用

在 FANUC 0i 系统中,子程序的调用可通过辅助功能代码 M98 指令进行,且在调用格式中将子程序的程序号地址改为 P,其常用的子程序调用格式有以下两种。

格式一:M98 P×××× L××××;

其中地址 P 后面的四位数字为子程序序号,地址 L 的数字表示重复调用的次数,子程序号及调用次数前的 0 可省略不写。如果只调用子程序一次,则地址 L 及其后的数字可省略。

格式二：M98 P××××　××××；

地址 P 后面的八位数字中，前四位表示调用次数，后四位表示子程序序号，采用此种调用格式时，调用次数前的 0 可以省略不写，但子程序号前的 0 不可省略。

3．子程序特殊用法

（1）指定主程序中的顺序号作为返回的目标。当子程序结束时，如果用 P 指定一个顺序号，则控制不返回到调用程序段之后的程序段，而返回到由 P 指定的顺序号的程序段。但是，注意如果主程序运行于存储器方式以外的方式时，P 被忽略。这个方法返回到主程序的时间比正常返回要长，如图 5-29 所示。

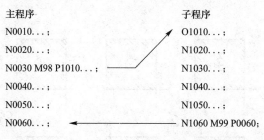

图 5-29　指定主程序中的顺序号作为返回的目标

（2）在主程序中使用 M99。如果在主程序中执行 M99，控制返回到主程序的开头。例如，将 /M99 放置在主程序的适当位置，并且在执行主程序时设定跳过任选程序段开关为断开，则执行 M99。当 M99 执行时，控制返回到主程序的开头，然后，从主程序的开头重复执行。当跳过任选程序段开关断开时，执行被重复。如果跳过任选程序段开关接通时 /M99 程序段被跳过，控制进到下个程序段，继续执行。如果 /M99 P*n* 被指令，控制不返回到主程序的开始，而到顺序号 *n*。在这种情况下，返回到顺序号 *n* 需要较长的时间，如图 5-30 所示。

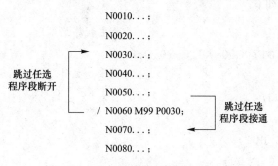

图 5-30　主程序中使用 M99

（3）只使用子程序。用 MDI 寻找子程序的开头，执行子程序，像主程序一样。此时如果执行包含 M99 的程序段，控制返回到子程序的开头重复执行。如果执行包含 M99 P*n* 的程序段，控制返回到在子程序中顺序号为 *n* 的程序段重复执行。要结束这个程序，包含 /M02 或 /M30 的程序段必须放置在适当的位置，并且任选程序段开关必须设到断开，这个开关的初始设定为接通，如图 5-31 所示。

数控编程技术

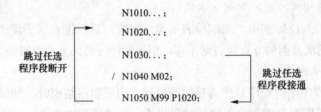

图 5-31　只使用子程序

【例 5-5】加工如图 5-32 所示 6 个相同凸台外形轮廓（凸台高度为 5 mm）的零件。

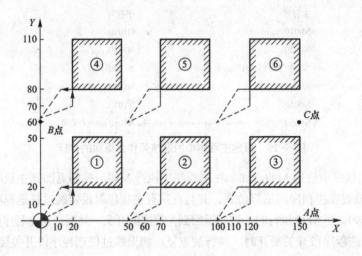

图 5-32　子程序的应用

主程序参考程序如下：

```
O0004;                          // 主程序名
N10 G90 G54 G17 G00 X0.0 Y0.0;
                                // 建立工件坐标系，初始状态设置
N20 S1000 M03;
N30 T01 M06;
N40 G43 Z5.0 H01;
N50 G01 Z-5.0 F100;
N60 M98 P030100;                // 调用子程序 3 次
N70 G90 G00 X0.0 Y60.0;
N80 M98 P030100;                // 调用子程序 3 次
N90 G90 G00 X0 Y0 M05;
N100 M30;                       // 主程序结束
```

子程序参考程序如下：

```
O0100;                          // 子程序名
N10 G91 G41 X20.0 Y10.0 D01;
                                // 相对坐标模式
N20 Y40.0 F100;
N30 X30.0;
N40 Y-30.0;
N50 X-40.0;
N60 G40 X-10.0 Y-20.0;
N70 X50;
N80 M99;                        // 子程序结束
```

【例 5-6】零件如图 5-33 所示，用 $\phi 8$ 键槽铣刀加工 10 mm 深的槽，每次 Z 轴下刀 2.5 mm，试利用子程序编写程序。

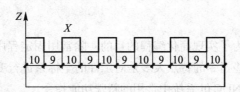

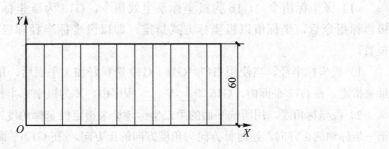

图 5-33 子程序的应用

参考程序如下：

```
O0005;                          // 主程序号
N0010 G92 X0.0 Y0.0 Z20.0;      // 建立工件坐标系
N0020 M03 S800;                 // 主轴开启
N0030 G90 G00 X-4.0 Y-10.0 M08;
                                // 快速定位，冷却液开
N0040 Z0.0;                     // 主轴下移
N0050 M98 P0110 L4;             // 调用子程序 0110 号 4 次
N0060 G90 G00 Z20.0 M05;        // 主轴抬刀，主轴关闭
N0070 X0.0 Y0.0 M09;            // 回到坐标原点，冷却液关闭
```

```
N0080 M30;                    // 主程序结束
O0110;                        // 子程序名
N0010 G91 G00 Z2.5;           // 下刀 2.5 mm
N0020 M98 P0120 L4;           // 调用子程序 0120 号 4 次
N0030 G00 X-94.0;             // X 向返回
N0040 M99;                    // 子程序结束
O0120;                        // 子程序名
N0010 G91 G00 X18.0;          // 沿 X 轴向前进 18 mm
N0020 G01 Y94.0 F100;         // 沿 Y 轴切削 76 mm
N0030 G01 X1.0;               // 沿 X 轴向前进 1 mm
N0040 G01 Y-76.0;             // 沿 Y 轴反向切削 76 mm
N0050 M99;                    // 子程序结束
```

5.3.2 极坐标指令

加工中心的编程中,为了实现简化编程的目的,除常用固定程序循环指令外,还采用一些特殊的功能指令。这些指令的特点大多是对工件的坐标系进行变换以达到简化编程的目的。下面将介绍一些 FANUC 0i 系统中常用的特殊功能指令。

(1) 极坐标指令。G16 为极坐标系生效指令,G15 为极坐标系取消指令。当使用极坐标指令后,坐标值以极坐标方式指定,即以极坐标半径和极坐标角度来确定点的位置。

1) 极坐标半径。当使用 G17、G18、G19 选择好加工平面后,用所选平面的第一轴地址来指定。在 G17 平面内,G16 X___ Y___ 程序中,X 为极坐标半径。

2) 极坐标角度。用所选平面的第二坐标地址来指定极坐标角度。极坐标的零度方向为第一坐标轴的正方向,逆时针方向为角度方向的正方向。在 G17 平面内,G16 X___ Y___ 程序中,Y 为极坐标角度。

【例 5-7】用极坐标指令编写如图 5-34 所示图形起点到终点的轨迹。

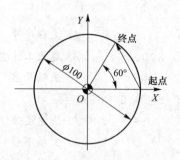

图 5-34 极坐标参数示意图

……
```
N0050 G00 X50.0 Y0.0;
N0060 G90 G17 G16;              // 绝对值编程，选择 XY 平面，极坐标生效
N0070 G01 X50.0 Y60.0;          // 终点极坐标半径为 50 mm，终点极坐标
                                    角度为 60°
N0080 G15;                      // 取消极坐标
```
……

（2）极坐标系原点。极坐标系原点指定方式有两种：一种是以工件坐标系的零点作为极坐标系原点；另一种是以刀具当前的位置作为极坐标系原点。

当以工件坐标系零点作为极坐标系原点时，用绝对值编程方式来指定。如程序"G90 G17 G16；"，极坐标半径值是指终点坐标到编程原点的距离；角度值是指终点坐标与编程原点的连线与 X 轴的夹角，如图 5-35 所示。

当以刀具当前位置作为极坐标系原点时，用增量值编程方式来指定。如程序"G91 G17 G16；"，极坐标半径值是指终点到刀具当前位置的距离；角度值是指前一坐标原点与当前极坐标系原点的连线与当前轨迹的夹角。如图 5-36 所示，在 A 点处进行 G91 方式极坐标编程，则 A 点为当前极坐标系的原点，而前一坐标系的原点为编程原点（O 点）。则半径为当前编程原点到轨迹终点的距离（图中 AB 线段的长度）；角度为前一坐标原点与当前极坐标系原点的连线与当前轨迹的夹角（图中 OA 与 AB 的夹角）。BC 段编程时，B 点为当前极坐标系原点，角度与半径的确定与 AB 段类似。

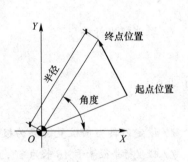　　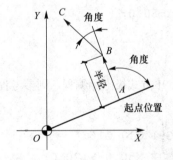

图 5-35　绝对值 G90 指定原点　　图 5-36　增量值 G91 指定原点

（3）极坐标编程举例。采用极坐标编程，可以大大减少编程时的计算工作量，因此，在编程中得到广泛应用。通常情况下，圆周分布的孔类零件（如法兰类零件）及图样尺寸以半径与角度形式标示的零件（如铣正多边形的外形），采用极坐标编程较为合适。

【例 5-8】试用极坐标编程来编写如图 5-37 所示的正六边形外形铣削的刀具轨迹。

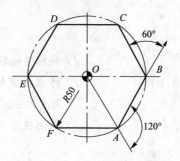

图 5-37 正六边形外形铣削

参考程序如下:

```
O0006;
……
N0050 G01 X40.0 Y-60.0 F400;
N0060 G41 G01 Y-43.3 D01;
N0070 G90 G17 G16;              // 设定工件坐标系原点为极坐标系原点
N0080 G01 X50.0 Y240.0;         // 极坐标半径为 50.0, 极坐标角度为 240°
N0090 Y180.0;
N0100 Y120.0;
N0110 Y60.0;
N0120 Y0.0;
N0130 Y-60.0;
N0140 G15;                      // 取消极坐标编程
……
```

如采用 G91 方式极坐标编程,则参考程序如下:

```
O0007;
N0050 G91 G17 G16;              // 设定刀具当前位置 A 点为极坐标系原点
N0060 G01 X50.0 Y120.0;         // 极坐标半径等于 AB 长为 50.0 mm, 极坐标
                                   角度为 OA 方向与 AB 方向的夹角, 为 120°
N0070 Y60.0;                    // 此时 B 点为极坐标系原点, 极坐标半径
                                   等于 BC 长为 50.0 mm, 极坐标角度为
                                   AB 方向与 BC 向的夹角, 为 60°
……
N0120 G15;                      取消极坐标编程
……
```

【例 5-9】试编写如图 5-38 所示孔的加工程序。

图 5-38 圆周孔加工

参考程序如下：
O0008;
……
N0090 G90 G17 G16;   // 设定工件坐标系原点为极坐标系原点
N0100 G81 X50.0 Y30.0 Z-20.0 R5.0 F100.0;
N0110 Y120.0;
N0120 Y210.0;
N0130 Y300.0;
N0140 G15 G80;   // 取消极坐标，取消钻孔循环
……

5.3.3 比例缩放指令

在数控编程中，有时在对应坐标轴上的值是按固定的比例系数进行放大或缩小的，这时，为了编程方便，可采用比例缩放指令来进行编程。

（1）指令格式。

1）格式 1：

G51 I___ J___ K___ P___;

例如，G51 I0.0 J10.0 P2000;

格式中的 I、J、K 值作用有两个：第一，选择要进行比例缩放的轴，其中 I 表示 X 轴，J 表示 Y 轴，K 表示 Z 轴，以上例子表示在 X、Y 轴上进行比例缩放，而在 Z 轴上不进行比例缩放；第二，指定比例缩放的中心，"I0.0 J10.0"表示缩放中心在坐标（0，10.0）处，如果省略了 I、J、K 则 G51 指定刀具的当前位置作为缩放中心。P 为进行缩放的比例系数，不能用小数点来指定该值，"P2000"表示缩放比例为 2 倍。

2）格式 2：

G51 X___ Y___ Z___ P___;

例如，G51 X10.0 Y20.0 P1500;

格式中的 X、Y、Z 值与格式 1 中的 I、J、K 值作用相同，但是由于系统不同，书写格式不同。

3）格式 3：

G51 X___ Y___ Z___ I___ J___ K___；

例如，G51 X0.0 Y0.0 Z0.0 I2500 J2000 K1500；

取消缩放格式：

G50；

（2）比例缩放编程举例。

【例 5-10】如图 5-39 所示，将外轮廓轨迹 ABCD 以原点为中心在 XY 平面内进行等比例缩放，缩放比例为 2.0，试编写加工程序。

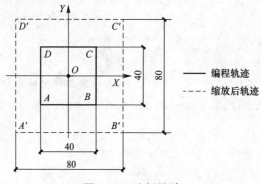

图 5-39 比例缩放

参考程序如下：

O0009；

……

N0090 G00 X-50.0 Y50.0；

N0100 G01 Z-5.0 F100；

N0110 G51 X0.0 Y0.0 P2000；　　　//在 XY 平面内进行缩放，X、Y 方向的缩放比例为 2.0 倍

N0120 G41 G01 X-20.0 Y20.0 D01；

　　　　　　　　　　　　　　　　//建立刀补，并加工四方外轮廓

N0130 X20.0；

N0140 Y-20.0；

N0150 X-20.0；

N0160 Y20.0；

N0170 G40 X-50.0 Y50.0；

N0180 G50；　　　　　　　　　　　//取消缩放

……

（3）比例缩放编程说明。

1）比例缩放中的刀补问题。在编写比例缩放程序过程中，要特别注意建立刀补程序段的位置，刀补程序段应写在缩放程序段内。

比例缩放对于刀具半径补偿值、刀具长度补偿值及刀具偏置值无效。

2）比例缩放中的圆弧插补。在比例缩放中进行圆弧插补，如果进行等比例缩放，则圆弧半径也相应缩放相同的比例；如果指定不同的缩放比例，则刀具也不会画出相应的椭圆轨迹。

3）比例缩放中的注意事项。

①比例缩放对固定循环中 Q 值与 d 值无效。在比例缩放过程中，有时不希望进行 Z 轴方向的比例缩放，这时可以修改系统参数，从而禁止在 Z 轴方向上进行比例缩放。

②比例缩放对刀具偏置值和刀具补偿值无效。

③缩放状态下，不能指定返回参考点的 G 代码（G27～G30），也不能指定坐标系的 G 代码（G54～G59, G92）。若一定要指定这些 G 代码，应在取消缩放功能后指定。

5.3.4 镜像指令

使用编程的镜像指令可实现沿某一坐标轴或某一坐标点的对称加工。在一些老的数控系统中，通常采用 M 指令来实现镜像加工，在 FANUC 0i 系统中则采用 G51 或 G51.1 来实现镜像加工。

（1）指令格式。

1）格式 1：

G17 G51.1 X___ Y___；
G50.1 X___ Y___；

格式中的 X、Y 值用于指定对称轴或对称点。当 G51.1 指令后仅有一个坐标字时，该镜像是以某一坐标轴为镜像轴。如"G51.1 X10.0;"，该指令表示以某一轴线为对称轴，该轴线与 X 轴相平行，且与 X 轴在 X=10.0 处相交。

当 G51.1 指令后有两个坐标字时，表示该镜像是以某一点作为对称点进行镜像。如下指令表示其对称点为（10, 10）这一点。

G51.1 X10.0 Y10.0;
G50.1 X___ Y___；   // 表示取消镜像。

2）格式 2：

G17 G51 X___ Y___ I___ J___；
G50;

指令中的 I、J 分别对应 X、Y 轴的比例系数，本系统在设定 I、J 值时不能带小数点，比例为 1 时，输入 1000 即可。使用此种格式时，指令中的 I、J 是负值，如果其值为正值，则该指令变成了缩放指令。

（2）镜像编程举例。

【例 5-11】试用镜像指令编写图 5-40 所示的轨迹程序。

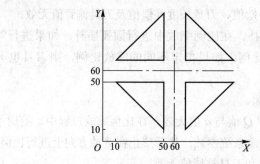

图 5-40 可编程镜像

参考程序如下：

```
O0010;                              // 主程序
……
N0040 M98 P0100;                    // 加工第一象限图形
N0050 G51.1 X60.0 Y60.0;            // X、Y 轴镜像
N0060 M98 P0100;                    // 加工第三象限图形
N0070 G50.1 X60.0 Y60.0;            // 取消镜像
N0080 G51.1 X60.0;                  // X=60 轴镜像
N0090 M98 P0100;                    // 加工第二象限图形
N0100 G50.1 X60.0;                  // 取消镜像
N0110 G51.1 Y60.0;                  // Y=60 轴镜像
N0120 M98 P0100;                    // 加工第四象限图形
N0130 G50.1 Y60.0;                  // 取消镜像
……
O0100;                              // 子程序名
N0010 G41 G01 X70.0 Y60.0 D01;
N0020 Y110.0;
N0030 X110.0 Y70.0;
N0040 X60.0;
N0050 G40 G01 X60.0 Y60.0;
N0060 M99;                          // 子程序结束
```

(3) 镜像编程的说明。

1) 在指定平面内执行镜像指令时，如果程序中有圆弧指令，则圆弧的旋转方向相反，即 G02 变成 G03，相应地，G03 变成 G02。

2) 在指定平面内执行镜像指令时，如果程序中有刀具半径补偿指令，则刀具半径补偿的偏置方向相反，即 G41 变成 G42，G42 变成 G41。

3) 在指定平面内执行镜像指令时，如果程序中有坐标系旋转指令，则坐标系旋转方向相反。即顺时针变成逆时针，逆时针变成顺时针。

4）CNC 数据处理的顺序是从程序镜像到比例缩放到坐标系旋转，所以在指定这些指令时，应按顺序指定，取消时，按相反顺序。

在旋转方式或比例缩放方式不能指定镜像指令 G50.1 或 G51.1 指令。但在镜像指令中可以指定比例缩放指令或坐标系旋转指令。

5）在可编程镜像方式中，与返回参考点指令（G27、G28、G29、G30）和改变坐标系指令（G54～G59，G92）不能指定。如果要指定其中的某一个，则必须在取消可编程镜像后指定。

6）在使用镜像功能时 Z 轴一般都不进行镜像加工。

5.3.5　坐标旋转指令

对于某些围绕中心旋转的特殊轮廓加工，如果根据旋转后的实际加工轨迹进行编程，就可能使坐标计算的工作量大大增加。而通过图形旋转功能，可以大大简化编程的工作量。

（1）指令格式。

G17 G68 X___ Y___ R___；
G69；

其中 G68 表示坐标系旋转生效，而指令 G69 表示坐标系旋转取消。

格式中的 X、Y 值用于指定图形旋转的中心，R 表示图形旋转的角度，该角度一般取 0°～360°的正值，旋转角度的零度方向为第一坐标轴的正方向，逆时针方向为角度方向的正向。

（2）坐标系旋转编程举例。

【例 5-12】图 5-41 中所示的图形 A 绕坐标点（20，20）进行旋转，旋转角度为 120°，旋转后得图形 B，试编写图形 B 的加工程序。

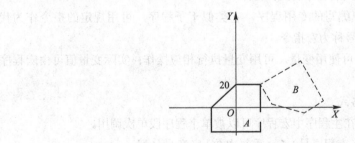

图 5-41　坐标系旋转编程

参考程序如下：

```
O0011;
……
N0060 G68 X20.0 Y20.0 R120.0;   //选择基点，进行坐标旋转
N0070 G41 G01 X-20.0 Y20.0 D01 F100;
N0080 X20.0;
N0090 Y-20.0;
```

```
N0100 X-20.0;
N0110 Y0.0;
N0120 X0.0 Y20.0;
N0130 Z30.0;
N0140 G40 G69;                    // 取消半径补偿,取消坐标旋转
……
```

(3) 坐标系旋转编程说明。

1) 在坐标系旋转取消指令 G69 以后的第一个移动指令必须用绝对值指定。如果采用增量值指令,则不执行正确的移动。

2) CNC 数据处理的顺序是程序镜像→比例缩放→坐标系旋转→刀具半径补偿 C 方式。所以在指定这些指令时,应按顺序指定,取消时,按相反顺序。如果坐标系旋转指令前有比例缩放指令,则在比例缩放过程中不缩放旋转角度。

3) 在坐标系旋转方式中,与返回参考点指令(G27、G28、G29、G30)和改变坐标系指令(G54~G59,G92)不能指定。如果要指定其中的某一个,则必须在取消坐标系旋转指令后指定。

5.3.6 宏程序功能指令应用

宏指令是代表一系列指令的总指令,相当于子程序调用指令。用户宏功能的最大特点是可以对变量进行运算,使程序应用更加灵活、方便。FANUC 数控系统用户宏功能有 A、B 两类,其中 A 类用户宏功能主要应用于早期 FANUC 经济型数控系统,这里不作为主要阐述对象,下面主要介绍 B 类宏程序的具体应用。

宏程序的定义:由用户编写的专用程序,它类似于子程序,可用规定的指令作为代号,以便调用。宏程序的代号称为宏指令。

宏程序的特点:宏程序可使用变量,可用变量执行相应操作;实际变量值可由宏程序指令赋给变量。

1. 宏程序的简单调用格式

宏程序的简单调用是指在主程序中宏程序可以被单个程序段单次调用。

调用指令格式:G65 P(宏程序号)L(重复次数)(变量分配);

其中,G65——宏程序调用指令;

　　　P(宏程序号)——被调用的宏程序代号;

　　　L(重复次数)——宏程序重复运行的次数,重复次数为 1 时可省略不写;

　　　(变量分配)——为宏程序中使用的变量赋值。

宏程序与子程序相同的一点是,一个宏程序可被另一个宏程序调用,最多可调用 4 重。

2. 宏程序的编写格式

宏程序的编写格式与子程序相同。其格式为

```
O0001                             // 程序名
……;
```

M99;   //宏程序结束

上述宏程序内容中，除通常使用的编程指令外，还可使用变量、算术运算指令及其他控制指令。变量值在宏程序调用指令中赋给。

3．变量

在常规的主程序和子程序内，总是将一个具体的数值赋给一个地址。为了使程序更具通用性、更加灵活，在宏程序中设置了变量，即将变量赋给一个地址。

(1) 变量的表示。变量可以用"#"号和跟随其后的变量序号来表示：#i（i=1，2，3，…)

例：#4，#105，#501。

(2) 变量的引用。将跟随在一个地址后的数值用一个变量来代替，即引入了变量。

例：对于 F#103，若 #103=50 时，则为 F50。

(3) 变量的级别。

1) 本级变量 #1～#33。作用于宏程序某一级中的变量称为本级变量，即这一变量在同一程序级中调用时含义相同，若在另一级程序（如子程序）中使用，则意义不同。本级变量主要用于变量间的相互传递，初始状态下未赋值的本级变量即为空白变量。

2) 通用变量 #100～#144，#500～#531。可在各级宏程序中被共同使用的变量称为通用变量，即这一变量在不同程序级中调用时含义相同。因此，一个宏程序中经计算得到的一个通用变量的数值，可以被另一个宏程序应用。

(4) 算术运算指令。变量之间进行运算的通常表达形式为

$$\#i=（表达式）$$

1) 变量的定义和替换。

$$\#i=\#j$$

2) 加减运算。

$$\#i=\#j+\#k \qquad \#i=\#j-\#k$$

3) 乘除运算。

$$\#i=\#j\times\#k \qquad \#i=\#j\div\#k$$

4) 函数运算。

$$\#i =\text{SIN}\,[\#j] \qquad 正弦函数（单位为度）$$
$$\#i =\text{COS}\,[\#j] \qquad 余函数（单位为度）$$
$$\#i =\text{TAN}\,[\#j] \qquad 正切函数（单位为度）$$
$$\#i =\text{ATAN}\,[\#j]\,/\,[\#k] \qquad 反正切函数（单位为度）$$
$$\#i=\text{SQRT}\,[\#j] \qquad 平方根$$
$$\#i=\text{ABS}\,[\#j] \qquad 取绝对值$$

5) 运算的组合。以上算术运算和函数运算可以结合在一起使用，运算的先后顺序是函数运算→乘除运算→加减运算。

6) 括号的应用。表达式中括号的运算将优先进行。连同函数中使用的括号在内，括号在表达式中最多可用 5 层。

4．控制指令

（1）条件转移。编程格式：

IF ［条件表达式］ GOTO n；

以上程序段的含义如下：

1）如果条件表达式的条件得到满足，则转而执行程序中程序段号为 n 的相应操作，程序段号 n 可以由变量或表达式替代。

2）如果表达式中条件未满足，则顺序执行下一段程序。

3）如果程序作无条件转移，则条件部分可以被省略。

4）表达式可书写如下：

#j EQ #k　　表示 =

#j NE #k　　表示 ≠

#j GT #k　　表示 >

#j LT #k　　表示 <

#j GE #k　　表示 ≥

#j LE #k　　表示 ≤

（2）重复执行。

编程格式：WHILE ［条件表达式］ DO m（m=1，2，3，…）

　　　　　　…

　　　　　　END m

上述"WHILE……END m"程序的含意如下：

1）条件表达式满足时，程序段 DO m 至 END m 即重复执行；

2）条件表达式不满足时，程序转到 END m 后处执行；

3）如果 WHILE ［条件表达式］ 部分被省略，则程序段 DO m 至 END m 之间的部分将一直重复执行。

（3）应用举例。

【例 5-13】图 5-42 所示圆环点阵孔群中各孔的加工，试用 B 类宏程序方法编写加工程序。

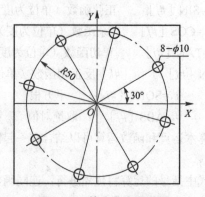

图 5-42　等分孔应用举例

宏程序中将用到下列变量：

#1——第一个孔的起始角度 α，在主程序中用对应的文字变量 α 赋值；

#3——孔加工固定循环中 R 平面值 C，在主程序中用对应的文字变量 C 赋值；

#9——孔加工的进给量值 F，在主程序中用对应的文字变量 F 赋值；

#11——要加工孔的孔数 H，在主程序中用对应的文字变量 H 赋值；

#18——加工孔所处的圆环半径值 R，在主程序中用对应的文字变量 R 赋值；

#26——孔深坐标值 Z，在主程序中用对应的文字变量 Z 赋值；

#30——基准点，即圆环形中心的 X 坐标值；

#31——基准点，即圆环形中心的 Y 坐标值；

#32——当前加工孔的序号 i；

#33——当前加工第 i 孔的角度；

#100——已加工孔的数量

#101——当前加工孔的 X 坐标值，初值设置为圆环形中心的 X 坐标值；

#102——当前加工孔的 Y 坐标值，初值设置为圆环形中心的 Y 坐标值。

用户宏参考程序如下：

```
O0012;                                    // 程序号
N0010 #30=#101;                           // 基准点保存
N0020 #31=#102;                           // 基准点保存
N0030 #32=1;                              // 计数值置 1
N0040 WHILE [#32 LE ABSE [#11]] D01;
                                          // 进入孔加工循环体
N0050 #33=#1+360×[#32-1]/#11;
                                          // 计算第 i 孔的角度
N0060 #101=#30+#18×COS [#33];  // 计算第 i 孔的 X 坐标值
N0070 #102=#31+#18×SIN [#33];  // 计算第 i 孔的 Y 坐标值
N0080 G90 G81 G98 X#101 Y#102 Z#26 R#3 F#9;
                                          // 钻削第 i 孔
N0090 #32=#32+1;                          // 计数器对孔序号 i 计数累加
N0100 #100=#100+1;                        // 计算已加工孔数
N0110 END 1;                              // 孔加工循环体结束
N0120 #101=#30;                           // 返回 X 坐标初值 X
N0130 #102=#31;                           // 返回 Y 坐标初值 Y
N0140 M99;                                // 宏程序结束
```

在主程序中调用上述宏程序的调用格式为 G65 P0100 A__ C__ F__ H__ R__ Z__。
上述程序段中各文字变量后的值均应按零件图样中给定值来赋值。

5.4 加工中心编程实例

【例 5-14】零件平面凸轮如图 5-43 所示,材质为 45 钢,调质处理。工件平面部分及两小孔已经加工到尺寸,曲面轮廓经粗铣,留加工余量为 2 mm,现要求数控铣精加工曲面轮廓。

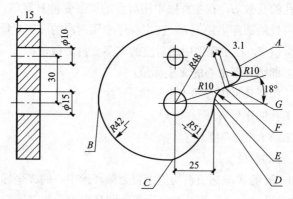

图 5-43 平面凸轮

(1) 工艺处理。

1) 工件坐标系原点:凸轮设计基准在工件 $\phi15$ 孔中心,所以,工件原点定在 $\phi15$ 轴线与工件上表面交点。

2) 工件装夹:采用夹具,用工件的一面两孔定位,螺钉从两孔插过,用螺母将工件夹紧。也可将工件通过平行垫铁装在工作台上,以两孔连线找正机床 Y 轴方向,以 $\phi15$ 孔找正零点,定位为编程原点,螺钉从两孔插过将工件夹紧在工作台上。

3) 刀具选择:采用 $\phi15$ 高速钢立铣刀。

4) 切削用量:主轴转速 S 为 1 000 r/min,进给速度 F 为 60 mm/min。

5) 刀补号:D01。

6) 确定工件加工方式及走刀路线(图 5-44):由工件编程原点、坐标轴方向及图样尺寸进行数据转换,或采用 CAD 图形软件,通过绘制图样,查询所需坐标点。

(2) 数值处理。确定编程数据点:$A(-40.138, -26.323)$;$B(48.0, 0)$;$C(0, 36.0)$;$D(-23.547, 8.4)$;$E(-24.993, -0.61)$;$F(-31.899, -10.365)$;$G(-34.866, -11.329)$。

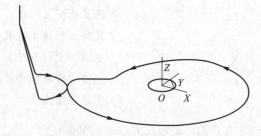

图 5-44 铣削凸轮走刀路线

（3）参考程序。

```
O0013;                                    // 主程序名
N0010 G90 G54 G00 Z60.0;                  // 设定工件坐标系，快速到初始平面
N0020 S1000 M03;                          // 启动主轴
N0030 X-100.0 Y25.0 Z60.0;                // 定位到下刀点
N0040 Z2.0;                               // 快速下刀，到慢速下刀高度
N0050 G01 Z-16.0 F100;                    // 切削下刀
N0060 G42 X-60.908 Y-22.006 F60 D01;
                                          // 建立刀具半径右补偿
N0070 G02 X-40.138 Y-26.323 I8.226 J-12.543;
                                          // 以1/4圆弧轨迹进刀切入
N0080 G03 X48.0 Y0.0 I40.138 J26.323;
                                          // 切削圆弧AB
N0090 G03 X0.0 Y36.0 I-41.636 J-5.515;
                                          // 切削圆弧BC
N0100 G03 X-23.547 Y8.4 I24.488 J-44.736;
                                          // 切削圆弧CD
N0110 G03 X-24.993 Y-0.61 I23.547 J-8.4;
                                          // 切削圆弧DE
N0120 G02 X-31.899 Y-10.365 I-9.997 J-0.244;
                                          // 切削圆弧EF
N0130 G01 X-34.866 Y-11.329;              // 切削直线FG
N0140 G03 X-40.138 Y-26.323 I3.090 J-9.511;
                                          // 切削圆弧GA
N0150 G02 X-44.455 Y-47.093 I-12.543 J-8.226;
                                          // 以1/4圆弧轨迹退刀，切出
N0160 G40 G01 X-99.746 Y26.857;
                                          // 取消半径补偿
N0170 Z2.0 F200;                          // 退回到慢速下刀高度
N0180 G00 X-100.0 Y25.0 Z60.0;            // 快速回到起始点
N0190 M05;                                // 主轴停
N0200 M30;                                // 程序结束
```

注：可以通过调整刀补号D01里的刀偏置补偿值，分两次分别运行以上程序，实现粗、精加工该平面凸轮的外轮廓。

【例5-15】加工图5-45所示的零件，毛坯为铸钢。

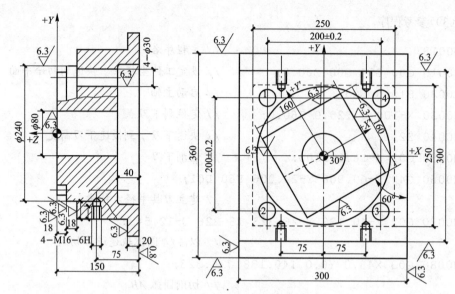

图 5-45 例 5-16 零件图

(1) 工艺分析。

1) 用 φ20 的圆柱铣刀铣 φ80 的圆柱孔，铣"160×160"的四方凸台，铣 φ240 外圆。

2) 用 φ25 的麻花钻钻削 4×φ30 底孔。

3) 用 φ29.5 粗镗刀粗镗孔。

4) 用 φ30 精镗刀高速精镗孔。

(2) 参考程序。

```
O0014;                            // 程序名
N0010 G00 G40 G49 G80 G90;        // 取消刀具补偿和所有固定循环
N0020 T01 M06;                    // 换 1 号外圆铣刀
N0030 G00 G55 X0.0 Y0.0;          // 快进至 G55 的原点位置
N0040 G43 Z50.0 H01;              // 快进至 Z50，刀具长度补偿
N0050 G00 Z5.0;                   // 快进至 Z5
N0060 S500 M03;                   // 主轴正转
N0070 G01 Z-20.0 F60;             // 工进至 Z-20
N0080 G01 G41 X40.0 Y0.0 D01;     // 工进至 (40,0), 刀具半径左补偿
N0090 G03 X40.0 Y0.0 I40.0 J0.0;
                                  // 铣削整圆
N0100 G00 G40 X0.0 Y0.0;          // 返回原点，取消刀具半径补偿
N0110 G00 Z50.0;                  // 退刀至 Z50
N0120 G68 X0.0 Y0.0 R30.0;        // 旋转工件坐标系 30°
N0130 G00 X-120.0 Y-120.0;        // 快进至 (-120,-120)
```

```
N0140 G00 Z5.0;                        // 快进至Z5
N0150 G01 Z-18.0 F300;                 // 工进至Z-18
N0160 G01 G41 X-81.5 Y-81.5 D01 F100;
                                       // 工进至(X-81.5,Y-81.5),刀具半径补偿
N0170 Y81.5;                           // 四方轮廓加工
N0180 X81.5;
N0190 Y-81.5;
N0200 X-90.0;
N0210 G01 G40 X-120.0 Y-120.0;         // 取消刀具补偿
N0220 G00 G69 Z50.0;                   // 退刀至Z50,取消坐标系旋转
N0230 G00 X150.0 Y20.0;                // 快进至(150,20)
N0240 Z5.0;                            // 快进至Z5
N0250 G01 Z-36.0 F300;                 // 工进至Z-36
N0260 G01 G41 X120.0 Y0.0 D01 F100;
                                       // 工进至(120,0),刀具半径补偿
N0270 G02 X120.0 Y0.0 I-120.0 J0.0;
                                       // 铣削整圆
N0280 G01 Y-10.0;                      // 工进至(120,-10)
N0290 G01 G40 X150.0 Y-30.0;           // 取消刀具补偿
N0300 G00 Z5.0 M05;                    // 快退至Z5,主轴停转
N0310 G91 G28 Z0.0 G49;                // 返回参考点,取消刀具长度补偿
N0320 T02 M06;                         // 换2号麻花钻
N0340 G00 G55 G90 X-100.0 Y100.0;
                                       // 快进至G55坐标系(-100,100)位置
N0350 S400 M03;                        // 主轴正转
N0360 G43 H02 Z50.0;                   // 快进至Z50,刀具长度补偿
N0370 G98 G81 Z-127.0 R-29.0 F100;
                                       // 钻削#1孔(回起始平面)
N0380 X-100.0 Y-100.0;                 // 钻削#2孔(回起始平面)
N0390 X100.0;                          // 钻削#3孔(回起始平面)
N0400 X100.0 Y100.0;                   // 钻削#4孔(回起始平面)
N0410 G80 M05;                         // 取消固定循环,主轴停转
N0420 G91 G00 G28 Z0.0 G49;            // 返回参考点,取消刀具长度补偿
N0430 T03 M06;                         // 换3号镗刀
N0450 G00 G55 G90 X-100.0 Y100.0;
                                       // 快进至G55坐标系(-100,-100)位置
```

```
N0460 G43 Z50.0 H03;              // 快进至Z50,刀具长度补偿
N0470 S600 M03;                   // 主轴正转
N0480 G98 G86 Z-64.0 R-29.0 F80;
                                  // 镗削#1孔(回起始平面)
N0490 X-100.0 Y-100.0;            // 镗削#2孔(回起始平面)
N0500 X100.0;                     // 镗削#3孔(回起始平面)
N0510 X100.0 Y100.0;              // 镗削#4孔(回起始平面)
N0520 G80 M05;                    // 取消固定循环,主轴停转
N0530 G91 G00 G28 Z0.0 G49;       // 返回参考点,取消刀具长度补偿
N0540 T04 M06;                    // 换4号精镗刀
N0560 G00 G55 G90 X-100.0 Y-100.0;
                                  // 快进至G55(X-100,Y-100)
N0570 G43 Z50.0 H03;              // 快进至Z50,刀具长度补偿
N0580 S1000 M03;                  // 主轴正转
N0590 G98 G86 Z-64.0 R-29.0 F50;
                                  // 高速精镗#1孔(回起始平面)
N0600 X-100.0 Y-100.0;            // 高速精镗#2孔(回起始平面)
N0610 X100.0;                     // 高速精镗#3孔(回起始平面)
N0620 X100.0 Y100.0;              // 高速精镗#4孔(回起始平面)
N0630 G80 M05;                    // 取消固定循环,主轴停转
N0640 G91 G00 G28 Z0.0 G49;       // 返回参考点,取消刀具长度补偿
N0650 M30;                        // 主程序结束
```

【例5-16】试用2033VMC加工中心,进行图5-46数控加工工艺设计及编程。

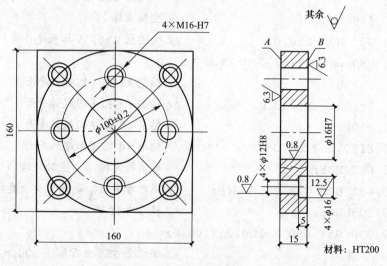

图5-46 盖板零件图

盖板的主要加工面是平面和孔，需经铣平面、钻孔、扩孔、镗孔、铰孔及攻螺纹等多个工步加工。

(1) 零件工艺分析。该盖板的材料为铸铁，毛坯为铸件。由图 5-46 可知，除盖板的四个侧面为不加工面外，其余平面、孔和螺纹都要加工，且加工内容集中在 A、B 面上。孔的最高精度为 IT7 级，最细的表面粗糙度值为 0.8 μm。从定位和加工两个方面综合考虑，以 A 面为主要定位基准，可先用普通机床加工好 A 面，选择 B 面及位于 B 面上的全部孔为加工中心加工内容。

(2) 选择加工中心。由于 B 面及 B 面上的全部孔只需单工位即可加工完成，故选用立式加工中心。该零件加工内容只有面和孔，根据其精度和表面粗糙度要求，经粗铣、精铣、粗镗、半精镗、精镗、钻、扩、锪、铰及攻螺纹即可达到全部要求，所需刀具不超过 20 把。故选用国产 XH714 型立式加工中心。该机床工作台尺寸为 400 mm×800 mm，X 轴行程为 600 mm，Y 轴行程为 400 mm，Z 轴行程为 400 mm，主轴端面至工作台台面距离 125～525 mm，定位精度和重复定位精度分别为 0.02 mm 和 0.01 mm，刀库容量为 18 把，工件一次装夹后可自动完成铣、钻、镗、铰及攻螺纹等工步的加工。

(3) 数控加工工艺设计。

1) 选择加工方案。B 面的表面粗糙度为 6.3 μm，故采用粗铣→精铣方案；ϕ60H7 孔已铸出毛坯孔，为达到 IT7 级精度和 0.8 μm 的表面粗糙度，需经粗镗→半精镗→精镗三次镗削加工；ϕ12H8 孔为防止钻偏和满足 IT8 级精度，需按钻中心孔→钻孔→扩孔→铰孔方案进行；ϕ16 mm 孔在加工 ϕ12 mm 孔基础上锪至尺寸即可；M16 mm 螺纹孔按钻中心孔→钻底孔→倒角→攻螺纹方案加工。

2) 确定加工顺序。按先面后孔、先粗后精的原则，确定其加工顺序为粗、精铣 B 面→粗、半精、精镗 ϕ60H7 孔→钻各孔的中心孔→钻、扩、锪、铰 ϕ12 H8 及 ϕ16 mm 孔→M16 mm 螺孔钻底孔、倒角和攻螺纹，具体加工过程详见表 5-8 和表 5-9。

表 5-8　盖板零件的机械加工工艺过程

序号	工序名称	工序内容	设备及工装
1	铸造	制作毛坯，除四周侧面外，各部留单边余量 2～3 mm	
2	钳	画全线，检查	
3	铣	粗、精铣 A 面；粗铣 B 面留 0.3 mm 余量	普通铣床
4	数控加工	精铣 B 面，加工各孔	立式加工中心
5	钳	去毛刺	
6	检验		

表 5-9　数控加工工序卡

工厂名称	数控加工工序卡	产品名称或代号	零件名称	材料	零件图号
			盖板	HT200	
工序号	程序编号		夹具名称	使用设备	车间
4			台钳	XH714	

续表

工步号	工步内容	刀具号	刀具规格/mm	主轴转速/(r·min^{-1})	进给速度/(mm·min^{-1})	背吃刀量/mm	备注
1	精铣 B 平面至尺寸	T01	ϕ100	350	50		
2	粗镗 ϕ60H7 孔至 ϕ58 mm	T02	ϕ58	400	60	0.5	
3	半精镗 ϕ60H7 孔至 ϕ59.95 mm	T03	ϕ59.95	450	60		
4	精镗 ϕ60H7 孔至尺寸	T04	ϕ60H7	500	40		
5	钻 4×ϕ12H8 及 4×M16 的中心孔	T05	ϕ3	1000	50		
6	钻 4×ϕ12H8 至 ϕ10 mm	T06	ϕ10	300	40		
7	扩 4×ϕ12H8 至 ϕ11.85 mm	T07	ϕ11.85	300	40		
8	锪 4×ϕ16 mm 至尺寸	T08	ϕ16	150	30		
9	铰 4×ϕ12H8 至尺寸	T09	ϕ12H8	100	40		
10	钻 4×M16 底孔至 ϕ14 mm	T10	ϕ14	450	60		
11	倒 4×M16 底孔端角	T11	ϕ18	300	40		
12	攻 4×M16 螺纹孔	T12	M16	100	200		
编制		审核		批准		共 页	第 页

3）确定装夹方案和选择夹具。该盖板零件形状简单，加工面与不加工面之间的位置精度要求不高，故可选用通用台钳直接装夹，以盖板底面 A 和相邻两个侧面定位，用台钳钳口从侧面夹紧。

4）选择刀具。一般铣平面时，在粗铣中为降低切削力，铣刀直径应小些，但又不能太小，以免影响加工效率；在精铣中为减小接刀痕迹，铣刀直径应大些。由于 B 平面为 160 mm× 160 mm 的正方形，尺寸不大，因而选择粗、精铣刀直径大于 B 平面的一半即可，例如，取直径为 ϕ100 mm 的面铣刀；镗 ϕ60H7 的孔时，因为是单件小批生产，所以用单刃、双刃镗刀均可；加工 4×ϕ12H8 孔采用的是钻中心孔—钻—扩—铰的方案，故相应选 ϕ3 中心钻、ϕ10 麻花钻、ϕ11.85 扩孔钻和 ϕ12H8 铰刀；刀柄根据主轴锥孔和拉紧机构选择，XH714 型加工中心主轴锥孔为 IS040，适用刀柄为 BT40（日本标准 JISB6339），故刀柄应选择为 BT40 型。具体所选刀具及刀柄见表 5-10。

表 5-10 数控加工刀具卡

产品名称或代号		零件名称	盖板	零件图号		程序编号	
工步号	刀具号	刀具名称	刀柄型号	刀具		补偿值/mm	备注
				直径/mm	长度/mm		
1	T01	面铣刀 ϕ100 mm	BT40-XM33-75	ϕ100			
2	T02	镗刀 ϕ58 mm	BT40-TQC50-180	ϕ58			
3	T03	镗刀 ϕ59.95 mm	BT40-TQC50-J 80	ϕ59.95			
4	T04	镗刀 ϕ60H7	BT40-TW50-140	ϕ60H7			

续表

产品名称或代号		零件名称	盖板	零件图号		程序编号	
工步号	刀具号	刀具名称	刀柄型号	刀具		补偿值/mm	备注
				直径/mm	长度/mm		
5	T05	中心钻 ϕ3 mm	BT40-Z10-45	ϕ3			
6	T06	麻花钻 ϕ10 mm	BT40-M1-45	ϕ10			
7	T07	扩孔钻 ϕ11.85 mm	BT40-M1-45	ϕ11.85			
8	T08	阶梯铣刀 ϕ16 mm	BT40-MW2-55	ϕ16			
9	T09	铰刀 ϕ12H8	BT40-M1-45	ϕ12H8			
10	T10	麻花钻 ϕ4 mm	BT40-M1-45	ϕ14			
11	T11	麻花钻 ϕ18 mm	BT40-M2-50	ϕ18			
12	T12	机用丝锥 M16 mm	BT40-G12-130	ϕ16			
编制		审核		批准		共 页	第 页

5）确定进给路线。所选铣刀直径就基本确定了 B 面的粗、精加工进给路线。因所选铣刀直径为 ϕ100 mm，故必须安排沿 X 方向两次进给，如图 5-47 所示。因为各孔的位置精度要求均不高，机床的定位精度完全能保证，故所有孔加工进给路线可按最短路线确定。图 5-48～图 5-52 所示为各孔加工工步的进给路线。

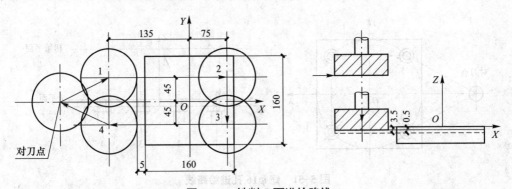

图 5-47 铣削 B 面进给路线

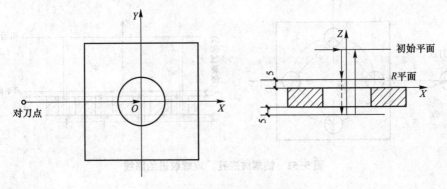

图 5-48 镗 ϕ60H7 孔进给路线

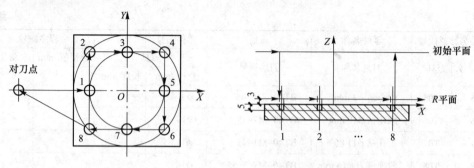

图 5-49　钻中心孔进给路线

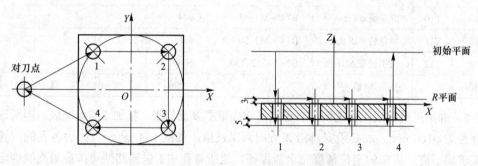

图 5-50　钻、扩、铰 ϕ12H8 孔进给路线

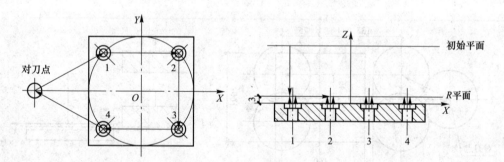

图 5-51　镗 ϕ16 孔进给路线

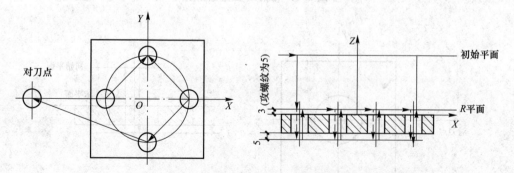

图 5-52　钻螺纹底孔、攻螺纹进给路线

6)选择切削用量。查表确定切削速度和进给量,然后计算出机床主轴转速和机床进给速度。

(4)盖板零件程序编制。

```
O0015;                              // 程序名
N10 G90 G17 G40 G80 G54;            // 程序初始化,建立工件坐标系
N20 G91 G28 Z0;
N30 T01 M06;                        // φ100 端面铣刀精铣削 B 面
N40 G00 X-200.0 Y0;
N50 M03 S350;
N60 G43 G00 Z50.0 H01;
N70 Z0;
N80 G01 X-135.0 Y-45.0 F50;
N90 X75.0;
N100 Y45.0;
N110 X-135.0;
N120 G00 X-200.0 Y0;
N130 G49 G91 G28 Z0;                // 取消长度补偿,回参考点
N140 M05;                           // 主轴停
N150 T02 M06;                       // 调 2 号刀 φ58 镗刀镗 φ60 底孔
N160 M03 S400;
N170 G90 G43 G00 Z50.0 H02;
N180 G98 G86 X0 Y0 Z-20.0 R5.0 P1000 F60;
N190 G49 G80 G91 G28 Z0;
N200 M05;
N210 T03 M06;                       // 调 3 号刀,φ59.95 镗刀半精镗 φ60 孔
N220 M03 S450;
N230 G90 G00 G43 Z50.0 H03;
N240 G98 G89 X0 Y0 Z-20.0 R5.0 P1000 F50;
N250 G49 G80 G91 G28 Z0;
N260 M05;
N270 T04 M06;                       // 调 4 号刀,φ60 镗刀精镗 φ60 孔
N280 M03 S500;
N290 G90 G43 G00 Z50.0 H04;
N300 G98 G89 X0 Y0 Z-20.0 R5.0 P1500 F40;
N310 G49 G80 G91 G28 Z0;
N320 M05;
```

N330 T05 M06;   // 调 5 号刀，φ3 中心钻钻 4×φ12，4×M16 中心孔
N340 M03 S1000;
N350 G90 G43 G00 Z50.0 H05;
N360 G99 G81 X-50.0 Y0 Z-5.0 R3.0 F50;
N370 X-42.426 Y42.426;
N380 Y0 Y50.0;
N390 X42.426 Y42.426;
N400 X50.0 Y0;
N410 X42.426 Y-42.426;
N420 X0 Y-50.0;
N430 X-42.426 Y-42.426;
N440 G49 G80 G91 G28 Z0;
N450 M05;
N460 T06 M06;   // 调 6 号刀，φ10 麻花钻钻 4×φ12 底孔
N470 M03 S300;
N480 G90 G43 G00 Z50.0 H06;
N490 G99 G81 X-42.426 Y42.426 Z-20.0 R3.0 F40;
N500 X42.426;
N510 Y-42.426;
N520 X-42.426;
N530 G49 G80 G91 G28 Z0;
N540 M05;
N550 T07 M06;   // 调 7 号刀，扩 4×φ12 孔
N560 M03 S300;
N570 G90 G43 G00 Z50.0 H07;
N580 G99 G81 X-42.426 Y42.426 Z-20.0 R3.0 F40;
N590 X42.426;
N600 Y-42.426;
N610 X-42.426;
N620 G49 G80 G91 G28 Z0.0;
N630 M05;
N640 T08 M06;   // 调 8 号刀，锪 4×M16 孔口
N650 G99 G82 X-42.426 Y42.426 Z-5.0 R3.0 P2000 F30;
N660 X42.426;
N670 Y-42.426;

N680 X-42.426;
N690 G49 G80 G91 G28 Z0.0;
N700 M05;
N710 T09 M06;   //调9号刀，铰4-φ12孔
N720 M03 S100;
N730 G90 G43 G00 Z50 H09;
N740 G99 G81 X-42.426 Y42.426 Z-20.0 R3.0 F40;
N750 X42.426;
N760 Y-42.426;
N770 X-42.426;
N780 G49 G80 G91 G28 Z0.0;
N790 M05;
N800 T10 M06;   //调10号刀，钻4×M16底孔
N810 M03 S450;
N820 G43 G90 G00 Z50.0 H10;
N830 G99 G81 X-50.0 Y0.0 Z-20.0 R3.0 F60;
N840 X0 Y50.0
N850 X50.0 Y0.0;
N860 X0.0 Y-50.0;
N870 G80 G49 G91 G28 Z0;
N880 M05;
N890 T11 M06;   //调11号刀，4×M16倒角
N900 M03 S300;
N910 G43 G90 G00 Z50.0 H11;
N920 G99 G82 X-50.0 Y0 Z-3 R3 P1000 F40;
N930 X0.0 Y50.0;
N940 X50.0 Y0.0;
N950 X0.0 Y-50.0;
N960 G80 G49 G91 G28 Z0.0;
M970 M05;
N980 T12 M06;   //调12号刀，攻螺纹4×M16
N990 M03 S100;
N1000 G43 G90 G00 Z50.0 H12;
N1010 G99 G84 X-50 Y0 Z-20 R5 F200;
N1020 X0.0 Y50.0;
N1030 X50.0 Y0.0;

```
N1040 X0.0 Y-50.0;
N1050 G80 G49 G91 G28 Z0;
N1060 M05;
N1070 M30;
```

思考练习

一、填空题

1. 加工中心是指配备有 _____ 和 _____，在一次装卡下可实现多工序加工的数控机床。

2. 程序结束是以 _____ 或 _____ 指令结束整个程序。

3. 绝对值编程的 G 代码是 _____，相对值编程的 G 代码是 _____。

4. G28 中的 X、Y、Z 是指令的返回参考点的轴的 _____ 的坐标。

5. T03 M06 的含义是 _____。

6. G73 的含义是 _____，G83 的含义是 _____。

7. 当钻孔类固定循环指令不再使用时，应用 _____ 指令取消固定循环。

8. 在 FANUC 0i 系统中，子程序的调用可通过辅助功能代码 _____ 指令进行。

9. M98 P050010 的含义是 _____。

10. G16 为 _____ 指令，G15 为 _____ 指令。

11. G51.1 X10.0 的含义是 _____。

12. CNC 数据处理程序镜像、比例缩放、刀具半径补偿、坐标系旋转的顺序是 _____。

13. G65 P1000 A1.0 B2.0 I3.0 的含义是 _____。

14. 在返回动作中，G98 指定返回 _____，G99 指定返回 _____。

15. FANUC 系统中，程序段 G17 G16 G90 X100.0 Y30.0 中，X 指令是指 _____。

16. 在加工整圆时，为避免工件表面产生刀痕，刀具从起始点沿圆弧表面的 _____ 进入，进行圆弧铣削加工；整圆加工完毕退刀时，顺着圆弧表面的 _____ 退出。

17. 加工中心坐标系三坐标轴 X、Y、Z 及其正方向用 _____ 判定，X、Y、Z 各轴的回转运动及其正方向 +A、+B、+C 分别用 _____ 判断。

二、判断题

1. 加工中心不适宜加工箱体类零件。（   ）

2. 加工中心不适宜加工盘、套、板类零件。（   ）

3. 周边铣削是指用铣刀周边齿刃进行的铣削。（   ）

4. 端面铣削是指用铣刀端面齿刃进行的铣削。（   ）

5. 在钻镗加工中，钻入或镗入工件的方向是 Z 轴的正方向。（   ）

6. 任何机床都有 X、Y、Z 轴。（   ）

7. 在 FANUC 系统的数控机床上回参考点用 G28 指令。（   ）

8. G28 X50.0 Z100.0 中的 X50.0 Z100.0 为参考点在机床坐标系中的坐标。（   ）

9. 工件坐标系只能用 G92 来确定。（   ）

10. 任何数控机床的刀具长度补偿功能所补偿的都是刀具的实际长度与标准刀具的差。（   ）

11. G42 G03 X50.0 Y60.0 R30.0 是一条正确的程序段。（   ）

12. G41 后边可以跟 G00、G01、G02、G03 等指令。（   ）

13. 取消刀具半径补偿只能用 G40。（   ）

14. 取消刀具长度补偿可以用 H00。（   ）

15. 执行 M00 功能后，机床的所有动作均被切断。（   ）

16. M02 能使程序复位。（   ）

17. 在 G74 指定攻左旋螺纹时，进给率调整无效。（   ）

18. G87 指令中有主轴准停功能。（   ）

19. G50 X200.0 Z200.0 是刀具以快速定位方式移动。（   ）

20. G97 S200 是切削速度保持 200 mm/min。（   ）

21. G98、G99 指令不可同时使用。（   ）

22. 对于曲线，都可以按实际轮廓编程，应用刀具补偿加工出所需要的廓形。（   ）

23. 在数控系统中，F 地址字只能用来表示进给速度。（   ）

24. FANUC 系统中，程序段 G04 P1000 中，P 指令是子程序号。（   ）

25. 用 G54 设定工件坐标系时，其工件原点的位置与刀具起点有关。（   ）

26. FANUC 数控系统孔加工循环指令中，R 是指回到循环起始平面。（   ）

27. 辅助功能中 M00 与 M01 的功能完全相同。（   ）

28. 在镜像功能执行后，第一象限的顺圆 G02 到第三象限还是顺圆。（   ）

29. 准备功能字 G 代码主要用来控制机床主轴的开、停，切削液的开关和工件的夹紧与松开等机床准备动作。（   ）

30. M99 与 M30 指令的功能是一致的，它们都能使机床停止一切动作。（   ）

31. 所有的 F、S、T 代码均为模态代码。（   ）

32. 刀具长度补偿存储器中的偏置值既可以是正值，也可以是负值。（   ）

33. G83 指令中每次间隙进给后的退刀量 d 值，由固定循环指令编程确定。（   ）

34. 指令 "G65 P1000 X100.0 Y30.0 Z20.0 F100.0;" 中的 X、Y、Z 并不代表坐标功能，F 也不代表进给功能。（   ）

35. 对于 FANUC 0i 系统，在坐标系旋转取消指令以后的第一个移动指令必须用绝对值指定，否则，将不执行正确的移动。（   ）

36. 指令 "G51.1 X10.0;" 的镜像轴为过点（10.0，0）且平行于 Y 轴的轴线。（   ）

37. 表达式 "30.0+20.0=#100;" 是一个正确的变量赋值表达式。（   ）

38. 在自动加工的空运行状态下，刀具移动速度与程序中指令的进给速度无关。（   ）

39. FANUC 与 SIEMENS 系统在编程时方法与格式是一致的。（   ）

40. B 类宏程序的运算指令中函数 SIN、COS 等的角度单位是度，分和秒要换算成带小数点的度。（　　）

41. B 类宏程序函数中的括号允许嵌套使用，但最多只允许嵌套 5 级。（　　）

42. 通过指令"G65 P1000 D100.0；"引数赋值后，程序中的参数"#7"的初始值为 100.0。（　　）

43. G68 指令只能在平面中旋转坐标系。（　　）

三、简答题

1. 加工中心可分为哪几类？其主要特点有哪些？
2. 加工中心适宜加工的对象有哪些？
3. 刀具半径补偿有什么用处？
4. 在加工中心上怎样确定刀具补偿？
5. 何为加工中心的参考点？返回参考点的方式有哪两种？简要说明两者的特点。
6. 什么是固定循环？加工中心的固定循环有什么用途？
7. 刀具返回参考点的指令有哪几个？各在什么情况下使用？
8. FANUC 数控系统子程序的调用格式是什么？
9. B 类宏程序中有哪些变量类型，其含义如何？
10. 在 B 类宏程序中，为何英文字母 G、L、N、O、P 一般不作为文字变量名？

四、编程题

1. 用加工中心加工图 5-53 所示的零件，已知毛坯尺寸为 100 mm×100 mm×20 mm，试编写其程序。

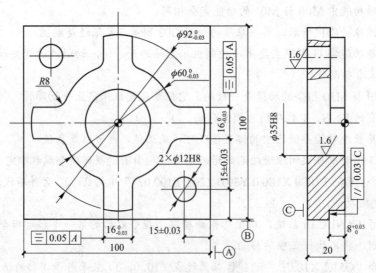

图 5-53　编程题 1 图

2. 用加工中心加工图 5-54 所示的零件，已知毛坯尺寸为 160 mm×120 mm×40 mm，试编写其程序。

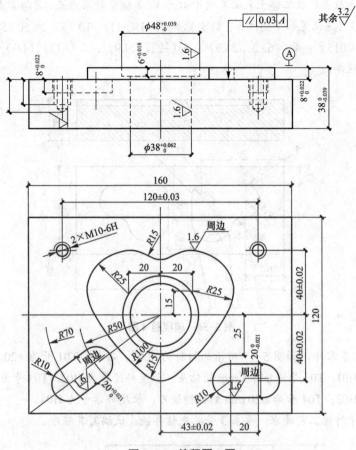

图 5-54　编程题 2 图

3. 加工如图 5-55 所示零件凹槽的内轮廓，采用刀具半径补偿指令进行编程。

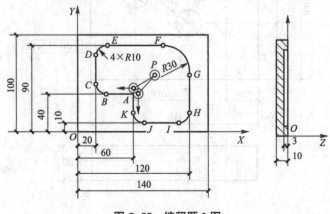

图 5-55　编程题 3 图

4. 模具型腔如图 5-56 所示,模具材质为 45# 钢,调质处理。确定工件预加工部位,模板上的两型腔立面已完成预加工,留半精加工余量为 0.3 mm。

工件坐标系原点:以工件上表面几何中心为 X、Y 轴坐标系原点,Z 向零点在上表面上。编程所需数据点(点位置如下图所示)的坐标如下:1(-11,-10.3);2(50.758,-13.405);3(-61.702,-5.015);4(-63.3,24.9);5(-21,24.9);6(-11,14.9)。

试编写其程序。

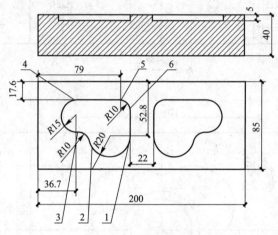

图 5-56 编程题 4 图

5. 加工孔系零件,如图 5-57 所示的材料为 40Cr。刀具:T01 号为 +20 mm 的钻头,长度补偿号为 H01;T02 号为 φ17.5 mm 的钻头,长度补偿号为 H02;T03 号为 M20 的丝锥,长度补偿号为 H03;T04 号为 φ20 mm 的键槽铣刀,长度补偿号为 H04。

说明:由于特殊工艺要求,要求 3 号孔先钻再铣。试编写其程序。

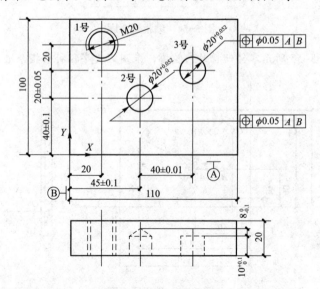

图 5-57 编程题 5 图

6. 试制定图 5-58 所示齿轮泵座（材料：HT200）单件小批生产的加工中心加工工艺，编写加工程序。

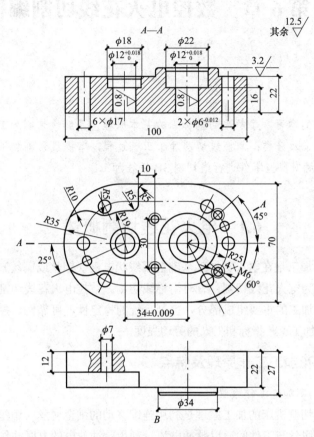

图 5-58　编程题 6 图

第 6 章 数控电火花线切割编程

通过本章内容的学习,了解线切割加工的基本原理,了解线切割加工特点;熟悉电火花线切割机床的组成及分类;掌握线切割加工工艺过程,掌握线切割加工手工编程、自动编程知识;能够熟练对典型零件进行线切割 3B 编程加工。

6.1 电火花线切割概述

电火花线切割加工是在电火花加工基础上用线状电极(钼丝或铜丝)靠火花放电对工件进行切割,故称为电火花线切割,有时简称线切割。数控电火花线切割机床控制系统是进行电火花线切割加工的重要组成部分,控制系统的稳定性、可靠性、控制精度及自动化程度都直接影响到加工工艺指标和工人的劳动强度。

6.1.1 电火花加工工作原理及特点

1. 电火花线切割加工工作原理

数控电火花线切割机床的加工原理是利用连续移动的细金属丝(钼丝、铜丝等)作为工具电极,并在金属丝与工件间通以脉冲电流,利用脉冲放电的电腐蚀作用对工件进行切割加工的。工件的形状是由数控系统的工作台相对于电极丝的运动轨迹决定的,因此,不需要制造专用的电极,就可以加工形状复杂的模具零件。

如图 6-1 所示为线切割机床的加工原理。图中,电极丝 4 穿过工件 5 上预先钻好的小孔,经导轮 3 由储丝筒 2 带动作往复交替移动。工件通过绝缘板 7 安装在工作台上,由数控装置 1 按加工程序发出指令,控制两台步进电动机 11,以驱动工作台在水平面上沿 X、Y 两个坐标方向移动而合成任意平面曲线轨迹。由高频脉冲发生器 8 对电极丝与工件施加脉冲电压,喷嘴 6 将工作液以一定的压力喷向加工区,当脉冲电压击穿电极丝和工件之间的间隙时,两者之间随即产生火花放电而切割工件,图中 9、10 分别为液压泵和油箱。

2. 数控电火花线切割机床的特点

(1)数控线切割加工是轮廓切割加工,不需设计和制造成型工具电极,大大减少了加工费用,缩短了生产周期。

(2)利用电蚀原理加工,工具电极和工件不直接接触,无机械加工中的宏观切削力,适宜于加工低刚度零件及细小零件。

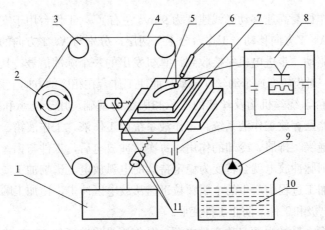

图 6-1 线切割机床的加工原理

1—数控装置；2—储丝筒；3—导轮；4—电极丝；5—工件；6—喷嘴；
7—绝缘板；8—高频脉冲发生器；9—液压泵；10—油箱；11—步进电动机

（3）不受工件硬度的约束，可以加工硬度很高或很脆，用一般切削加工方法难加工或无法加工的材料。只要是导电或半导电的材料都能进行加工。

（4）切缝可窄达 0.005 mm，只对工件材料沿轮廓进行"套料"加工，材料利用率高，能有效节约贵重材料。

（5）移动的长电极丝连续不断地通过切割区，单位长度电极丝的损耗量较小，加工精度高。

（6）一般采用水基工作液，可避免发生火灾，安全可靠，可实现昼夜无人值守连续加工。

（7）通常用于加工零件上的直壁曲面，通过 X-Y-U-V 四轴联动控制，也可进行锥度切割和加工上下截面异形体、形状扭曲的曲面体和球形体等零件。

（8）不能加工盲孔及纵向阶梯表面。

3．线切割加工的对象

（1）广泛应用于加工各种冲模。

（2）可以加工微细异形孔、窄缝和复杂形状的工件。

（3）加工样板和成型刀具。

（4）加工粉末冶金模、镶拼型腔模、拉丝模、波纹板成型模。

（5）加工硬质材料、切割薄片，切割贵重金属材料。

（6）加工凸轮、特殊的齿轮。

（7）适合于小批量、多品种零件的加工，减少模具制作费用，缩短生产周期。

6.1.2 电火花线切割机床组成和运行具备的条件

1．电火花线切割机床的组成

数控线切割机床的组成包括机床主机、脉冲电源和数控装置三大部分。

（1）机床主机部分。机床主机部分由运丝机构、工作台、床身、工作液系统等组成。运丝机构电动机通过联轴节带动储丝筒交替作正、反向转动，钼丝整齐地排列在储丝筒上,并经过丝架作往复高速移动(线速度为 9 m/s 左右)。工作台用于安装并带动工件在工作台平面内作 X、Y 方向移动。工作台分上下两层,分别与 X、Y 方向的丝杠相连,由两个步进电机单独驱动。步进电机每接收到计算机发出的一个脉冲信号,其输出轴就旋转一个步距角,通过一对齿轮变速带动丝杠转动从而使工作台在相应的方向上移动 0.01 mm。

床身是工作台、绕丝机构及丝架的支承和固定的基础,用于支承和连接工作台、运丝机构、机床电器及存放工作液系统。工作液系统由工作液、工作液箱、工作液泵和导管组成。工作液起绝缘、排屑、冷却的作用。每次脉冲放电后,工件与钼丝之间必须迅速恢复绝缘状态,否则脉冲放电就会转变为稳定持续的电弧放电,影响加工质量。在加工过程中,工作液可把加工过程中产生的金属颗粒迅速从放电区冲走,使加工顺利进行。工作液还可冷却受热的电极和工件,防止工件变形。

(2) 脉冲电源。脉冲电源又称高频电源,其作用是将普通的 50 Hz 交流电转换成高频率的单向脉冲电压。加工时,钼丝接脉冲电源负极,工件接正极。

(3) 数控装置。数控装置以计算机为核心,配备控制软件。加工工件时可用键盘或磁盘将程序输入到计算机,通过它可以控制机床按规定加工路线进行加工,其控制精度为 ±0.015 mm,加工精度为 ±0.001 mm。

2. 电火花线切割加工正常运行具备的条件

(1) 金属丝与工件的被加工表面之间必须保持一定间隙。

(2) 电火花线切割机床加工时,必须在有一定绝缘性能的液体介质中进行,如煤油、乳化液、去离子水等,要求工作介质有较高绝缘性,有利于产生脉冲性的电火花放电,还有排除间隙内电蚀产物和冷却电极的作用。钼丝和工件被加工表面之间保持一定间隙,如果间隙过大,极间电压不能击穿极间介质,则不能产生电火花放电;如果间隙过小,则容易形成短路连接,也不能产生电火花放电。

(3) 必须采用脉冲电源,即火花放电必须具有脉冲性、间歇性。

6.1.3 电火花线切割机床分类及特点

按电极丝运动的方式可将数控电火花线切割机床分为快走丝线切割机床和慢走丝线切割机床两大类。

1. 快走丝线切割机床

快走丝线切割机床是我国在 20 世纪 60 年代研制成功的,其主要特点是电极丝运行速度快(300 ~ 700 m/min),加工速度较高,排屑容易,机构比较简单,价格相对低廉,因而在我国应用广泛。但由于其运丝速度快容易引起机床的较大振动,丝的振动也大,从而影响加工精度。它的一般加工精度为 ±0.015 ~ 0.02 mm,所加工表面的表面粗糙度为 $Ra1.25 ~ 2.5 \mu m$。快走丝线切割机床一般采用钼丝作为电极,双向循环运动,电极丝直径为 $\phi 0.1 ~ 0.2$ mm,工作液常采用乳化液。

2. 慢走丝线切割机床

慢走丝线切割机床的运丝速度一般为 3 ~ 5 m/min,最高为 15 m/min,电极丝采用黄铜、紫铜等，直径为 0.03～0.35 mm，电极丝单向运动且为一次性使用，这使电极丝尺寸一致性好，加工精度相对较高，一般这类线切割机床运丝系统复杂，能够设定并调整丝的张力，能进行断丝检测。最新的线切割机床还有自动穿丝和自动断丝功能，慢走丝线切割机床加工精度可达 ±0.001 mm，所加工表面的粗糙度可达 $Ra_{max}0.3\,\mu m$，工作液主要采用去离子水和煤油，切割速度目前可达到 350 mm²/min。

除此之外，按控制方式可分为靠模仿型控制、光电跟踪控制、数字程序控制及微机控制等；按电源形式可分为 RC 电源、晶体管电源、分组脉冲电源及自适应控制电源等；按加工特点可分为大、中、小型及普通直壁切割型与锥度切割型等。

6.2 电火花线切割加工编程

数控线切割机床的控制系统是根据指令控制机床进行加工的，要加工出所需要的图形，必须首先将要切割的图形编制成程序，并将程序输入到控制系统中。快走丝线切割机床采用 3B 或 4B 编程进行加工，慢走丝采用 ISO 标准（即 G 代码、M 功能代码）编程加工。

6.2.1 快走丝 3B 编程

在数控机床中编辑程序的方式主要有两种：一种是手工编程；另一种是自动编程。手工编程采用各种数学方法，使用一般的计算工具，手工地对编程所需的数据进行处理和运算。为了简化编程工作，随着计算机的飞速发展，自动编程已经成为主要编程手段。自动编程使用专用的数控语言及各种输入手段向计算机输入必要的形状和尺寸数据，利用专门的应用软件可自动生成加工程序。

1. 手工编程

线切割机床编程格式是用 3B 指令格式，编程格式见表 6-1。表中 B 为分隔符，它的作用是将 X、Y、J 这些代码分开，便于计算机识别。当程序往控制器输入时，读入第一个 B 后它使控制器做好接受 X 轴坐标值的准备，读入第二个 B 后做好接受 Y 轴坐标值的准备。读入第三个 B 后做好接受 J 值的准备。X、Y、J 的数值均以 μm 为单位。

表 6-1 3B 程序格式

B	X	B	Y	B	J	G	Z
分隔符	坐标值	分隔符	坐标值	分隔符	计数长度	计数方向	加工指令

（1）X、Y 坐标值。3B 编程控制程序中，直线编程坐标原点是直线的起点，X、Y 为直线终点坐标或是终点坐标的比值，单位为 μm；当直线平行于 X、Y 轴时，可以省略不写。

圆弧编程坐标原点是圆弧的圆心，X、Y 为圆弧的起点坐标值，单位为 μm。

（2）计数方向 G 和计数长度 J。为保证所要加工的线段或圆弧能按要求的尺寸加工出来，一般线切割机床是通过控制从起点到终点某个工作台进给的总长度来达到的，因此，

在计算机中设立了一个 J 计数器来进行记数,将加工的总长度数值预先置入 J 计数器中,加工时,当被确定为记数长度这个坐标的工作台每进给一步,J 计数器就减 1。这样,当 J 计数器减到零时,则表示该圆弧或直线已加工到终点。加工斜线段时必须用进给距离比较长的一个方向作进给控制,若线段的终点为 A（Xe,Ye）,当 |Xe|>|Ye|,计数方向取 G_x;反之,计数方向取 G_y,如果两个坐标值相同时,则两个计数方向均可。当圆弧终点坐标靠近 Y 轴时,计数方向取 G_x,靠近 X 轴时,计数方向取 G_y,即圆弧取终点坐标绝对值小的为计数方向,如图 6-2 所示。

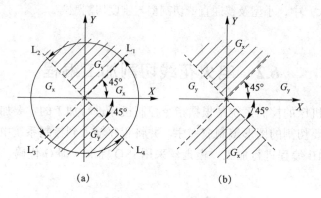

图 6-2 计数方向确定
（a）直线计数方向的确定；（b）圆弧计数方向的确定

计数长度是直线或圆弧在计数方向坐标轴上投影长度总和。对斜线段,当 |Xe|>|Ye| 时,取 J = |Xe|；反之,则取 J = |Ye|。对于圆弧,它可能跨越几个象限,如图 6-3 所示,圆弧从 A 到 B,记数方向为 G_x,J = $J_1+J_2+J_3$。

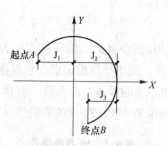

图 6-3 圆弧计数长度

（3）加工指令 Z。加工指令共有 12 种,如图 6-4 所示,其中直线加工指令 4 种,用 L 表示,L 后面的数字表示该线段所在的象限。对于和坐标重合的直线,正 X 轴为 L1,正 Y 轴为 L2,负 X 轴为 L3,负 Y 轴为 L4。对于圆弧加工指令有 8 种,SR 表示顺弧,NR 表示逆弧,字母后面的数字表示该圆弧的起点所在象限,如 SR1 表示该圆弧为顺圆,起点在第一象限,如图 6-4 所示。对于顺弧,起点在正 Y 轴记作 SR1,在负 X 轴记作 SR2,在负 Y 轴记作 SR3,在正 X 轴记作 SR4；对于逆弧,起点在正 X 轴记作 NR1,在

正 Y 轴记作 NR2，在负 X 轴记作 NR3，在负 Y 轴记作 NR4。

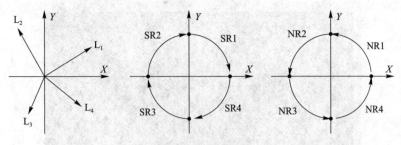

图 6-4　加工指令

线切割编程坐标系和数控车床、数控铣床坐标系不同，线切割编程坐标系只有相对坐标系，每加工一条线段或圆弧，都要将坐标原点移到直线的起点或圆弧的圆心上。

【例 6-1】加工如图 6-5 所示的工件，按 $A \to B \to C \to D \to E$ 的顺序进行切割，加工程序见表 6-2。

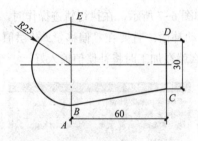

图 6-5　工件

表 6-2　加工程序

序号	B	X	B	Y	B	J	G	Z	备注
1	B	0	B	0	B	4900	Gy	L2	AB 段
2	B	59850	B	0	B	59850	Gx	L1	BC 段
3	B	0	B	150	B	150	Gy	NR4	C 点过渡圆弧
4	B	0	B	29745	B	29745	Gy	L2	CD 段
5	B	150	B	0	B	150	Gx	NR1	D 点过渡圆弧
6	B	51445	B	18491	B	51445	Gx	L2	DE 段
7	B	84561	B	23526	B	58456	Gx	NR1	EB 段
8	B	0	B	0	B	4900	Gy	L4	BA 段
9								D	加工结束

2．自动编程

自动编程是通过自动编程软件，画出要加工的图形，生成 G 代码或 3B 代码，通过代码来指挥机床动作完成加工的。具体操作步骤如下：

（1）画出要加工的图形。如图 6-6 所示，在画图时要注意，在尖角的地方要倒一个大于或等于钼丝半径的圆角，否则补偿就不能执行。

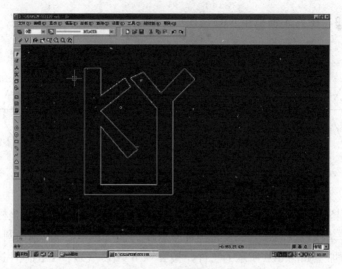

图 6-6 加工图形

（2）进行轨迹操作。如图 6-7 所示，在执行轨迹操作时，要注意补偿是自动补偿还是后置时手工补偿，如果是自动补偿，就要在"偏移量/补偿值"选项卡将补偿值设定好；如果是后置时手工补偿，那么就在加工时将补偿值输入好。

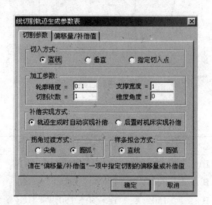

图 6-7 "线切割轨迹生成参数表"对话框

（3）生成 3B 加工代码。如图 6-8 所示，代码生成以后，可以手工输入到单片机，也可以保存到计算机的磁盘目录下。

图 6-8 生成 3B 加工代码

6.2.2 慢走丝 ISO 编程

我国快走丝数控电火花切割机床常用的 ISO 代码指令,与国际上使用的标准基本一致。常用指令见表 6-3。

表 6-3 ISO 代码

运动指令	坐标方式指令	坐标系指令	补偿指令	M 代码	镜像指令	锥度指令	坐标指令	其他指令

ISO 代码编程格式如下。

1. 运动指令

(1) G00 快速定位指令。在线切割机床不放电的情况下,使指定的某轴快速移动到指定位置。指令格式:

G00 X____ Y____;

例如,"G00 X60000 Y80000;",如图 6-9 所示。

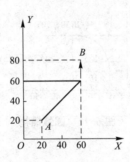

图 6-9 快速定位

(2) G01 直线插补指令。指令格式:

G01 X(U)____ Y(V)____;

用于线切割机床在各个坐标平面内加工任意斜率的直线轮廓和用直线逼近曲线轮廓。

例如,进行如图 6-10 所示的直线插补,程序编制如下:

G92 X40000 Y20000;
G01 X80000 Y60000;

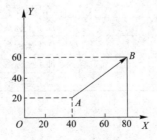

图 6-10 直线插补

（3）G02、G03 圆弧插补指令。

G02 为顺时针加工圆弧的插补指令。

G03 为逆时针加工圆弧的插补指令。指令格式：

```
G02 X____ Y____ I____ J____;
G03 X____ Y____ I____ J____;
```

其中，X、Y 表示圆弧终点坐标；I、J 表示圆心坐标，是圆心相对圆弧起点的增量值。

例如，进行如图 6-11 所示的圆弧插补，加工程序如下：

```
G92 X10000 Y10000;
G02 X30000 Y30000 I20000 J0;
G03 X45000 Y15000 I15000 J0;
```

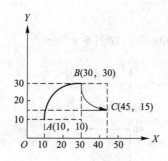

图 6-11 圆弧插补

2．坐标方式指令

G90 为绝对坐标指令。该指令表示程序段中的编程尺寸是按绝对坐标给定的。

G91 为增量坐标指令。该指令表示程序段中的编程尺寸是按增量坐标给定的，即坐标值均以前一个坐标作为起点来计算下一点的位置值。

3．坐标系指令

坐标系指令见表 6-4，常用 G92 加工坐标系设置指令。

表 6-4 坐标系指令

G92	加工坐标系设置指令
G54	加工坐标系 1
G55	加工坐标系 2
G56	加工坐标系 3
G57	加工坐标系 4
G58	加工坐标系 5
G59	加工坐标系 6

编程格式：

```
G92 X____ Y____;
```

【例 6-2】加工如图 6-12 所示的零件（电极丝直径与放电间隙忽略不计）。

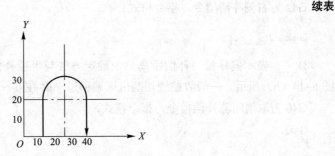

图 6-12 插补实例

（1）用 G90 编程。

P1;   // 程序名
N01 G92 X0 Y0;   // 确定加工程序起点，设置加工坐标系
N02 G01 X10000 Y0;
N03 G01 X10000 Y20000;
N04 G02 X40000 Y20000 I15000 J0;
N05 G01 X40000 Y0;
N06 G01 X0 Y0;
N07 M02;   // 程序结束

（2）用 G91 编程。

P2;   // 程序名
N01 G92 X0 Y0;
N02 G91;   // 表示以后的坐标值均为增量坐标
N03 G01 X10000 Y0;
N04 G01 X0 Y20000;
N05 G02 X30000 Y0 I15000 J0;
N06 G01 X0 Y-20000;
N07 G01 X-40000 Y0;
N08 M02;

4．补偿指令

G40、G41、G42 为间隙补偿指令。

G41 为左偏间隙补偿指令。指令格式：

G41 D____;

D____ 表示偏移量（补偿距离），确定方法与半径补偿方法相同，如图 6-13（a）和图 6-14（a）所示。一般数控线切割机床偏移量 ΔR 为 $0 \sim 0.5\,\text{mm}$。

G42 为右偏补偿指令。指令格式：

G42 D____；

D____ 表示偏移量（补偿距离），确定方法与半径补偿方法相同，如图 6-13（b）和图 6-14（b）所示。一般数控线切割机床偏移量 ΔR 在 0～0.5 mm。

G40 为取消间隙补偿指令，指令格式：

G40；

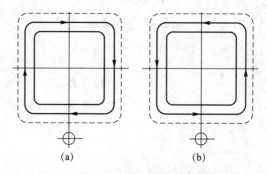

图 6-13　凸模加工间隙补偿指令的确定

（a）G41 加工；（b）G42 加工

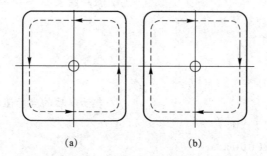

图 6-14　凹模加工间隙补偿指令的确定

（a）G41 加工；（b）G42 加工

5. M 代码

M 为系统辅助功能指令，常用 M 功能指令见表 6-5。

表 6-5　M 代码

M00	程序暂停
M02	程序结束
M05	接触感知解除
M96	主程序调用子程序
M97	主程序调用子程序结束

6. 镜像指令

常用镜像功能指令见表 6-6。

表 6-6 镜像指令

G05	X 轴镜像
G06	Y 轴镜像
G07	X、Y 轴交换
G08	X 轴镜像，Y 轴镜像
G09	X 轴镜像，X、Y 轴交换
G10	Y 轴镜像，X、Y 轴交换
G11	Y 轴镜像，X 轴镜像，X、Y 轴交换
G12	消除镜像

7. 锥度加工指令（G50、G51、G52）

(1) 锥度线切割加工指令：G50、G51、G52（锥度加工指令）。G50 为消除锥度，G51 为锥度左偏，G52 为锥度右偏。当顺时针加工时，G51 加工出来的工件上大下小，G52 加工出来的工件上小下大；当逆时针加工时，G51 加工出来的工件上小下大，G52 加工出来的工件上大下小。格式：

G51 A;

G52 A;

G50;

(2) 锥度加工的设定。为了执行锥度加工，必须确定并输入 3 个数据：上导丝嘴与工作台面的距离、下导丝嘴与工作台面的距离及工件厚度。否则，即使程序中设定了锥度加工也无法正确执行。读者可参考机床的说明书在机床的相关菜单中输入这 3 个参数。对加工面的定义：与编程尺寸一致的面称作主程序面（即最重要的尺寸所在的平面），将另一有尺寸要求的面叫副程序面。

在锥度加工中要点如下：

1) G50、G51、G52 分别为取消锥度倾斜、电极丝左倾斜、电极丝右倾斜。

2) A 为电极丝倾斜的角度，单位为度。

3) 取消和开始锥度倾斜（G50）、电极丝左倾斜（G51）、电极丝右倾斜（G52）只能在直线上进行，不能在圆弧上进行。

4) 为了实现锥度加工，必须在加工前设置相关参数，不同的机床需要设置的参数不同。

①工作台与上导丝嘴距离，即从工作台到上导丝嘴为止的距离；

②工作台与主程序面距离，即从工作台到主程序面为止的距离，主程序面上的加工物的尺寸与程序中编制的尺寸一致，为优先保证尺寸；

③工作台与副程序面距离，即从工作台上面到另一个有尺寸要求的面的距离，副程序面是另一个希望有尺寸要求的面，此面的尺寸要求低于主程序面；

④工作台与下导丝嘴距离，即从下导丝嘴到工作台上面的距离。

8. 坐标指令

常用坐标指令见表 6-7。

表 6-7 坐标指令

W	下导轮到工作台面高度
H	工件厚度
S	工作台面到上导轮高度

6.3 数控电火花线切割编程实例

【例 6-3】编制加工图 6-15 所示凸凹模（图示尺寸是根据刃口尺寸公差及凸凹模配合间隙计算出的平均尺寸）的数控线切割程序。电极丝直径为 $\phi 0.1$ mm 的钼丝，单面放电间隙为 0.01 mm。

下面主要就工艺计算和程序编制进行讲述：

（1）确定计算坐标系。由于图形上、下对称，孔的圆心在图形对称轴上，圆心为坐标原点，如图 6-15 所示。因为图形对称于 X 轴，所以只需求出 X 轴上半部（或下半部）钼丝中心轨迹上各段的交点坐标值，从而使计算过程简化。

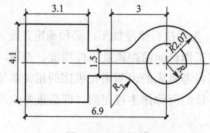

图 6-15 凸凹模

（2）确定补偿距离。

补偿距离为

$$\Delta R = 0.1/2 + 0.01 = 0.06 \, (\text{mm})$$

钼丝中心轨迹，如图 6-16 中的点画线所示。

（3）计算交点坐标。将电极丝中心点轨迹划分成单一的直线或圆弧段。求 E 点的坐标值：因两圆弧的切点必定在两圆弧的连心线 OO_1 上。直线 OO_1 的方程为 $Y=(2.75/3)X$。故可求得 E 点的坐标值 X、Y 为

$$X = -1.570 \text{ mm}, \quad Y = -1.493 \text{ mm}$$

其余各点坐标可直接从图形中求得到，见表 6-8。

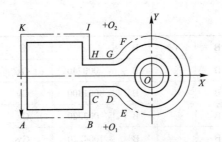

图 6-16 凸凹模编程示意图

切割型孔时电极丝中心至圆心 O 的距离（半径）为

$$R=1.1-0.06=1.04（\text{mm}）$$

表 6-8 凸凹模轨迹图形各段交点及圆心坐标

交点	X	Y	交点	X	Y	圆心	X	Y
B	-3.74	-2.11	G	-3	0.81	O_1	-3	-2.75
C	-3.74	-0.81	H	-3	0.81	O_2	-3	-2.75
D	-3	-0.81	I	-3.74	2.11			
E	-1.57	-1.4393	K	-6.96	2.11			

（4）编写程序单。切割凸凹模时，不仅要切割外表面，而且还要切割内表面，因此要在凸凹模型孔的中心 O 处钻穿丝孔。先切割型孔，然后再按 $B \rightarrow C \rightarrow D \rightarrow E \rightarrow F \rightarrow G \rightarrow H \rightarrow I \rightarrow K \rightarrow A \rightarrow B$ 的顺序切割。

3B 格式切割程序单见表 6-9。

表 6-9 凸凹模线切割程序

序号	B	X	B	Y	B	J	G	Z	说明
1	B		B		B	001040	Gx	L3	穿丝切割
2	B	1040	B		B	004160	Gy	SR2	
3	B		B		B	001040	Gx	L1	
4								D	拆卸钼丝
5	B		B		B	013000	Gy	L4	空走
6	B		B		B	003740	Gx	L3	空走
7								D	重新装上钼丝
8	B		B		B	012190	Gy	L2	切入并加工 BC 段
9	B		B		B	000740	Gx	L1	
10	B		B	1940	B	000629	Gy	SR1	
11	B	1570	B	1439	B	005641	Gy	NR3	
12	B	1430	B	1311	B	001430	Gx	SR4	

续表

序号	B	X	B	Y	B	J	G	Z	说明
13	B		B		B	000740	Gx	L3	
14	B		B		B	001300	Gy	L2	
15	B		B		B	003220	Gx	L3	
16	B		B		B	004220	Gy	L4	
17	B		B		B	003220	Gx	L1	
18	B		B		B	008000	Gy	L4	退出
19								D	加工结束

ISO 格式切割参考程序如下:

D000=+00000000 D001=+00000110;
D005=+00000000;
T84 T86 G54 G90 G92 X+0 Y+0 U+0 V+0;
C007;
G01 X+100 Y+0;
G04 X0.0+D005;
G41 D000;
G01 X+1100 Y+0;
G04 X0.0+D005;
G41D001;
G03 X-1100 Y+0 I-1100 J+0;
G04 X0.0+D005;
X+1100 Y+0 I+1100 J+0;
G04 X0.0+D005;
G40 D000 G01 X+100 Y+0;
M00;   // 取废料
C007;
G01 X+0 Y+0;
G04 X0.0+D005;
T85 T87;
M00;   // 拆丝
M05G00 X-3000;   // 空走
M05G00 Y-2750;
M00;   // 穿丝
D000=+00000000 D001=+00000110;
D005=+00000000;

```
T84 T86 G54 G90 G92 X-2500 Y-2000 U+0 V+0;
C007;
G01 X-2801 Y-2012;
G04 X0.0+D005;
G41 D000;
C007;
G41 D000;
G01 X-3800 Y-2050;
G04 X0.0+D005;
G41 D001;
X-3800 Y-750;
G04 X0.0+D005;
X-3000 Y-750;
G04X0.0+D005;
G02 X-1526 Y-1399 I+0 J-2000;
G04 X0.0+D005;
G03 X-1526 Y+1399 I+1526 J+1399;
G04 X0.0+D005;
G02 X-3000 Y+750 I-1474 J+1351;
G04 X0.0+D005;
G01 X-3800 Y+750;
G04 X0.0+D005;
X-3800 Y+2050;
G04 X0.0+D005;
X-6900 Y+2050;
G04 X0.0+D005;
X-6900 Y-2050;
G04X0.0+D005;
X-3800 Y-2050;
G04X0.0+D005;
G40 D000 G01 X-2801 Y-2012;
M00;
C007;
G01 X-2500 Y-2000;
G04 X0.0+D005;
T85 T87 M02;                    //程序结束
```

思考练习

一、填空题

1. 线切割加工中常用的电极丝有_____、_____、_____。其中_____和_____应用快速走丝线切割,而_____应用慢速走丝线切割。
2. 按电极丝运动的方式将数控电火花线切割机床分为_____线切割机床和_____线切割机床。
3. 线切割加工时,穿丝孔一般应选在工件的_____处,穿丝孔可采用_____或_____等方法完成。
4. 线切割加工时,常用的工作液主要有_____和_____。
5. 数控电火花线切割机床的编程,主要采用_____、_____和_____三种格式。
6. 数控线切割机床的组成包括_____、_____和_____三大部分。
7. 慢速走丝比快速走丝加工精度_____。
8. 3B代码格式中G代表_____,J代表_____,Z代表_____。
9. 线切割加工时,工件的装夹方式有_____装夹、_____装夹、_____装夹和_____装夹。
10. 丝切割编程时的单位是_____。
11. 切割孔类零件时,为了减少变形,还可采用_____。
12. 线切割过程中,增加峰值电流,工件的表面质量_____。
13. 慢走丝线切割机床的预加工主要为了节省标准加工中的_____时间。
14. 线切割加工的电源是_____。

二、判断题

1. 目前线切割加工时应用较普遍的工作液是煤油。(　　)
2. 在模具加工中,数控电火花线切割加工是最后一道工序。(　　)
3. 工件的切割图形与定位基准的相互位置精度要求不高时可采用百分表找正。(　　)
4. 数控线切割时,G40、G41、G42为刀具补偿指令。(　　)
5. 数控电火花成型精加工时所用工作液,宜选用水基工作液。(　　)
6. 数控电火花线切割一块毛坯上的多个零件或加工大型工件时,应沿加工轨迹设置一个穿丝孔。(　　)
7. 利用电火花线切割机床不仅可以加工导电材料,还可以加工不导电材料。(　　)
8. 3B代码格式中,G代表计数长度,J代表计数方向。(　　)
9. 电火花线切割加工通常采用正极性加工。(　　)
10. 在慢走丝线切割加工中,由于电极丝不存在损耗,所以加工精度高。(　　)
11. 慢走丝机床编程时用的单位是微米,快走丝机床编程时用的单位是毫米。(　　)
12. 线切割编程时G代码又称ISO代码。(　　)
13. 因数控线切割加工精度高,可以不考虑放电间隙。(　　)
14. 线切割加工过程中工件承受的切削力很小。(　　)

15. 数控线切割编程采用绝对坐标系编程。（   ）
16. 慢走丝线切割机床电极丝采用钼丝，快走丝机床采用铜丝。（   ）
17. 线切割加工过程中用的是高压电。（   ）
18. 脉冲宽度及脉冲能量越大，则放电间隙越小。（   ）
19. 如果线切割单边放电间隙为 0.01 mm，钼丝直径为 0.18 mm，则加工圆孔时的电极丝补偿量为 0.19 mm。（   ）
20. 电火花线切割加工中粗加工通常采用正极性加工。（   ）

三、选择题

1. 电火花线切割加工的特点有（   ）。
   A. 必须考虑电极损耗　　　　　　　B. 不能加工精密细小，形状复杂的工件
   C. 不需要制造电极　　　　　　　　D. 不能加工盲孔类和阶梯型面类工件
2. 电火花线切割加工的对象有（   ）。
   A. 任何硬度，高熔点包括经热处理的钢和合金
   B. 成型刀，样板
   C. 阶梯孔，阶梯轴
   D. 塑料模中的型腔
3. 对于线切割加工，下列说法正确的有（   ）。
   A. 线切割加工圆弧时，其运动轨迹是折线
   B. 线切割加工斜线时，其运动轨迹是斜线
   C. 加工斜线时，取加工的终点为编程坐标系的原点
   D. 加工圆弧时，取圆心为切线坐标系的原点
4. 下列各项中对电火花加工精度影响最小的是（   ）。
   A. 放电间隙　　　B. 加工斜度　　　C. 工具电极损耗　　　D. 工具电极直径
5. 若线切割机床的单边放电间隙为 0.02 mm，钼丝直径为 0.18 mm，则加工圆孔时的补偿量为（   ）mm。
   A. 0.10　　　　　B. 0.11　　　　　C. 0.20　　　　　D. 0.21
6. 用线切割机床加工直径为 10 mm 的圆孔，当采用的补偿量为 0.12 mm 时，实际测量孔的直径为 10.02 mm。若要孔的尺寸达到 10 mm，则采用的补偿量为（   ）mm。
   A. 0.10　　　　　B. 0.11　　　　　C. 0.12　　　　　D. 0.13
7. 用线切割机床不能加工的形状或材料为（   ）。
   A. 盲孔　　　　　B. 圆孔　　　　　C. 上下异性件　　　D. 淬火钢
8. 线切割加工数控程序编制时，下列计数方向的说法正确的有（   ）。
   A. 斜线终点坐标（Xe，Ye），当 |Ye|>|Xe| 时，计数方向取 Gy
   B. 斜线终点坐标（Xe，Ye），当 |Xe|>|Ye| 时，计数方向取 Gy
   C. 圆弧终点坐标（Xe，Ye），当 |Xe|>|Ye| 时，计数方向取 Gy
   D. 圆弧终点坐标（Xe，Ye），当 |Xe|<|Ye| 时，计数方向取 Gy

9. 数控电火花高速走丝线切割加工时，所选用的工作液和电极丝为（   ）。
   A. 纯水、钼丝　　　B. 机油、黄铜丝　　　C. 乳化液、钼丝　　　D. 去离子水、黄铜丝
10. 线切割加工编程时，计数长度应（   ）。
    A. 以 μm 为单位　　　　　　　　　　　B. 以 mm 为单位
    C. 写足四为数　　　　　　　　　　　　D. 写足五位数
    E. 写足六位数

四、简答题

1. 简述线切割加工的特点。
2. 简述线切割的应用范围。
3. 简述电火花线切割机床的加工原理。
4. 电火花线切割加工正常运行，必须具备什么条件？
5. 数控线切割加工中对工件装夹有哪些要求？有哪些装夹方式？
6. 线切割加工时，穿丝孔的确定原则是什么？
7. 线切割加工时，切割路线的确定原则是什么？
8. 数控线切割加工的主要工艺指标有哪些？影响表面粗糙度的主要因素有哪些？
9. 数控线切割加工的工艺准备包括哪些内容？
10. 为什么慢走丝比快走丝加工精度高？

五、编程题

1. 采用 3B 格式编写图 6-17 所示的凹模零件加工程序。

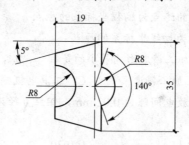

图 6-17　编程题 1 图

2. 采用 3B 格式编写图 6-18 所示的凹模零件加工程序。

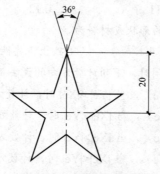

图 6-18　编程题 2 图

3. 采用 3B 格式编写图 6-19 所示的凸模零件加工程序。

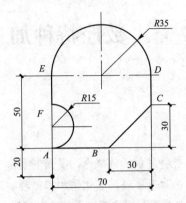

图 6-19　编程题 3 图

第 7 章 数控特种加工技术

通过本章内容的学习,掌握特种加工的概念,了解特种加工的分类,能够区分特种加工与机械加工的区别;掌握电火花加工原理、电化学加工原理、激光加工原理、电子束离子束加工原理、超声加工原理、快速成型加工原理;了解各种特种加工方法的特点及应用场合。

7.1 特种加工概述

传统的机械加工已有很久的历史,它对人类生产和物质文明的发展起到了极大的作用。例如,18 世纪 70 年代就发明了蒸汽机,但苦于制造不出有配合要求、高精度的蒸汽机汽缸,无法推广应用。直到有人创造出和改进了汽缸镗床,解决了蒸汽机主要部件的加工工艺问题,才使蒸汽机获得了广泛应用,引起了世界性的第一次工业革命。这一事实充分说明了加工方法对新产品的研制、推广以及社会经济等起着多么重大的作用。随着新材料、新结构的不断出现,情况将更是如此。

但是从第一次工业革命开始,一直到第二次世界大战以前,在这段长达 150 多年都靠机械切削加工(包括磨削加工)的漫长年代里,并没有产生特种加工的迫切要求,也没有发展特种加工的充分条件,人们的思想一直还局限在自古以来传统的靠硬的工具来加工软的工件,用机械能量和切削力来除去多余的金属,以达到加工要求这一框框之内。

直到 1943 年,苏联鲍·洛·拉扎林柯夫妇在研究电器开关触点遭受火花放电腐蚀损坏,发现电火花的瞬时高温可使局部金属熔化,气化面被蚀除掉,从而变有害的电火花腐蚀为有用的电火花加工方法。他用铜杆在淬火钢上加工出小孔,开创和发明了用软的工具加工任何硬度的金属材料的方法,首次摆脱了传统的以硬切软的切削加工方法,直接利用电能和热能去除金属,以获得"以柔克刚"的效果。

第二次世界大战后,特别是进入 20 世纪 50 年代以来,为满足生产发展和科学试验的需要,很多工业部门,尤其是国防工业部门,要求尖端科学技术产品向高精度、高速度、高温、高压、大功率、小型化等方向发展,它们所使用的材料越来越难加工,零件形状越来越复杂,加工精度、表面粗糙度和某些特殊要求也越来越高,因而,对机械制造部门提出了下列新的要求:

(1)解决各种难切削材料的加工问题。如硬质合金、钛合金、耐热钢、不锈钢、淬火钢、金刚石、宝石、石英,以及锗、硅等各种高硬度、高强度、高韧性、高脆性的金属与非金属材料的加工。

（2）解决各种特殊复杂表面的加工问题。如喷气涡轮机叶片，整体涡轮，发动机机匣，锻模和注塑模的内、外立体成型表面，各种冲模、冷拔模上特殊截面的型孔，枪和炮管内膛线，喷油嘴、栅网、喷丝头上的小孔、异形小孔、窄缝、小深孔等的加工。

（3）解决各种超精、光整或具有特殊要求的零件加工问题，如对表面质量和精度要求很高的航天、航空陀螺仪、伺服阀、细长轴、薄壁零件、弹性元件等低刚度零件的加工，以及计算机、微电子工业大批量精密、微细元器件的生产制造。

要解决上述一系列工艺问题，仅仅依靠传统的切削加工方法很难实现，甚至根本无法实现。为此，人们相继探索、研究新的加工方法。特种加工就是在这种前提条件下产生和发展起来的。但是，社会需求等外因是条件，能解决社会需求的可能性等内因是根本，事物发展的根本原因在于事物的内部。特种加工之所以能产生和发展，其内因就在于它具有切削加工所不具有的本质和特点。

7.1.1 特种加工及其发展趋势

切削加工的本质和特点：一是靠刀具材料比工件硬；二是靠机械能和切削力将工件上多余的材料切除。但是，当工件材料越来越硬、加工表面越来越复杂时，原来行之有效的方法便转化为限制生产率和影响加工质量的不利因素了。

于是人们开始探索用软工具来加工硬材料，不仅用机械能而且还采用电、化学、光、声等能量来进行加工。到目前为止，已经找到多种这类加工方法。为区别于现有的金属切削加工，这类新加工方法统称为特种加工，国外称为非传统加工或非常规机械加工。

特种加工与切削加工的区别如下：

（1）不是依靠机械能，而是主要用其他形式的能量（如电、化学、光、声、热等）去除金属材料。

（2）不是依靠"比硬度"以硬切软，而是工具硬度可以低于被加工材料的硬度，如激光、电子束等加工时甚至没有成型的工具。

（3）主要不是依靠切削力来去除工件材料，加工过程中工具与工件之间不存在显著的机械切削力，如电火花、线切割、电解加工时工具与工件不接触。

正因为特种加工工艺具有上述特点，所以就总体而言，特种加工可以加工任何硬度、强度、韧性、脆性的金属或非金属材料，且专长于加工复杂、微细表面和低刚度零件。同时，有些方法还可用于进行超精加工、镜面光整加工和纳米级（原子级）加工。

我国的特种加工技术起步较早。在发明电火花加工10年后，即20世纪50年代中期，我国工厂已设计研制出电火花穿孔机床、电火花表面强化机。中国科学院电工研究所、原机械工业部机床研究所、原航空工业部625研究所、哈尔滨工业大学、原大连工学院等相继成立电加工研究室和开展电火花加工的科研工作。20世纪50年代末，营口电火花机床厂开始成批生产电火花强化机和电火花机床，成为我国第一家电加工机床专业生产厂。此后上海第八机床厂、苏州第三光学仪器厂、苏州长风机械厂和汉川机床厂等也专业生产电火花加工机床。

20世纪60年代初,我国科学院电工研究所研制成功我国第一台靠模仿形电火花线切割机床,这是我国电火花线切割加工的第一只"春燕"。20世纪60年代末,上海电表厂张维良工程师在阳极—机械切割的基础上发明出我国独创的往复式高速走丝线切割机床,上海复旦大学研制出与之配套的电火花线切割3B代码的数控系统。从此,电火花、线切割加工技术在我国如雨后春笋一般迅速发展。

1979年我国成立了全国性的电加工学会。1981年我国高校间成立了特种加工教学研究会,这对特种加工的普及和提高起到了很大的促进作用。

由于我国原有的工业基础薄弱,特种加工设备的设计和制造水平及特种加工的整体技术水平与国际先进水平相比还有不小的差距,高档技术密集型的电加工机床每年还要从国外进口300台以上,我国大量生产的电加工机床往往是技术含量较低、售价和利润也较低的劳动力密集型的产品。这些都有待于努力改变,特种加工这一先进制造技术,必将在促使我国从制造大国发展成为制造强国的过程中,发挥出应有的重大作用。

7.1.2 特种加工的分类

特种加工方法,一般可按表7-1所示的能量来源和作用形式及加工原理来划分。

表7-1 常用特种加工方法分类表

特种加工方法		能量来源和作用形式	加工原理
电火花加工	电火花成型加工	电能、热能	熔化、气化
	电火花线切割加工	电能、热能	熔化、气化
	短电弧加工	电能、热能	熔化、气化
电化学加工	电解加工	电化学能	金属离子阳极溶解
	电解磨削	电化学能、机械能	阳极溶解、磨削
	电解研磨	电化学能、机械能	阳极溶解、研磨
	电铸	电化学能	金属离子阴极沉积
	涂镀	电化学能	金属离子阴极沉积
激光加工	激光切割、打孔	光能、热能	熔化、气化
	激光打标记	光能、热能	熔化、气化
	激光处理、表面改性	光能、热能	熔化、相变
电子束加工	切割、打孔、焊接	电能、热能	熔化、气化
离子束加工	蚀刻、镀覆、注入	电能、动能	原子撞击
超声加工	切割、打孔、雕刻	声能、机械能	磨料高频撞击
化学加工	化学铣削	化学能	腐蚀
	化学抛光	化学能	腐蚀
	光刻	光能、化学能	光化学腐蚀
快速成型和3D打印	液相固化法	光能、化学能	增材法加工
	粉末烧结法	光能、热能	增材法加工
	纸片叠层法	光能、机械能	增材法加工
	熔丝堆积法	电能、热能、机械能	增材法加工

7.1.3 特种加工对材料可加工性和结构工艺性的影响

由于上述各种特种加工工艺的特点及逐渐广泛的应用,引起了机械制造工艺技术领域内的许多变革,如对材料的可加工性、工艺路线的安排、新产品的试制过程、产品零件设计的结构、零件结构工艺性好坏的衡量标准等产生了一系列的影响,归纳起来主要有以下六个方面。

1. 提高了材料的可加工性

以往认为金刚石、硬质合金、淬火钢、石英、玻璃、陶瓷等材料都是很难加工的,现在已广泛采用金刚石,聚晶(人造)金刚石,硬质合金制造的刀具、工具、拉丝模具,可用电火花、电解、激光等多种方法来对它们进行加工。材料的可加工性不再与硬度、强度、韧性、脆性等成直接、比例关系。对电火花、线切割加工而言,淬火钢比未淬火钢更易加工。特种加工方法使材料的可加工范围从普通材料发展到硬质合金、超硬材料和特殊材料。

2. 改变了零件的典型工艺路线

以往除磨削外,其他切削加工、成型加工等都必须安排在淬火热处理工序之前。而特种加工的出现,改变了这种一成不变的程序格式。由于它基本上不受工件硬度的影响,而且为了避免加工后淬火引起热处理变形,一般都是先淬火后加工。最典型的是电火花线切割加工、电火花成型加工和电解加工等。

3. 改变了试制新产品的模式

以往试制新产品时,必须先设计、制造相应的刀具、夹具、量具、模具及二次工装,现在采用数控电火花线切割,可以直接加工出各种标准和非标准直齿轮(包括非圆齿轮、非渐开线齿轮)、微型电动机定子、转子硅钢片,各种变压器铁芯,各种特殊、复杂的二次曲面体零件。这样可以省去设计和制造相应的刀具、夹具、量具、模具及二次工装,大大缩短了试制周期。尤其是3D打印快速成型技术更是试制新产品的必要手段,改变了过去传统的产品试制模式。

4. 对产品零件的结构设计产生了很大的影响

主要表现为由部件拼镶结构改为整体结构,例如,各种变压器的山形硅钢片硬质合金冲模,过去由于不易制造,往往采用拼镶结构,而采用电火花线切割加工以后,可做成整体结构。喷气发动机涡轮也由于电加工的出现而采用扭曲叶片带冠整体结构,大大提高了发动机的性能。特种加工使产品零件可以更多地采用整体结构。

5. 需要重新衡量传统结构工艺性的好坏

过去认为方孔、小孔、深孔、弯孔、窄缝等是工艺性很差的典型结构,是设计和工艺技术人员非常忌讳的,有的甚至是禁区。特种加工改变了这种情况。对于电火花穿孔、电火花线切割工艺来说,加工方孔和加工圆孔的难易程度是一样的。喷油嘴小孔,喷丝头小异形孔,涡轮叶片上的大量小冷却深孔,窄缝,静压轴承、静压导轨的内油囊型腔,采用电加工后变难为易了。以前,如果淬火前忘记钻定位销孔、铣槽等,则淬火后这种工件只能报废,现在却可用电火花打孔、切槽进行补救。以前很多不可修复的废品,现在都可用特种加工方法修复。例如,啮合不好的齿轮,可用电火花跑合;尺寸磨小的轴、磨大的孔以及工作中磨损的轴和孔,可用电刷镀修复。特种加工使现代产品结构中可以大量采用小孔、小深孔、小斜孔、深槽和窄缝。

6. 特种加工已经成为微细加工和纳米加工的主要手段

近年来出现并快速发展的微细加工和纳米加工技术,主要是电子束、离子束、激光、电火花、电化学等电物理、电化学特种加工技术。学习和掌握了特种加工技术,设计和工艺技术人员就能在产品设计中采用制造更易、性能更好、尺寸结构更小的,甚至是微细结构。

7.2 电火花加工

电火花加工也称放电加工,20 世纪 40 年代开始研究并逐步应用于生产。其是在加工过程中,使工具和工件之间不断产生脉冲性的火花放电,靠放电时局部、瞬时产生的高温将金属蚀除下来。因在放电过程中可见到火花,故称之为电火花加工。

7.2.1 电火花加工的原理及分类

1. 电火花加工的原理

电火花加工的原理(图 7-1)是利用工具和工件(正、负电极)之间脉冲性火花放电时的电腐蚀现象来蚀除多余的金属,以达到对零件的尺寸、形状及表面质量预定的加工要求。电腐蚀现象早在 19 世纪初就被人们发现了,例如,在插头或电器开关触点开、闭时,往往产生火花而将接触表面烧毛、腐蚀成粗糙不平的凹坑而使其逐渐损坏。长期以来电腐蚀一直被认为是一种有害的现象,人们不断地研究电腐蚀的原因并设法减轻和避免。

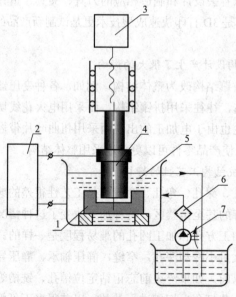

图 7-1 电火花加工原理图

1—工件;2—脉冲电源;3—自动进给调节装置;4—工具;5—工作液;6—过滤器;7—工作液泵

2. 电火花加工的分类

按工具电极和工件相对运动的方式和用途的不同,电火花加工大致可分为电火花穿孔成型加工、电火花线切割、短电弧加工、电火花磨削和镗磨、电火花同步共轭回转加工、电火花高速小孔加工、电火花表面强化与刻字七大类。

通常所说的电火花加工是指电火花穿孔成型加工。

7.2.2 电火花加工的特点及应用

1. 电火花加工的主要优点

(1) 适用于任何难切削导电材料的加工。由于加工中材料的去除是靠放电时的电热作用实现的,材料的可加工性主要取决于材料的导电性及热学特性,如熔点、沸点、比热容、热导率、电阻率等,而几乎与其力学性能(硬度、强度等)无关。这样可以突破传统切削加工对刀具的限制,实现用软的工具加工硬韧的工件,甚至可以加工像聚晶金刚石、立方氮化硼一类的超硬材料。目前,电极材料多采用纯铜(俗称紫铜)、黄铜或石墨,因此工具电极较容易加工。

(2) 可以加工特殊及复杂形状的表面和零件。由于加工中工具电极和工件不直接接触,没有机械加工宏观的切削力,因此适宜加工低刚度工件及进行微细加工。由于可以简单地将工具电极的形状复制到工件上,因此特别适用于表面形状复杂的工件的加工,如复杂型腔模具的加工等。数控技术的采用使得用简单的电极加工形状复杂的零件也成为可能。

2. 电火花加工的局限性

(1) 主要用于加工金属等导电材料,但在一定条件下也可以加工半导体和非导体材料。

(2) 一般加工速度较慢。通常,在安排工艺时多采用切削加工来去除大部分余量,然后再进行电火花加工,以求提高生产效率。但已有研究成果表明,采用特殊水基不燃性工作液进行电火花加工,其生产效率不亚于切削加工。近年来的短电弧加工,甚至可高于切削加工。

(3) 存在电极损耗。电极损耗多集中在尖角或底面,影响成型精度。但近年来粗加工时已能将电极相对损耗比控制在 0.1% 以下,甚至更小。

由于电火花加工具有许多传统切削加工所无法比拟的优点,因此其应用领域日益扩大,目前已广泛用于机械(特别是模具制造)、航天、航空、电子、电机电器、精密机械、仪器仪表、汽车、拖拉机、轻工等行业,以解决难加工导电材料及复杂形状零件的加工问题。加工范围已包括小至几微米的小轴、孔、缝,大到几米的超大型模具和零件。

7.2.3 电火花加工机床

电火花加工在特种加工中是比较成熟的工艺,在民用、国防生产部门和科学研究中已经获得广泛应用,它相应的机床设备比较定型,并有很多专业工厂从事生产制造。电火花加工工艺及机床设备的类型较多,但按工艺过程中工具与工件相对运动的特点和用途等来划分,大致可以分为六大类,其中应用最广、数量较多的是电火花穿孔成型加工机床和电火花线切割机床。

电火花穿孔成型加工机床主要由主机(包括自动进给调节系统的执行机构)、脉冲电源、自动进给调节系统、工作液净化及循环系统几部分组成。

1. 主机

主机主要包括主轴头、床身、立柱、工作台及工作液槽几部分。机床的整体布局可采用图 7-2 所示的结构。

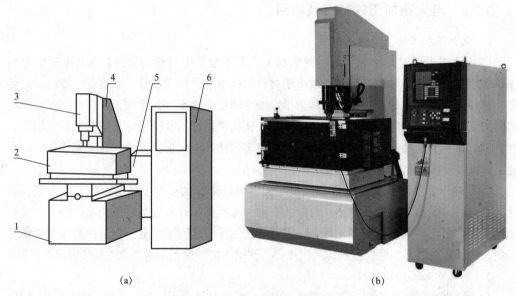

图 7-2 电火花穿孔成型加工机床
(a) 组成部分；(b) 外形
1—床身；2—工作液槽；3—主轴头；4—立柱；5—工作液箱；6—电源箱

床身和立柱是机床的主要结构件，要有足够的刚度。床身工作台面与立柱导轨面之间应有一定的垂直度要求，还应有较好的精度保持性，这就要求导轨具有良好的耐磨性和充分消除材料内应力等。

作纵、横向移动的工作台一般都带有坐标装置。常用的是靠刻度手轮来调整位置。随着加工精度要求的提高，可采用光学坐标读数装置、磁尺数显等装置。

近年来，由于工艺水平的提高及微机、数控技术的发展，国外广泛生产由两坐标、三坐标数控伺服控制的，以及主轴和工作台回转运动并加三向伺服控制的五坐标数控电火花机床，有的机床还带有工具电极库，可以自动更换工具电极，称为电火花加工中心。数控电火花加工机床的坐标位移脉冲当量为 1μm。

2. 主轴头

主轴头是电火花成型机床中最关键的部件，是自动进给调节系统中的执行机构，对加工工艺指标的影响极大。通常对主轴头的要求是结构简单，传动链短，传动间隙小，热变形小，具有足够的精度和刚度，以适应自动进给调节系统惯性小、灵敏度好、能承受一定负载的要求。主轴头主要由进给系统,上、下移动导向和水平面内防扭机构,电极装夹及其调节环节组成。

电—液压式主轴头的结构是:液压缸固定,活塞连同主轴上、下移动。由于液压系统易漏油而造成污染,液压泵有噪声,油箱占地面积大,液压进给难以用数字化控制,因此随着步进电动机、力矩电动机和数控直流、交流伺服电动机的出现和技术进步,电火花加工机床中已越来越多地采用电—机械式主轴头。进给丝杠常由电动机直接带动,方形主轴头可采用矩形滚柱或滚针导轨。现在大部分电火花加工机床的主轴进给已实现了数控、数显。

3. 工具电极夹具

工具电极的装夹及其调节装置的形式很多。其作用是调节工具电极和工作台的垂直度,以及调节工具电极在水平面内微量的扭转角。常用的有十字铰链式和球面铰链式。

4. 工作液循环及净化系统

工作液循环及净化系统包括工作液(煤油)箱、电动机、泵、过滤装置、工作液槽、油杯、管道、阀门及测量仪表等。放电间隙中的电蚀产物除靠自然扩散、定期抬刀及使工具电极附加振动等排除外,常采用强迫循环的办法加以排除,以免间隙中电蚀产物过多,引起已加工过的侧表面间二次放电,影响加工精度,另外,也可带走一部分热量。图 7-3 所示为工作液强迫循环的两种方式。图 7-3(a)(b)所示为冲油式,这种方式较易实现,排屑、冲刷能力强,因而较常采用,但电蚀产物仍会通过已加工区,稍影响加工精度;图 7-3(c)(d)所示为抽油式,在加工过程中,分解出来的气体(H_2、C_2H_2 等)易积聚在抽油回路的死角处,遇电火花引燃会爆炸放炮,因此,一般用得较少,但在要求小间隙、精加工时也有使用的。

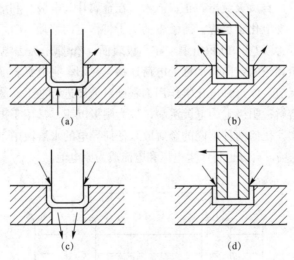

图 7-3 工作液强迫循环的方式
(a)(b)冲油式;(c)(d)抽油式

为了不使工作液越用越脏,影响加工性能,必须加以净化和过滤,具体方法如下:
(1)自然沉淀法。自然沉淀法速度太慢,周期太长,只用于单件小用量或精微加工。

（2）介质过滤法。介质过滤法常用黄砂、木屑、棉纱头、过滤纸、硅藻土、活性炭等为过滤介质。这些介质各有优、缺点，但对于中小型工件、加工批量不大时，一般都能满足过滤要求，可就地取材，因地制宜。其中以过滤纸效率较高，性能较好，已有专用纸过滤装置生产供应。

目前生产中应用的循环系统形式很多，常用的工作液循环及净化系统可以冲油，也可以抽油。目前，国内已有多家专业工厂生产工作液循环及净化装置。

7.3 电化学加工

电化学加工包括从工件上去除金属的电解加工和向工件上沉积金属的电镀、涂覆、电铸加工两大类。虽然有关的基本理论在 19 世纪末已经建立，但真正在工业上得到大规模应用，还是 20 世纪 30—50 年代以后的事情。目前，电化学加工已经成为我国民用和国防工业中一个不可或缺的加工手段。

7.3.1 电化学加工原理及分类

1. 电化学加工的基本原理

当两铜片接上约 10 V 的直流电源并插入 $CuCl_2$ 的水溶液（此水溶液中含有 H^+、OH^- 和 Cu^{2+}、Cl^- 等正、负离子）中时，如图 7-4 所示，即形成导电通路。导线和溶液中均有电流流过，在溶液外部的导线中，习惯上认为电流自电源的正极流出，自负极流回直流电源。而电子流则相反，自负极流出、正极流入。在金属片（电极）和溶液的界面上，必定有交换电子的反应，即电化学反应。溶液中的离子将作定向移动，Cu^{2+} 移向阴极，在阴极上得到电子而进行还原反应，沉积出铜。在阳极表面，Cu 原子失去电子而成为 Cu^{2+} 进入溶液。溶液中正、负离子的定向移动称为电荷迁移。在阳、阴电极表面发生得失电子的化学反应称为电化学反应，以这种电化学作用为基础对金属进行加工（图 7-4 中阳极上为电解蚀除，称为阳极溶解；阴极上为电镀沉积，称为阴极沉积，常用于提炼纯铜）的方法称为电化学加工。其实，任何两种不同的金属放入任何导电的水溶液中，都会有类似情况发生，即使没有外加电场，自身也将产生电压和电流成为原电池。

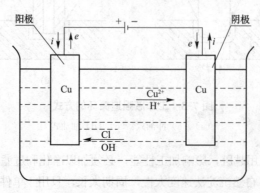

图 7-4 电解液中的化学反应

2. 电化学加工的分类

电化学加工按其作用原理可分为三大类。第一类是利用电化学阳极溶解来进行加工，主要有电解加工、电解抛光等；第二类是利用电化学阴极沉积、涂覆进行加工，属于增材加工，主要有电镀、涂镀、电铸等；第三类是利用电化学加工与其他加工方法相结合的电化学复合加工工艺，目前主要有电化学加工与机械加工相结合，如电解磨削、电化学阳极机械加工（还包含有电火花放电作用）。其分类情况见表7-2。

表7-2 电化学加工的分类表

类别	加工方法（及原理）	加工类型
1	电解加工（阳极溶解）	用于形状、尺寸加工
	电解抛光（阳极溶解）	用于表面加工，去毛刺
2	电镀（阴极沉积）	用于表面加工，装饰
	局部涂镀（阴极沉积）	用于表面加工，尺寸修复
	复合电镀（阴极沉积）	用于表面加工，磨具制造
	电铸（阴极沉积）	用于制造复杂形状的电极，复制精密、复杂模具
3	电解磨削，包括电解珩磨、电解研磨（阳极溶解，机械刮除）	用于形状、尺寸加工，超精、光整加工，镜面加工
	电解电火花复合加工（阳极溶解，电火花蚀除）	用于形状、尺寸加工
	电化学阳极机械加工（阳极溶解，电火花蚀除，机械刮除）	用于形状、尺寸加工，高速切断、下料

7.3.2 电解加工

电解加工是继电火花加工之后发展较快、应用较广的一项新工艺。目前，国内外已成功地应用于航空发动机、火箭等的制造工业，在汽车、拖拉机、采矿机械的模具制造中也得到了应用。因此，在机械制造业中，电解加工已成为一种不可缺少的工艺方法。

1. 电解加工的过程

电解加工是利用金属在电解液中的电化学阳极溶解，将工件加工成型的。在工业生产中，最早应用这一电化学腐蚀作用来电解抛光工件表面。但是，电解抛光时，由于工件和工具电极之间的距离较大，只能对工件表面进行普遍的腐蚀和抛光，不能有选择地腐蚀成所需要的零件形状和尺寸。

电解加工是在电解抛光的基础上发展起来的。图7-5所示为电解加工过程示意。加工时，工件接直流电源（10～20 V）的正极，工具接电源的负极。工具向工件缓慢进给，使两极之间保持较小的间隙（0.1～1 mm），具有一定压力（0.5～2 MPa）的氯化钠电解液从间隙中流过，这时阳极工件的金属被逐渐电解腐蚀，电解产物被高速（5～50 m/s）的电解液带走。

在加工刚开始时，阴极与阳极距离较近的地方通过的电流密度较大，电解液的流速也较高，阳极溶解速度也就较快，由于工具相对于工件不断进给，使工件表面不断被电解，电解产物不断被电解液冲走，直至工件表面形成与阴极工作面相反的形状为止，电解间隙和其中的电流密度变为均匀。

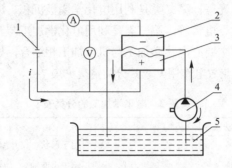

图 7-5　电解加工过程示意

1—直流电源；2—工具阴极；3—工件阳极；4—电解液泵；5—电解液

2．电解加工的特点

电解加工与其他加工方法相比较，具有下述特点：

（1）加工范围广，不受金属材料本身力学性能的限制，可以加工硬质合金、淬火钢、不锈钢、耐热合金等高硬度、高强度及韧性金属材料，并可加工叶片、锻模等的各种复杂型面。

（2）电解加工的生产率较高，为电火花加工的 5～10 倍，在某些情况下，比切削加工的生产率还高，且加工生产率不直接受加工精度和表面粗糙度的限制。

（3）可以达到较小的表面粗糙度值（$Ra1.25～0.2\ \mu m$）和 ±0.1 mm 左右的平均加工精度。

（4）由于加工过程中不存在机械切削力，所以不会产生由切削力所引起的残余应力和变形，没有飞边和毛刺。

（5）加工过程中阴极工具在理论上不会耗损，可长期使用。

电解加工的主要缺点和局限性如下：

1）不易达到较高的加工精度和加工稳定性。这是由于影响电解加工间隙电场和流场稳定性的参数很多，控制比较困难。加工时杂散腐蚀也比较严重。目前，用它加工小孔和窄缝还比较困难。

2）电极工具的设计和修正比较麻烦，因而很难适用于单件小批生产。

3）电解加工的附属设备较多，占地面积较大，机床要有足够刚性和防腐性能，造价较高。对电解加工而言，一次性投资较大。

4）电解产物需进行妥善处理，否则将污染环境，例如，重金属离子及各种金属盐类对环境的污染，必须通过投资进行废弃工作液的无害化处理来加以治理。另外，含有食盐的电解液及其蒸汽还会对机床、电源甚至厂房造成腐蚀，也需要注意防护。

由于电解加工的优点及缺点都很突出，因此，如何正确选择与使用电解加工工艺，成为摆在人们面前的一个重要问题。我国一些专家提出了选用电解加工工艺的三原则，即电解加工适用于难加工材料的加工；电解加工适用于形状相对复杂的零件的加工；电解加工适用于批量大的零件的加工。一般认为，当三原则均满足时，相对而言选择电解加工比较合理。

7.3.3 电解磨削

1．电解磨削的基本原理

电解磨削属于电化学机械加工范畴，是由电解作用和机械磨削作用相结合而进行加工的，比电解加工的加工精度高，表面粗糙度值小，比机械磨削的生产率高。与电解磨削相似的还有电解珩磨和电解研磨。

图 7-6 所示为电解磨削原理图。导电砂轮 1 与直流电源的负极相连，被加工工件 3（硬质合金车刀）接正极，它在一定压力下与导电砂轮相接触。加工区域中送入电解液 2，在电解和机械磨削的双重作用下，车刀的后刀面很快就被磨光。

电解磨削加工过程，工件和砂轮磨粒通过电解液形成通路，于是工件（阳极）表面的金属在电流和电解液的作用下发生电解作用（电化学腐蚀），被氧化成为一层极薄的氧化物或氢氧化物薄膜，一般称它为阳极薄膜。但刚形成的阳极薄膜迅速被导电砂轮中的磨料刮除，在阳极工件上又露出新的金属表面并被继续电解。这样，电解作用和刮除薄膜的磨削作用交替进行，使工件连续地被加工，直至达到一定的尺寸精度和表面粗糙度。电解磨削过程中，金属主要是靠电化学作用腐蚀下来，砂轮起磨去电解产物阳极薄膜和整平工件表面的作用。

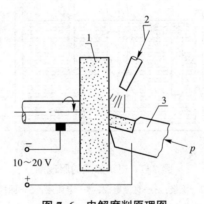

图 7-6　电解磨削原理图

1—导电砂轮；2—电解液；3—工件

2．电解磨削的特点

电解磨削与机械磨削比较，具有以下特点：

（1）加工范围广，加工效率高。由于电解磨削主要是电解作用，因此只要选择合适的电解液就可以用来加工任何高硬度与高韧性的金属材料，例如磨削硬质合金时，与普通的金刚石砂轮磨削相比较，电解磨削的加工效率要高 3～5 倍。

（2）可以提高加工精度及表面质量。因为砂轮并不主要用来磨削金属，磨削力和磨削热都很小，不会产生磨削毛刺、裂纹、烧伤现象，一般表面粗糙度可优于 $Ra0.16$。

（3）砂轮的磨损量小。如磨削硬质合金，普通刃磨时，碳化硅砂轮的磨损量为切除硬质合金质量的 4～6 倍；电解磨削时，砂轮的磨损量不超过硬质合金切除量的 50%～100%，与普通金刚石砂轮磨削相比较，电解磨削用的金刚石砂轮的损耗速度仅为它们的 1/5～1/10，可显著降低成本。

与机械磨削相比，电解磨削的不足之处是：所加工的刀具等的刃口不易磨得非常锋利；机床、夹具等需采取防蚀防锈措施；还需增加抽风、排气装置，以及直流电源和电解液过滤、循环装置等附属设备。

7.3.4 电铸加工

1. 电铸加工的原理

电铸加工的原理如图 7-7 所示，用可导电的原模作阴极，用电铸材料（如纯铜）作阳极，用电铸材料的金属盐（如硫酸铜）溶液作电铸液。在直流电源的作用下，阳极上的金属原子交出电子成为正金属离子进入电铸液，并进一步在阴极上获得电子成为金属原子而沉积镀覆在阴极原模表面，阳极金属源源不断地成为金属离子补充溶解进入电铸液，保持质量分数基本不变，阴极原模上电铸层逐渐加厚，当达到预定厚度时即可取出，设法与原模分离，即可获得与原模型面凹凸相反的电铸件。

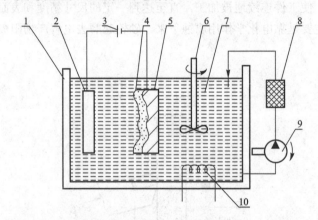

图 7-7　电铸加工的原理图

1—电铸槽；2—阳极；3—直流电源；4—电铸层；5—原模（阴极）；
6—搅拌器；7—电铸液；8—过滤器；9—泵；10—加热器

2. 电铸加工的特点

（1）能准确、精密地复制复杂型面和细微纹路。

（2）能获得尺寸精度高、表面粗糙度小于 $Ra0.1\ \mu m$ 的复制品，同一原模生产的电铸件一致性极好。

（3）借助石膏、石蜡、环氧树脂等作为原模材料，可将复杂零件的内表面复制为外表面，外表面复制为内表面，然后再电铸复制，适应性强。

3. 电铸加工用途

（1）复制精细的表面轮廓花纹，如压制唱片和 VCD、DVD 的压模，工艺美术品模及纸币、证券、邮票的印刷版。

（2）复制注塑用的模具、电火花型腔加工用的电极工具。

(3）制造复杂、高精度的空心零件和薄壁零件，如波导管等。

(4）制造表面粗糙度标准样块、反光镜、表盘、异形孔喷嘴等特殊零件。

4．电铸的基本设备

(1）电铸槽。电铸槽由铅板、橡胶或塑料等耐腐蚀的材料作为衬里，小型的可用陶瓷、玻璃或搪瓷容器。

(2）直流电源。直流电源和电解、电镀电源类似，电压 3～20 V 可调，电流和功率能满足 15～30 A/dm^2 即可，一般常用硅整流或晶闸管直流电源。

(3）搅拌和循环过滤系统。其作用为减少浓差极化，加大电流密度，提高电铸质量。可用桨叶搅拌或用循环泵在过滤的同时进行搅拌，也可使工件振动或转动来实现搅拌。过滤器的作用是除去溶液中的固体杂质微粒，常用玻璃棉、丙纶丝、泡沫塑料或滤纸芯筒等过滤材料，过滤速度以每小时能更换循环 2～4 次电铸液为宜。

(4）加热和冷却装置。电铸的时间较长，为了使电铸液保持温度基本不变，需有加热、冷却和恒温控制装置。常用蒸汽或电热加温，用吹风机或自来水冷却。

7.4 激光加工

激光技术是 20 世纪 60 年代初发展起来的一门学科。随着大功率激光器的出现并用于材料加工，已逐步形成一种崭新的加工方法——激光加工（LBM）。激光加工可以用于打孔、切割、电子器件的微调、焊接、热处理及激光存储等各个领域。激光加工不需要加工工具，加工速度快，表面变形小，可以加工各种材料，而且容易进行自动化控制，它已在生产实践中越来越多地显示出优越性，所以很受人们的重视。

7.4.1 激光加工原理及特性

激光加工是利用光的能量，经过透镜聚焦，在焦点上达到很高的能量密度，靠光、热效应来加工各种材料的。人们曾用透镜将太阳光聚焦，将纸张、木材引燃，但无法用于材料加工。这是因为：地面上太阳光的能量密度不高；太阳光不是单色光，而是由红、橙、黄、绿、青、蓝、紫等多种不同波长的光组成的多色光，聚焦后焦点并不在同一平面内。

只有激光是可控的单色光。它强度高、能量密度大，可以在空气介质中高速加工各种材料，因此激光的应用越来越广泛。

1．激光的特性

激光也是一种光，它具有一般光的共性（如光的反射、折射、绕射及光的干涉等），也有它的特性，激光亮度高，单色性、相干性和方向性都好。

(1）亮度高。所谓亮度是指光源在单位面积上某一方向的单位立体角内发射的光功率。从表 7-3 中可以看出，一台红宝石脉冲激光器的亮度要比高压脉冲氙灯高 370 亿倍，比太阳表面的亮度要高 200 多亿倍。所以激光的亮度特别高。

表 7-3 光源亮度比较

光源	亮度/熙提[①]	光源	亮度/熙提[①]
蜡烛	约 0.5	太阳	约 $1.65×10^5$
电灯	约 470	高压脉冲氙灯	约 10^5
碳弧灯	约 9000	红宝石等固体脉冲激光器	约 $3.7×10^{15}$
超高压水银灯	约 $1.2×10^5$		

[①] 1 熙提（sb）= 104 坎/平方米（cd/m^2）。

激光的亮度和能量密度之所以如此高，原因在于激光可以实现光能在空间上和时间上的亮度和能量集中。

（2）单色性好。在光学领域中，单色是指光的波长（或者频率）为一个确定的数值，实际上严格的单色光是不存在的，波长为 λ_0 的单色光都是指中心波长为 λ_0，谱线宽度为 $\Delta\lambda$ 的一个光谱范围。$\Delta\lambda$ 称为该单色光的谱线宽度，是衡量单色性好坏的尺度，$\Delta\lambda$ 越小，单色性就越好。

（3）相干性好。光源的相干性可以用相干时间或相干长度来量度。相干时间是指光源先后发出的两束光能够产生干涉现象的最大时间间隔。在这个最大的时间间隔内光所走的路程（光程）就是相干长度，它与光源的单色性密切有关。

单色性越好，$\Delta\lambda$ 越小，相干长度就越大，光源的相干性也越好。普通光源发出的光均包含较宽的波长范围，而激光为单一波长，它与普通光源相比，谱线宽度窄了几个数量级。某些单色性很好的激光器所发出的光，采取适当措施以后，其相干长度可达到几十千米。而单色性很好的氪灯所发出的光，相干长度仅为 78 cm，用它进行干涉测量时最大可测长度只有 38.5 cm，其他光源的相干长度就更小了。

（4）方向性好。光束的方向性是用光束的发散角来表征的。普通光源由于各个发光中心是独立发光的，而且各具有不同的方向，所以发射的光束是很发散的。即使加上聚光系统，要使光束的发散角小于 0.1 sr，仍是十分困难的。激光则不同，它的各个发光中心是互相关联地定向发射的，所以可以把激光束压缩在很小的立体角内，发散角甚至可以小到 $0.1×10^{-3}$ sr 左右。

2．激光加工的原理和特点

激光加工是一种重要的高能束加工方法，是在光热效应下产生的高温熔融和冲击波的综合作用过程。它利用激光高强度、高亮度、方向性好、单色性好的特性；通过一系列的光学系统，聚焦成平行度很高的微细光束（直径几微米至几十微米），以获得极高的能量密度（$10^8 \sim 10^{10}$ W/cm²）照射到材料上，并在极短的时间内（千分之几秒，甚至更短）使光能转变为热能，被照部位迅速升温，材料发生熔化、气化、金相组织变化及产生相当大的热应力，达到加热和去除材料的目的。激光加工时，为了达到各种加工要求（如切割），激光束与工件表面需要作相对运动，同时光斑尺寸、功率及能量要求可调。

激光加工的特点如下：

（1）聚焦后，激光加工的功率密度可高达 $10^8 \sim 10^{10}$ W/cm²，光能转化为热能，可以熔化、气化任何材料。例如，耐热合金、陶瓷、石英、金刚石等硬脆材料都能加工。

(2)激光光斑的大小可以聚焦到微米级,输出功率可以调节,因此可用于精密微细加工。

(3)加工所用的工具是激光束,是非接触加工,所以没有明显的机械力,没有工具损耗问题。加工速度快,热影响区小,容易实现加工过程的自动化。还能通过透明体进行加工,如对真空管内部进行焊接加工等。

(4)与电子束加工等相比较,激光加工装置比较简单,不要求复杂的抽真空装置。

(5)激光加工是一种瞬时、局部熔化、气化的热加工,影响因素很多,因此,精微加工时,精度尤其是重复精度和表面粗糙度不易保证,必须进行反复试验,寻找合理的参数,才能达到一定的加工要求。由于光的反射作用,对于表面光泽或透明的材料,加工前必须预先进行色化或打毛处理,使更多的光能被吸收后转化为热能用于加工。

(6)对于加工中产生的金属气体及火星等飞溅物,要注意及时用通风抽走,操作者应戴防护眼镜。

7.4.2 激光加工的设备及其应用

1. 激光加工的设备

激光加工的基本设备包括激光器、电源、光学系统及机械系统四大部分。

(1)激光器。激光器是激光加工的核心设备,是受激辐射的光放大器,它将电能转化成光能,产生激光束。

(2)激光器电源。激光器电源为激光器提供所需要的能量及控制功能。

(3)光学系统。光学系统包括激光聚焦系统和观察瞄准系统,后者能观察和调整激光束的焦点位置,并将加工位置显示在投影仪上。

(4)机械系统。机械系统主要包括床身、能在三坐标范围内移动的工作台及机电控制系统等。随着电子技术的发展,目前已采用计算机来控制工作台的移动,实现了激光加工的数控操作。

2. 激光加工的应用

激光加工的应用极其广泛,在打孔、切割、焊接,以及表面淬火、冲击强化、表面合金化、表面融覆表面处理的众多加工领域都得到了成功的应用。近十年来,激光技术还被应用于快速成型、三维去除加工、微纳米加工中,激光加工的发展日新月异。

(1)激光打孔。利用激光几乎可以在任何材料上打微型小孔,目前已应用于火箭发动机和柴油机的燃料喷嘴加工、化学纤维喷丝板打孔、钟表及仪表中的宝石轴承打孔、金刚石拉丝模加工等方面。

激光打孔适用于自动化连续打孔,如加工钟表行业红宝石轴承上 $\phi 0.12 \sim \phi 0.18$ mm、深 $0.6 \sim 1.2$ mm 的小孔,采用自动传送,每分钟可以连续加工几十个宝石轴承。

激光打孔的成型过程是材料在激光热源照射下产生的一系列热物理现象综合作用的结果。它与激光束的特性和材料的热物理性质有关,现在就其主要影响因素分述如下:

1)焦距与发散角。发散角小的激光束,经短焦距的焦距物镜以后,在焦面上可以获得更小的光斑及更高的功率密度。焦面上的光斑直径小,所打的孔也小,而且由于功率密度大,激光束对工件的穿透力也大,打出的孔不仅深,而且锥度小。所以,要减少激光束的发散角,并尽可能地采用短焦距(20 mm左右)物镜,只有在一些特殊情况下,才选用较长的焦距。

2)焦点位置。焦点位置对孔的形状和深度都有很大影响,如图7-8所示。当焦点位置很低时,如图7-8(a)所示,透过工件表面的光斑面积很大,这不仅会产生很大的喇叭口,而且会由于能量密度减小而影响加工深度,或者说增大了它的锥度。由图7-8(a)(b)(c)可知,焦点逐步提高,孔深也在增加,但如果焦点太高,同样会分散能量密度而无法加工下去[图7-8(d)(e)]。一般激光的实际焦点在工件的表面或略微低于工件表面为宜。

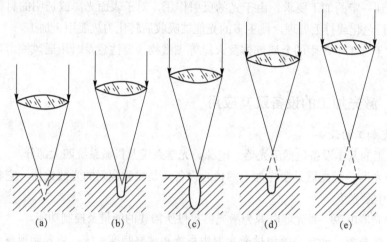

图7-8 焦点位置与孔的端面形状

(2)激光切割。激光切割以其切割范围广、切割速度高、切缝质量好、热影响区小、加工柔性大等优点,在现代工业中得到广泛应用,是激光加工技术中最为成熟的技术之一。

激光切割原理和激光打孔原理基本相同。所不同的是,工件与激光束要相对移动,在生产实践中,一般都是移动工件。如果是直线切割,还可借助于柱面透镜将激光束聚焦成线,以提高切割速度。激光切割大都采用重复频率较高的脉冲激光器或连续输出的激光器。但连续输出的激光束会因热传导而使切割效率降低,同时热影响层也较深。因此,在精密机械加工中,一般都采用高重复频率的脉冲激光器。

激光可用于切割各种各样的材料。它既可以切割金属,也可以切割非金属;既可以切割无机物,也可以切割皮革之类的有机物。它可以代替锯子切割木材,代替剪子剪裁布料、纸张,还能切割无法进行机械接触加工的工件(如从电子管外部切断内部的灯丝),以及由透明体玻璃、石英、有机玻璃等外部切割、加工内部的材料。由于激光对被切割材料几乎不产生机械冲击和压力,故适宜于切割玻璃、陶瓷和半导体等既硬又脆的材料。再加上激光光斑小、切缝窄,且便于自动控制,所以,更适宜于对细小部件作各种精密切割。

大量的生产实践表明,切割金属材料时,采用同轴吹氧工艺,可以大大提高切割速度,而且表面粗糙度也有明显改善。剪裁布匹、纸张,切割木材等易燃材料时,采用同轴吹保护气体(CO_2、N_2等)的工艺,能防止烧焦和缩小切缝。

英国生产的二氧化碳激光切割机附有氧气喷枪,在切割6 mm厚的钛板时用氧气助燃,速度可高达 3 m/min 以上。美国已用激光代替等离子体进行切割，速度可提高 25%，费用降低 75%。目前，国外趋向于发展大功率连续输出的二氧化碳激光器、激光枪炮，甚至研制可击落宇航飞行器的激光武器，用以烧毁其控制和要害部分。

大功率二氧化碳激光器所输出的连续激光，可以切割钢板、钛板、石英、陶瓷、塑料和木材，剪裁布匹和纸张等，其工艺效果都较好。

（3）激光刻蚀打标记。小功率的激光束可用于对金属或非金属表面进行刻蚀打标，加工出文字或工艺美术图案。例如，可在竹片上刻写缩微的孙子兵法等。图 7-9 所示为激光刻蚀打标样件的图案。

激光由于能瞬时加温，引起金属相变等，还可用于表面热处理、表面改性等加工，也可用于焊接。

图 7-9　激光刻蚀打标样件的图案

7.5　电子束和离子束加工

电子束加工（Electron Beam Machining，EBM）和离子束加工（Ion Beam Machining，IBM）是近年来得到较大发展的新兴特种加工方式。它们在精密微细加工方面，尤其是在微电子学领域中得到较多的应用。电子束加工主要用于打孔、切割、焊接等和电子束光刻化学加工；离子束加工则主要用于离子刻蚀、离子镀膜和离子注入等表面加工。近代发展起来的亚微米加工和纳米加工技术，主要是用电子束加工和离子束加工。

7.5.1　电子束加工

1. 电子束加工的原理和特点

（1）电子束加工的原理。电子束加工是在真空条件下，使聚焦后能量密度极高的电子束，以极高的速度冲击到工件表面极小的面积上，在极短的时间（几分之一微秒）内，其能量的大部分转化为热能，使被冲击部分的工件材料达到几千摄氏度以上的高温，从而引起材料的局部熔化和气化，被真空系统抽走。

控制电子束能量密度的大小和能量注入时间，就可以达到不同的加工目的。例如，只使材料局部加热就可进行电子束热处理；使材料局部熔化就可进行电子束焊接；提高电子束的能量密度，使材料熔化和气化，就可进行打孔、切割等加工；利用较低能量密度的电子束轰击高分子材料时产生化学变化的原理，即可进行电子束光刻加工。

（2）电子束加工的特点。

1）由于电子束能够极其微细地聚焦，甚至能聚焦到 $0.1\mu m$，所以加工面积可以很小，是一种精密微细的加工方法。

2）电子束的能量密度很高，可以使照射部分的温度超过材料的熔化和汽化温度，去除材料主要靠瞬时蒸发，是一种非接触式加工，工件不受机械力作用，不产生宏观应力和变形。被加工材料范围很广，对脆性、韧性、导体、非导体及半导体材料都可进行加工。

3）电子束的能量密度高，因而加工生产率很高，例如，每秒可以在 2.5 mm 厚的钢板上钻 50 个直径为 0.4 mm 的孔。

4）可以通过磁场或电场对电子束的强度、位置、聚焦等进行直接控制，所以，整个加工过程便于实现自动化。特别是在电子束曝光中，从加工位置找准到加工图形的扫描，都可实现自动化。在电子束打孔和切割时，可以通过电气控制加工异形孔、实现曲面弧形切割等。

5）由于电子束加工是在真空中进行的，因而污染少，加工表面不会氧化，特别适用于加工易氧化的金属及合金材料，以及纯度要求极高的半导体材料。

6）电子束加工需要一整套专用设备和真空系统，价格较高，生产应用有一定的局限性。

2. 电子束加工装置

电子束加工装置的基本原理和结构如图 7-10 所示。其主要由电子枪、真空系统、控制系统和电源等部分组成。

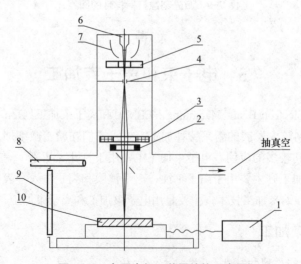

图 7-10　电子束加工装置结构示意图

1—工作台系统；2—偏转线圈；3—电磁透镜；4—光阑；5—加速阳极；6—发射电子的阴极；
7—控制栅极；8—光学观察系统；9—带窗真空室门；10—工件

（1）电子枪。电子枪是获得电子束的装置。其包括电子发射阴极、控制栅极和加速阳极等。阴极经电流加热发射电子，带负电荷的电子高速飞向具有高电位的阳极，在飞向阳极的过程中，经过加速极加速，又通过电磁透镜将电子束聚焦成很小的束斑。

电子发射阴极一般用钨或钽制成，在加热状态下发射大量电子。小功率时用钨或钽制成丝状阴极，大功率时用钽做成块状阴极，栅极为中间有孔的圆筒形，其上加以较阴极为负的偏压，既能控制电子束的强弱，又有初步的聚焦作用。加速阳极通常接地，而阴极具有很高的负电压，所以能驱使电子加速。

（2）真空系统。真空系统是为了保证在电子束加工时维持 $1.33 \times 10^{-2} \sim 1.33 \times 10^{-4}$ Pa 的真空度。因为只有在高真空中，电子才能高速运动。另外，加工时的金属蒸汽会影响电子发射，产生不稳定现象，因此，也需要不断地将加工中生产的金属蒸汽抽出去。

真空系统一般由机械旋转泵和油扩散泵或涡轮分子泵两级组成。先用机械旋转泵将真空室抽至 $1.4 \sim 0.14$ Pa，然后由油扩散泵或涡轮分子泵抽至 $0.014 \sim 0.00014$ Pa 的高真空度。

（3）控制系统和电源。电子束加工装置的控制系统包括束流聚焦控制、束流位置控制、束流强度控制及工作台位移控制等。

1）束流聚焦控制是提高电子束的能量密度，使电子束聚焦成很小的束斑。其基本上决定着加工点的孔径或缝宽。聚焦方法有两种，一种是利用高压静电场使电子流聚焦成细束；另一种是利用电磁透镜靠磁场聚焦。

2）束流位置控制是改变电子束的方向，常用电磁偏转来控制电子束焦点的位置。如果使偏转电压或电流按一定程序变化，电子束焦点便按预定的轨迹运动。

3）工作台位移控制是为了在加工过程中控制工作台的位置。由于电子束的偏转距离只能在数毫米之内，过大将增大像差和影响线性，因此在大面积加工时需要用伺服电动机控制工作台移动，并与电子束的偏转相配合。

4）电子束加工装置对电源电压的稳定性要求较高，常需稳压设备，因为电子束聚焦及阴极发射强度与电压波动有密切关系。

3．电子束加工的应用

电子束加工按功率密度和能量注入时间的不同可用于打孔、切割、蚀刻、焊接、热处理和光刻加工等，下面就其主要应用加以说明。

（1）高速打孔。电子束打孔已在生产中实际应用，目前最小直径可达 0.003 mm 左右。例如，喷气发动机套上的冷却孔，机翼吸附屏的孔，不仅孔的排布密度可以连续变化，孔数达数百万个，而且有时还可改变孔径。最宜用电子束高速打孔，高速打孔可在工件运动中进行，例如，在 0.1 mm 厚的不锈钢上加工直径为 0.2 mm 的孔，速度为每秒 3 000 孔。

在人造革、塑料上用电子束打大量微孔，可使其具有如真皮革那样的透气性。现在生产上已出现了专用塑料打孔机，将电子枪发射的片状电子束分成数百条小电子束同时打孔，其速度可达每秒 50 000 孔，孔径为 120 $\sim$ 40 μm 可调。

电子束打孔还能加工小深孔，如在叶片上打深度 5 mm、直径 0.4 mm 的孔，孔的深径比大于 10∶1。

用电子束加工玻璃、陶瓷、宝石等脆性材料时,由于在加工部位附近有很大的温差,容易引起变形甚至破裂,所以在加工前或加工时,需用电阻炉或电子束进行预热。

(2) 加工型孔及特殊表面。电子束可以用来切割各种复杂型面,切口宽度为 6~3 μm,边缘表面粗糙度可控制在 $R_{max}0.5$ μm 左右。

电子束不仅可以加工各种直的型孔和型面,也可以加工弯孔和曲面。利用电子束在磁场中偏转的原理,可使电子束在工件内部偏转。控制电子速度和磁场强度,即可控制曲率半径,加工出弯曲的孔。如果同时改变电子束和工件的相对位置,就可进行切割和开槽。在图 7-11 (a) 中对长方形工件 1 施加磁场之后,若一面用电子束 2 轰击,一面依箭头方向移动工件,就可获得如图所示的曲面。经图 7-11 (a) 所示的加工后,改变磁场极性再进行加工,就可获得图 7-11 (b) 所示的工件。同样原理,可加工出图 7-11 (c) 所示的弯缝。如果工件不移动,只改变偏转磁场的极性进行加工,则可获得图 7-11 (d) 所示的入口为一个而出口有两个的弯孔。

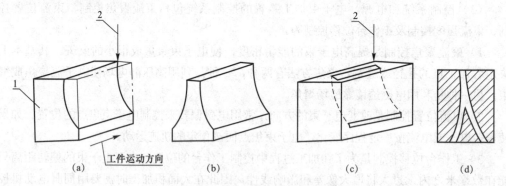

图 7-11　电子束加工曲面、弯孔

1—工件；2—电子束

(3) 刻蚀。在微电子器件生产中,为了制造多层固体组件,可利用电子束将陶瓷或半导体材料刻出许多微细的沟槽和孔来,如在硅片上刻出宽 2.5 μm、深 0.25 μm 的细槽,在混合电路电阻的金属镀层上刻出 40 μm 宽的线条;还可在加工过程中对电阻值进行测量校准,这些都可用计算机自动控制完成。

电子束刻蚀还可用于制版,在铜制印刷滚筒上按色调深浅刻出许多大小与深浅不一的沟槽或凹坑,其直径为 70~120 μm,深度为 5~40 μm,小坑代表浅色,大坑代表深色。

(4) 焊接。电子束焊接是利用电子束作为热源的一种焊接工艺。当高能量密度的电子束轰击焊件表面时,使焊件接头处的金属熔融,在电子束连续不断地轰击下,形成一个被熔融金属环绕着的毛细管状的熔池,如果焊件按一定速度沿着焊件接缝与电子束作相对移动,则接缝上的熔池会由于电子束的离开而重新凝固,使焊件的整个接缝形成一条焊缝。

电子束焊接可以焊接难熔金属如钽、铌、钼等,也可焊接钛、锆、铀等化学性能活泼的金属,普通碳素钢、不锈钢、合金钢、铜、铝等各种金属也能用电子束焊接。它可焊接很薄的工件,也可焊接几百毫米厚的工件,并且焊缝深度和宽度之比可达 20 以上。

电子束焊接还能完成一般焊接方法难以实现的异种金属焊接，如铜和不锈钢的焊接，钢和硬质合金的焊接，铬、镍和钼的焊接等。以电子束焊接形成的穿透式焊缝接头有着广泛的应用领域，可用于其他方法不能焊接的工件。

由于电子束焊接对焊件的热影响小、变形小，因此可以在工件精加工后进行焊接。又由于它能够实现异种金属焊接，所以就有可能将复杂的工件分成几个零件，这些零件可以单独地使用最合适的材料，采用合适的方法来加工制造，最后利用电子束焊接成一个完整的零部件，从而可以获得理想的技术性能和显著的经济效益。

（5）热处理。电子束热处理也是把电子束作为热源，但要适当降低其功率密度，使金属表面加热而不熔化，以达到热处理的目的。电子束热处理的加热速度和冷却速度都很高，在相变过程中，奥氏体化时间很短，只有几分之一秒乃至千分之一秒，奥氏体晶粒来不及长大，从而能获得一种超细晶粒组织，使工件获得用常规热处理不能达到的硬度，硬化深度可达 0.3～0.8 mm。

电子束热处理与激光热处理类似，但电子束的电热转换效率高，可达 90%，而激光的转换效率只有 7%～10%。电子束热处理在真空中进行，可以防止材料氧化，电子束设备的功率可以做得比激光的大，所以，电子束热处理工艺很有发展前途。

如果用电子束加热金属达到表面熔化，则可在熔化区加入其他元素，使金属表面重改性能，形成一层很薄的新的合金层，从而获得更好的物理、力学性能。铸铁的熔化处理可以产生非常细的莱氏体结构，其优点是能够抗滑动磨损。铝、钛、镍的各种合金几乎全可进行添加元素处理，从而得到很好的耐磨性能。

（6）电子束光刻。电子束光刻是先利用低功率密度的电子束照射称为电子抗蚀剂的高分子材料，入射电子与高分子碰撞，使分子的链被切断或重新聚合而引起相对分子质量的变化，这一步骤称为电子束。

电子束曝光可以用电子束扫描，即将聚焦到小于 1 μm 的电子束斑在 0.5～5 mm 的范围内按程序扫描，可曝光出任意图形。另一种面曝光的方法是使电子束先通过原版，这种原版是用别的方法制成的比加工目标的图形大几倍的模板作为电子束面曝光时的掩膜，再以 1/5～1/10 的比例缩小投影到电子抗蚀剂上进行大规模集成电路图形的曝光。它可以在几毫米见方的硅片土安排 10 万个晶体管或类似的元件。电子束光刻法对生产光掩膜板的意义重大，可以制造纳米级尺寸的任意图形。

7.5.2　离子束加工

1. 离子束加工的原理

离子束加工的原理和电子束加工类似，也是在真空条件下，使离子源产生的离子束经过加速聚焦，而后撞击到工件表面上。不同的是离子带正电荷，其质量比电子大数千、数万倍，如氩离子的质量是电子的 7.2 万倍，所以，当离子加速到较高的速度时，离子束比电子束具有更大的撞击动能，它是靠微观的机械撞击能量，而不是靠动能转化为热能来加工的。

离子束加工的物理基础是离子束射到材料表面时所发生的撞击效应、溅射效应和注入效应。具有一定动能的离子斜射到工件材料（或靶材）表面时，可以将表面的原子撞击出来，这就是离子的撞击效应（或溅射效应）。如果将工件直接作为离子轰击的靶材，工件表面就会受到离子的撞击，将原子撞击出去而被刻蚀（也称为离子铣削）。如果将工件放置在靶材附近，靶材原子受离子束撞击后就会溅射到工件表面而被溅射沉积吸附，使工件表面镀上一层靶材原子的薄膜。如果离子能量足够大并垂直于工件表面撞击时，离子会钻进工件表面，这就是离子的注入效应。

2. 离子束加工的分类

离子束加工按照其所利用的物理效应和达到目的的不同可以分为四类，即利用离子撞击和溅射效应的离子刻蚀、离子溅射沉积、离子镀，以及利用注入效应的离子注入。图7-12 所示为各类离子束加工的示意。

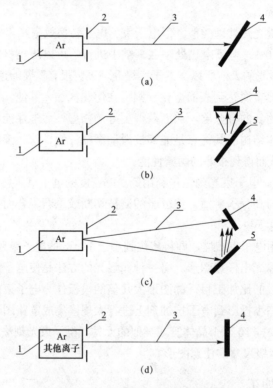

图 7-12　各类离子束加工的示意

(a) 离子刻蚀；(b) 离子溅射沉积；(c) 离子镀；(d) 离子注入

1—离子源；2—吸极（吸收电子，引出离子）；3—离子束；4—工件；5—靶材

（1）离子刻蚀是用氩离子倾斜轰击工件，将工件表面的原子逐个剥离，如图 7-12（a）所示。其实质是一种原子尺度的切削加工，所以又称为离子铣削。这就是近代发展起来的纳米加工工艺。

（2）离子溅射沉积也是采用离子，倾斜轰击某种材料制成的靶，离子将靶材原子击出,垂直沉积在靶材附近的工件上,使工件表面镀上一层薄膜,如图 7-12(b)所示。所以,离子溅射沉积是一种镀膜工艺。

(3)离子镀也称为离子溅射辅助沉积,也是用的氩离子,不同的是在镀膜时,离子束同时轰击靶材和工件表面,如图 7-12(c)所示。其目的是增强膜材与工件基材之间的结合力。也可将靶材高温蒸发,同时进行离子撞击镀膜。

(4)离子注入是采用较高能量的离子束,直接垂直轰击被加工材料,由于离子能量相当大,离子就钻进被加工材料的表面层,如图 7-12(d)所示。工件表面层含有注入离子后,就改变了化学成分,从而改变了工件表面层的物理、力学和化学性能。根据不同的目的选用不同的注入离子,如磷、硼、碳、氮等。

3.离子束加工的特点

(1)由于离子束可以通过电子光学系统进行聚焦扫描,离子束轰击材料是逐层去除原子,离子束流密度及离子能量可以精确控制,所以离子刻蚀可以达到纳米(0.001μm)级的加工精度。离子镀膜可以控制在亚微米级精度,离子注入的深度和浓度也可极精确地控制。因此,离子束加工是所有特种加工方法中最精密、最微细的加工方法,是当代纳米加工技术的基础。

(2)由于离子束加工是在高真空中进行的,所以污染少,特别适用于易氧化的金属、合金材料和高纯度半导体材料的加工。

(3)离子束加工是靠离子轰击材料表面的原子来实现的。其是一种微观作用,宏观压力很小,故加工应力、热变形等极小,加工质量高,适用于对各种材料和低刚度零件进行加工。

(4)离子束加工设备费用高,成本高,加工效率低,因此,应用范围受到一定的限制。

7.6 超声加工

超声加工有时也称为超声波加工。电火花加工和电化学加工都只能加工金属导电材料,不易加工不导电的非金属材料。而超声加工不仅能加工硬质合金、淬火钢等脆硬金属材料,而且更适合于加工玻璃、陶瓷、半导体锗和硅片等不导电的非金属脆硬材料,同时还可以用于清洗、焊接和探伤等,在医学中,超声碎石、超声 CT 等更获得了广泛的应用。

7.6.1 超声加工的基本原理和特点

1.超声波及其特性

声波是人耳能感受的一种纵波,它的频率在 16 ~ 16 000 Hz 范围内。当频率超过 16 000 Hz,超出一般人耳的听觉范围时,就称为超声波;人耳也听不到地震等频率低于 16 Hz 的声波,称为次声波。

超声波和声波一样,可以在气体、液体和固体介质中纵向(前进方向)传播。由于超声波频率高、波长短、能量大,所以传播时反射、折射、共振及损耗等现象更显著。

超声波主要具有下列特性：

（1）超声波能传递很强的能量。超声波的作用主要是对其传播方向上的障碍物施加压力（声压）。因此，有时可用这个压力的大小来表示超声波的强度，传播的波动能量越强，则压力也越大。

振动能量的强弱用能量密度来衡量。能量密度就是通过垂直于波的传播方向的单位面积的能量。在液体或固体中传播超声波时，由于介质密度和振动频率的影响，同一振幅时，液体、固体中的超声波强度、功率、能量密度要比空气中的声波高千万倍。

（2）当超声波经过液体介质传播时，将以极高的频率压迫液体质点振动，在液体介质中连续地形成压缩和稀疏区域，由于液体基本上不可压缩，因此会由此产生压力正、负交变的液压冲击和空化现象。由于这一过程时间极短，液体空腔闭合压力可达几十个大气压，并产生巨大的液压冲击。这一交变的脉冲压力作用在邻近的脆性零件表面，会使其破坏，引起液体中固体物质分散、破碎等效应。

（3）超声波通过不同介质时，在界面上发生波速突变，产生波的反射和折射现象。反射能量的大小取决于两种介质的波阻抗（密度与波速的乘积称为波阻抗），介质的波阻抗相差越大，超声波通过界面时能量的反射率越高。当超声波从液体或固体传入空气或者相反从空气传入液体或固体时，反射率都接近100%，因为空气有可压缩性，便阻碍了超声波的传播。为了改善超声波在相邻介质中的传递条件，往往在声学部件的各连接面间加入全损耗系统用油、凡士林作为传递介质，以消除空气及因它而引起的衰减，医学上做B超时要在探头上涂某种液体也是这个道理。

（4）超声波在一定条件下，会产生波的干涉和共振现象。当超声波从杆的一端向另一端传播时，在杆的端部将发生波的反射。所以，在有限长的弹性体中，实际存在着同周期、同振幅、传播方向相反的两个波，这两个完全相同的波从相反的方向会合，就会产生波的干涉。当杆长符合某一规律时（如杆长为波长的整数倍时），杆上有些点在波动过程中的位置始终不变，其振幅为零（为波节），而另一些点振幅最大，其振幅为原振幅的两倍（为波腹）。

为了使弹性杆处于最大振幅共振状态，应将弹性杆设计成半波长的整数倍；而固定弹性杆的支持点，应该选在振动过程中的波节处，这一点不振动。

2. 超声加工的基本原理

超声加工是利用工具端面作超声频振动，通过磨料悬浮液加工脆硬材料的一种成型方法，加工原理如图7-13所示。加工时，在工具1和工件2之间加入液体（水或煤油等）和磨料混合的悬浮液3，并使工具以很小的力 F 轻轻压在工件上。超声换能器6产生16 000 Hz以上的超声频纵向振动，并借助于变幅杆将振幅放大到 0.05～0.1 mm，驱动工具端面作超声振动，迫使工作液中悬浮的磨粒以很大的速度和加速度不断地撞击、抛磨被加工表面，将被加工表面的材料粉碎成很细的微粒，从工件上打击下来。虽然每次打击下来的材料很少，但由于每秒打击的次数多达16 000次，所以仍有一定的加工速度。与此同时，工作液受工具端面超声振动作用而产生的高频、交变的液压正负冲击波和空化作用，促使工作液钻入被加工材料的微裂缝处，加剧了机械破坏作用。所谓空化作用，是指当工具端面以很大的加速度离开工件表面时,加工间隙内形成负压和局部真空,在工作液体内形成很多微空腔,当工具端面以很大的加速度接近工件表面时,空腔闭合,引起极强的液压冲击波,可以强化加工过程。另外,正负交变的液压冲击也使悬浮工作液在加工间隙中强迫循环,使变钝了的磨粒及时得到更新。

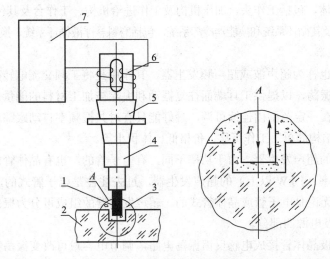

图 7-13 超声加工原理图
1—工具;2—工件;3—磨料悬浮液;4、5—变幅杆;6—超声换能器;7—超声发生器

由此可见,超声加工是磨粒在超声振动作用下的机械撞击和抛磨作用及超声空化作用的综合结果,其中磨粒的撞击作用是主要的。

既然超声加工是基于局部撞击作用的,就不难理解,越是脆硬的材料,受撞击作用遭受的破坏越大,越易超声加工。相反,对于脆性不大的韧性材料,由于它的缓冲作用而难以加工。根据这个道理,人们可以合理选择工具材料,使之既能撞击磨粒,又不致使自身受到很大的破坏,例如,用45钢作工具即可满足上述要求。

3. 超声加工的特点

(1)适用于加工各种脆硬材料,特别是不导电的非金属材料,如玻璃、陶瓷(氧化铝、氮化硅等)、石英、锗、硅、玛瑙、宝石、金刚石等。对于导电的硬质金属材料如淬火钢、硬质合金等,也能进行加工,但加工生产效率较低。

(2)由于工具可用较软的材料做成较复杂的形状,故不需要使工具和工件作比较复杂的相对运动,因此超声加工机床的结构比较简单,只需一个方向轻压进给,操作、维修方便。

(3)由于去除加工材料是靠极小磨料瞬时局部的撞击作用,故工件表面的宏观切削力小,切削应力、切削热很小,不会引起变形及烧伤,表面粗糙度也较好,可达 $Ra1 \sim 0.1\ \mu m$,加工精度可达 $0.01 \sim 0.02\ mm$,而且可以加工薄壁、窄缝、低刚度零件。

7.6.2 超声加工设备

超声加工设备又称为超声加工装置,它们的功率大小和结构形状虽有所不同,但其

组成部分基本相同,一般包括超声发生器、超声振动系统、机床本体和磨料工作液循环系统。其主要组成如下:

(1)超声发生器(超声电源);

(2)超声振动系统,包括超声换能器、变幅杆(振幅扩大棒)、工具;

(3)机床本体,包括工作头、加压机构及工作进给机构、工作台及其位置调整机构;

(4)工作液及其循环系统和换能器冷却系统,包括磨料悬浮液循环系统、换能器冷却系统。

1. 超声发生器

超声发生器也称为超声波或超声频发生器,其作用是将工频交流电转变为有一定功率输出的超声频电振荡,以提供工具端面往复振动和去除被加工材料的能量。其基本要求是输出功率和频率在一定范围内连续可调,最好能具有对共振频率自动跟踪和自动微调的功能,另外,要求结构简单、工作可靠、价格低、体积小等。

超声加工用的超声发生器,由于功率不同,有电子管的,也有晶体管的,且结构大小也很不同。大功率(1 kW以上)的超声发生器,过去往往是电子管式的,近年来逐渐被晶体管所取代。无论是电子管或晶体管式的,超声发生器的组成可分为振荡级、电压放大级、功率放大级及电源四部分。

振荡级由三极晶体管接成电感反馈振荡电路,调节电容量可改变振荡频率,即可调节输出的超声频率。振荡级的输出经耦合至电压放大级进行放大后,利用变压器倒相输送到末级功率放大管,功率放大管有时用多管并联推挽输出,经输出变压器输至换能器。

2. 声学部件

声学部件的作用是将高频电能转化为机械能,使工具端面做高频率、小振幅的振动以进行加工。其是超声加工机床中很重要的部件,声学部件由换能器、变幅杆(振幅扩大棒)及工具组成。

(1)换能器。换能器的作用是将高频电振荡转换成机械振动,实现这一目的可利用压电效应和磁致伸缩效应两种方法。

(2)变幅杆。换能器产生的机械振动振幅很小,不足以直接用来加工材料,因此必须通过一个上粗下细的棒杆将振幅加以扩大,此杆称为变幅杆或振幅扩大棒。

为了获得较大的振幅,应使变幅杆的固有振动频率和外激振动频率相等,使其处于共振状态。为此,在设计、制造变幅杆时,应使其长度 L 等于超声波振动的半波长或其整倍数。

(3)工具。超声波的机械振动经变幅杆放大后即传递给工具,使磨粒和工作液以一定的能量冲击工件,并加工出一定的尺寸和形状。

工具的形状和尺寸取决于被加工表面的形状和尺寸,它们相差一个加工间隙(稍大于平均的磨粒直径)。当加工表面积较小时,工具和变幅杆制成一个整体,否则可将工具用焊接或螺纹连接等方法固定在变幅杆下端。当工具不大时,可以忽略工具对振动的影响;但当工具较大时,会降低声学头的共振频率;工具较长时,应对变幅杆进行修正,使其满足半个波长的共振条件。

整个声学头的连接部分应接触紧密,否则超声波传递过程中将损失很多能量。在螺纹连接处应涂以凡士林,绝不可存在空气间隙,因为超声波通过空气时会很快衰减。换能器、变幅杆或整个声学头应选择在振幅为零的波节点(或称为驻波点),夹固支撑在机床上。

3．机床

超声加工机床一般比较简单,包括支承声学部件的机架及工作台、使工具以一定压力作用在工件上的进给机构及床体等部分。图7-14所示为超声加工机床简图。图中4、5、6为声学部件,安装在一根能上下移动的导轨上,导轨由上下两组滚动导轮定位,使导轨能灵活精密地上下移动。工具的向下进给及对工件施加压力靠声学部件自重,为了能调节压力大小,在机床后部有可加减的平衡重锤2,也有采用弹簧或其他办法加压的。

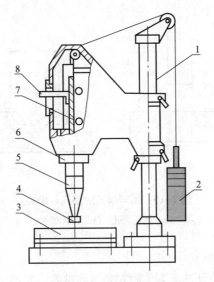

图 7-14　超声加工机床简图

1—支架；2—平衡重锤；3—工作台；4—工具；5—变幅杆；6—换能器；7—导轨；8—标尺

4．磨料工作液及其循环系统

简单的超声加工装置,其磨料是靠人工输送和更换的,即在加工前将悬浮磨料的工作液浇筑堆积在加工区,加工过程中定时抬起工具并补充磨料。也可利用小型离心泵使磨料悬浮液搅拌后注入加工间隙中去。对于较深的加工表面,应将工具定时抬起以利于磨料的更换和补充。

效果较好而又最常用的工作液是水,为提高表面质量,也用煤油或机油作为工作液。磨料常用碳化硼、碳化硅或氧化铝等,其粒度大小根据加工生产率和精度等要求来选定。颗粒大时生产率高,但加工精度及表面粗糙度则较差。

7.6.3　超声加工的应用

超声加工的生产率虽然比电火花、电解加工等低,但其加工精度和表面粗糙度都比它们好,而且能加工半导体、非导体的脆硬材料,如玻璃、石英、宝石、锗、硅甚至金刚石等。电火花加工后的一些淬火钢、硬质合金冲模、拉丝模、塑料模具,最后还常用超声抛磨进行光整加工。

超声振动还可强化电火花加工、线切割加工、电化学加工、激光加工等工艺过程，两者结合，取长补短，可以创新性地形成新的复合加工。

1. 型孔、型腔加工

超声加工目前在各工业部门中主要用于对脆硬材料加工圆孔、型孔、型腔、微细孔及进行套料加工等，如图7-15所示，使工具转动，则可以加工较深而圆度较高的孔。如用镀有聚晶金刚石的圆杆或薄壁圆管，则可以加工很深的孔或套料加工。

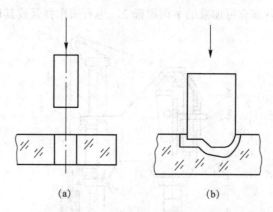

图 7-15　超声加工的型孔、型腔
(a) 加工圆孔；(b) 加工型腔

2. 切割加工

用普通机械加工切割脆硬的半导体材料是很困难的，采用超声切割则较为有效。超声切割单晶硅片，用锡焊或铜焊将工具（薄钢片或磷青铜片）焊接在变幅杆的端部。加工时喷注磨料液，一次可以切割10～20片。

3. 超声清洗

超声清洗主要是基于超声频振动在液体中产生的交变冲击波和空化作用进行的。液体中发生空化时，局部压力可高达上百个大气压。超声波在清洗液（汽油、煤油、酒精、丙酮或水等）中传播时，液体分子往复高频振动产生正负交变的冲击波。当声强达到一定数值时，液体中急剧生长微小的空化气泡并瞬时强烈闭合，产生的微冲击波使被清洗物表面的污物遭到破坏，并从被清洗表面脱落下来。即使是被清洗物上的窄缝、细小深孔、弯孔中的污物，也很易被清洗干净。虽然每个微气泡的作用并不大，但每秒有上亿个空化气泡在作用，就具有很好的清洗效果。所以，超声振动被广泛用于喷油嘴、喷丝板、微型轴承、仪表齿轮、零件、手表整体机芯、印制电路板、集成电路微电子器件的清洗。图7-16所示为超洗装置示意。

超声清洗时，清洗液会逐渐变脏，相当于盆汤洗澡，被清洗的表面总会有残余的污染物。采用超声气相淋浴清洗，可以解决上述弊病，达到更好的清洗效果。超声气相淋浴清洗装置由超声清洗槽、气相清洗槽、蒸馏回收槽、水分分离器、超声发生器等组成。

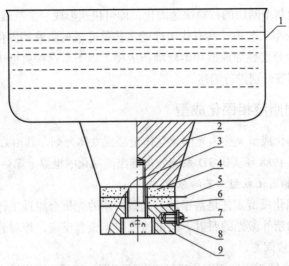

图 7-16　超声清洗装置示意图

1—清洗槽；2—变幅杆；3—压紧螺钉；4—压电陶瓷换能器；5—镍片（+）；
6—镍片（-）；7—接线螺钉；8—垫圈；9—钢垫块

4．其他应用

利用超声发射到物体表面和缺陷表面反射回来的时间差，可以测出距离的远近和裂纹等缺陷的位置与大小。

超声塑料焊接也迅速发展，并获得广泛应用。其具有高效、优质、美观、节能等优越性。超声塑料焊接既不需要添加任何胶粘剂、填料或溶剂，也不消耗大量热源，具有操作简便、焊接速度快、焊接强度与本体接近、生产率高等优点。

7.7　快速成型技术和 3D 打印

20 世纪 80 年代后期发展起来的快速成型技术，被认为是制造领域的一次重大突破，其对制造业的影响可与 20 世纪 50—60 年代的数控技术相比。快速成型技术是由 CAD 模型直接驱动的、快速制造任意复杂形状的三维物理实体的技术。其基于离散、堆积成型原理，综合了机械工程、CAD、数控技术、激光技术及材料科学技术，可以自动、直接、快速、精确地将设计思想转变为具有一定功能的原型或直接制造零件，从而可以对产品设计进行快速评估、修改及功能试验或直接应用，大大缩短了产品的研制周期。而以 RP 系统为基础发展起来并已成熟的快速工装模具制造、快速精铸技术，则可实现零件的快速制造。它基于一种全新的制造概念——增材加工法。由于 CAD 技术和光、机、电控制技术的发展，这种新型的样件制造工艺正日益在生产中获得应用，此工艺就是现在常说的 3D 打印（快速成型）技术。3D 是指三维立体。打印机只能打印出二维的平面图形，但是利用计算机"断层扫描技术"，将一个三维的立体图形扫描、分解成多个"断层"，每一断层相隔

0.1～1 mm，然后使每个断层的材料快速固化，即可快速形成一个三维实体零件或部件。

在众多的快速成型工艺中，具有代表性的工艺是光敏树脂液相固化成型、选择性激光粉末烧结成型、薄片分层叠加成型和熔丝堆积成型。以下对这些典型工艺的基本原理、特点，基本设备及应用等分别进行阐述。

7.7.1 光敏树脂液相固化成型

光敏树脂液相固化成型又称为光固化立体造型或立体光刻。其由 Charles Hul 发明并于 1984 年获美国专利，1988 年美国 3D 系统公司推出商品化的世界上第一台快速原型成型机。

1. 光敏树脂液相固化成型工艺的原理

光敏树脂液相固化成型工艺是基于液态光敏树脂的光聚合原理工作的。这种液态材料在一定波长和功率的紫外激光的照射下能迅速发生光聚合反应，相对分子质量急剧增大，材料也就从液态转变成固态。

图 7-17 所示为光敏树脂液相固化成型工艺原理图。液槽中盛满液态光敏树脂，激光束在偏转镜的作用下，在液体表面上扫描，扫描的轨迹及激光的有无均由计算机控制，光点扫描到的地方，液体就固化。成型开始时，工作平台在液面下一个确定的深度，液面始终处于激光的焦点平面内，聚焦后的光斑在液面上按计算机的指令逐点扫描即逐点固化。当一层扫描完成后，未被照射的地方仍是液态树脂。然后升降台带动平台下降一层高度（约 0.1 mm），已成型的层面上又布满一层液态树脂，刮平器将黏度较大的树脂液面刮平，然后进行下一层的扫描，新固化的一层牢固地黏在前一层上，如此重复，直到整个零件制造完毕，得到一个三维实体原型。

光敏树脂液相固化成型方法是目前成型技术领域中研究得最多的方法，也是技术上最为成熟的方法。光敏树脂液相固化成型工艺成型的零件精度较高。多年的研究改进了截面扫描方式和树脂成型性能，使该工艺的精度能达到或小于 0.1 mm。

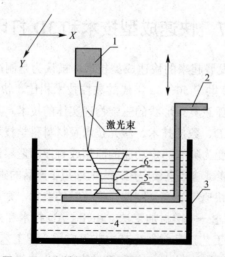

图 7-17 光敏树脂液相固化成型工艺原理图

1—扫描镜；2—Z 轴升降台；3—树脂槽；4—光敏树脂；5—托板；6—零件

2. 光敏树脂液相固化成型特点和成型材料

光敏树脂液相固化成型的特点是精度高、表面质量好、原材料利用率接近100%，能制造形状特别复杂（如空心零件）、特别精细（如首饰、工艺品等）的零件。制作出来的原型件，可快速翻制各种模具。

光敏树脂液相固化成型工艺的成型材料称为光敏树脂（或称为光固化树脂）。光敏树脂中主要包括齐聚物、反应性稀释剂及光引发剂。根据引发剂的引发机理，光敏树脂可分为自由基光敏树脂、阳离子光敏树脂和混杂型光敏树脂三类。

自由基光敏树脂、阳离子光敏树脂和混杂型光敏树脂各有许多优点，目前的趋势是使用混杂型光敏树脂。

7.7.2 选择性激光粉末烧结成型

选择性激光粉末烧结成型工艺又称为选区激光烧结，由美国得克萨斯大学奥斯汀分校于1989年研制成功。该方法已被美国DTM公司商品化。

1. 选择性激光粉末烧结成型工艺的原理

选择性激光粉末烧结成型工艺利用粉末材料（金属粉末或非金属粉末）在激光照射下烧结的原理，在计算机控制下层层堆积成型。

如图7-18所示，此法采用CO_2激光器作为能源，目前使用的造型材料多为各种粉末材料。在工作台上均匀铺上一层很薄（0.1～0.2 mm）的粉末，激光束在计算机控制下按照零件分层轮廓有选择性地进行烧结，一层完成后再进行下一层烧结。全部烧结完成后去掉多余的粉末，再进行打磨、烘干等处理便获得零件结构。

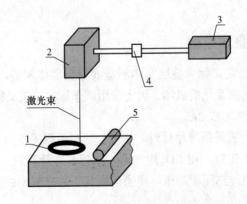

图7-18 选择性激光粉末烧结成型原理图

1—零件；2—扫描镜；3—激光器；4—透镜；5—刮平辊子

2. 选择性激光粉末烧结成型的特点和成型材料

选择性激光粉末烧结成型工艺的特点是材料适应面广，不仅能制造塑料零件，还能制造陶瓷、石蜡等材料的零件。特别是可以直接制造金属零件，这使选择性激光粉末烧结成型工艺颇具吸引力。

另一特点是选择性激光粉末烧结成型工艺无须加支撑，因为没有被烧结的粉末起到了支撑的作用，因此，可以烧结制造空心、多层镂空的复杂零件。

选择性激光粉末烧结成型工艺早期采用蜡粉及高分子塑料粉作为成型材料，现在用金属或陶瓷粉进行黏结或烧结的工艺也已进入实用阶段。任何受热后能黏结的粉末都有被用作选择性激光粉末烧结成型原材料的可能性，原则上这包括了塑料、陶瓷、金属粉末及它们的复合粉。

近年来，金属粉末的制取越来越多地采用雾化法，主要有离心雾化法和气体雾化法两种方式。它们的主要原理是使金属熔融，将金属液滴高速甩出并急冷，随后形成粉末颗粒。

选择性激光粉末烧结成型工艺还可以采用其他粉末，如聚碳酸酯粉末，当烧结环境温度控制在聚碳酸酯软化点附近时，其线胀系数较小，进行激光烧结后，被烧结的聚碳酸酯材料翘曲较小，具有很好的工艺性能。

3. 选择性激光粉末烧结成型的设备和应用

选择性激光粉末烧结成型设备的机械结构主要由机架、工作平台、铺粉机构、两个活塞缸、粉料回收箱、加热灯和通风除尘装置组成。

选择性激光粉末烧结成型工艺的应用范围与光敏树脂液相固化成型工艺类似，可直接制作各种高分子粉末材料的功能件，用于结构验证和功能测试，并可用于装配样机。制件可直接用作熔模铸造用的蜡模和砂型、型芯，制作出来的原型件可快速翻制各种模具，如硅橡胶模、金属冷喷模、陶瓷模、合金模、电铸模、环氧树脂模和消失模等。

7.7.3 薄片分层叠加成型

薄片分层叠加成型工艺又称为叠层实体制造或分层实体制造，由美国Helisys公司于1986年研制成功，并推出商品化的机器。因为常用纸作原料，故又称为纸片叠层法。

1. 薄片分层叠加成型工艺原理

薄片分层叠加成型工艺采用薄片材料，如纸、塑料薄膜等作为成型材料，片材表面事先涂覆上一层热熔胶。加工时，用CO_2激光器（或刀）在计算机控制下按照CAD分层模型轨迹切割片材，然后通过热压辊热压，使当前层与下面已成型的工件层黏结，从而堆积成型。

图7-19所示为薄片分层叠加成型工艺原理图。用CO_2激光器在最上面、刚黏结的新层上切割出零件截面轮廓和工件外框，并在截面轮廓与外框之间多余的废料区域内切割出上下对齐的网格，以便于清除；激光切割完成后，工作台带动已成型的工件下降，与带状片材（料带）分离；供料机构转动收料轴和供料轴，带动料带移动，使新层移到加工区域；工作台上升到加工平面；热压辊热压，工件的层数增加一层，高度增加一个料

厚；再在新层上切割截面轮廓。如此反复直至零件的所有截面切割、黏结完毕，得到三维的实体零件。

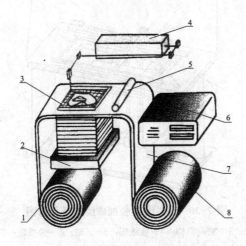

图 7-19　薄片分层叠加成型原理图
1—收料轴；2—升降台；3—加工平面；4—CO_2 激光器；5—热压辊；6—控制计算机；7—带料；8—供料轴

2. 特点和成型材料

薄片分层叠加成型工艺只需在片材上切割出零件截面的轮廓，而不用扫描整个截面，因此易于制造大型、实体零件。零件的精度较高（误差＜0.15 mm）。工件外框与截面轮廓之间的多余材料在加工中起到了支承作用，所以薄片分层叠加成型工艺无需加支承。

薄片分层叠加成型工艺的成型材料常用成卷的纸，纸的一面事先涂覆一层热熔胶，偶尔也用塑封膜作为成型材料。

对纸材的要求是应具有抗湿性、稳定性、涂胶浸润性和抗拉强度。

热熔胶应保证层与层之间的黏结强度，薄片分层叠加成型工艺中常采用 EVA 热熔胶，它由 EVA 树脂、增黏剂、蜡类和抗氧剂等组成。

3. 薄片分层叠加成型的设备

图 7-20 所示为 SSM-800 型分层叠加成型设备示意。其由激光系统、走纸机构、加热辊及 X、Y 扫描机构和 Z 轴升降机构等组成，这些组成部分分布在设备的前部和后背部。

薄片分层叠加成型工艺和设备由于成型材料纸张较便宜，运行成本和设备投资较低，故获得了一定的应用。可以用来制作汽车发动机曲轴、连杆、各类箱体、盖板等零部件的原型样件。

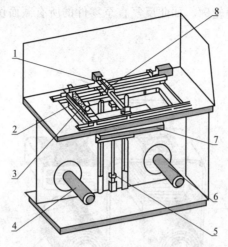

图 7-20 薄片分层叠加成型设备示意图

1—X、Y轴；2—热压系统；3—测高机构；4—收纸辊；5—Z轴；6—送纸辊；7—工作平台；8—激光头

7.7.4 熔丝堆积成型

熔丝堆积成型工艺由美国学者 Dr.Scott Crump 于 1988 年研制成功，并由美国 Stratasys 公司推出商品化的机器，熔丝堆积成型即为 3D 打印成型技术。

1. 熔丝堆积成型工艺原理

熔丝堆积成型工艺利用热塑性材料的热熔性、黏结性，在计算机控制下层层堆积成型。图 7-21 所示为 FDM 工艺原理图，材料先抽成丝状，通过送丝机构送进喷头，在喷头内被加热熔化，喷头沿零件截面轮廓和填充轨迹运动，同时将熔化的材料挤出，材料迅速固化，并与周围的材料黏结，层层堆积成型。

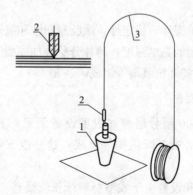

图 7-21 熔丝堆积成型工艺原理图

1—成型工件；2—加热喷头；3—料丝

2. 熔丝堆积成型的特点和成型材料

该工艺不用激光，因此使用、维护简单，成本较低。用蜡成型的零件原型，可以直接

用于熔模铸造。用ABS工程塑料制造的原型因具有较高的强度而在产品设计、测试与评估等方面得到了广泛的应用。由于以熔丝堆积成型工艺为代表的熔融材料堆积成型工艺具有一些显著优点，因此该工艺发展极为迅速。

成型材料是熔丝堆积成型工艺的基础。熔丝堆积成型工艺中使用的材料除成型材料外还有支承材料。

（1）成型材料。熔丝堆积成型工艺常用ABS工程塑料丝作为成型材料，对其要求是熔融温度低（80℃～120℃）、黏度低、黏结性好、收缩率小。影响材料挤出过程的主要因素是黏度。材料的黏度低、流动性好，阻力就小，有助于材料顺利挤出。材料的流动性差，需要很大的送丝压力才能挤出，会增加喷头的启停响应时间，从而影响成型精度。

熔融温度低对熔丝堆积成型工艺的好处是多方面的。熔融温度低可以使材料在较低的温度下挤出，有利于延长喷头和整个机械系统的寿命；可以减小材料在挤出前后的温差，减小热应力，从而提高原型的精度。

黏结性主要影响零件的强度。熔丝堆积成型工艺是基于分层制造的一种工艺，层与层之间往往是零件强度最薄弱的地方，黏结性的好坏决定了零件成型以后的强度。如果黏结性过低，有时在成型过程中由于热应力就会造成层与层之间的开裂。收缩率在很多方面影响零件的成型精度。

（2）支承材料。采用支承材料是加工中采取的辅助手段，在加工完毕后必须去除支承材料，所以，支承料与成型材料的亲和性不能太好。

3．熔丝堆积成型的设备及应用

如图7-22所示为熔丝堆积成型加工的设备。ABS丝材通过喷头被加热至熔融状态后从喷头挤出，在数控系统的控制下层层堆积成型。

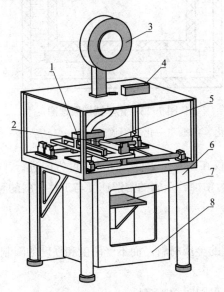

图7-22　熔丝堆积成型工艺设备

1—加热喷头；2—X扫描机构；3—丝盘；4—送丝机构；5—Y扫描机构；6—框架；7—工作平台；8—成型室

熔丝堆积成型设备有广泛的应用,其最大优点是可以成型任意复杂程度的零件,因此经常用于成型具有很复杂的内腔、孔等的零件,但精度较差。目前,该技术广泛应用于框架原型件、小型电子器件外壳原型件、人体骨骼原型件的制作。

7.8 其他类特种加工

7.8.1 化学铣切

化学加工是利用酸、碱、盐等化学溶液对金属产生化学反应,使金属腐蚀溶解,改变工件尺寸和形状(以至表面性能)的一种加工方法。

化学加工的应用形式很多,但属于成型加工的主要有化学铣切(化学蚀刻)和光化学窗蚀加工法。

1. 化学铣切的原理

化学铣切,实质上是较大面积和较深尺寸的化学蚀刻,它的原理如图 7-23 所示。先将工件的非加工表面用耐蚀性涂层保护起来,将需要加工的表面暴露出来,浸入到化学溶液中进行腐蚀,使金属按特定的部位溶解去除,达到加工目的。

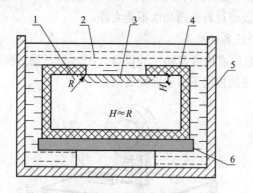

图 7-23 化学铣切原理图

1—工件材料;2—化学溶液;3—化学腐蚀部分;4—保护层;5—溶液箱;6—工作台

金属的溶解作用,不仅在垂直于工件表面的深度方向进行,在保护层下面的侧向也在进行,并呈圆弧状,此称为钻蚀。金属的溶解速度与工件材料的种类及溶液成分有关。

2. 化学铣切的特点

(1) 化学铣切的优点。

1) 可加工任何难切削的金属材料,而不受硬度和强度的限制,如铝合金、钼合金、钛合金、镁合金、不锈钢等。

2) 适于大面积加工,可同时加工多件。

3) 加工过程中不会产生应力、裂纹、毛刺等缺陷,表面粗糙度可达 $Ra2.5 \sim 1.25 \ \mu m$。

4）加工操作比较简单。

(2) 化学铣切的缺点。

1）不适宜加工窄而深的槽和型孔等。

2）原材料中的缺陷和表面不平度、划痕等不易消除。

3）腐蚀液对设备和人体有危害，也不利于环保，故需要适当的防护性措施。

7.8.2 化学抛光

化学抛光的目的是改善工件表面粗糙度或使表面平滑和有光泽。

1．化学抛光的原理和特点

一般使用硝酸或磷酸等氧化剂溶液，在一定条件下，使工件表面氧化，此氧化层又能逐渐溶入溶液，表面微凸处氧化较快而较多，微凹处则氧化慢而少。同样凸起处的氧化层又比凹处更多、更快地扩散、溶解于酸性溶液中，因此使加工表面逐渐整平，达到表面平滑和有光泽的目的。

化学抛光的特点是：可以大面积或多件抛光薄壁、低刚度零件，可以抛光内表面和形状复杂的零件，不需外加电源、设备，操作简单，成本低。其缺点是抛光效果比电解抛光效果差，且抛光液用后处理较麻烦。

2．化学抛光的工艺要求及应用

(1) 金属的化学抛光。常用硝酸、磷酸、硫酸、盐酸等酸性溶液抛光铝、铝合金、钼、钼合金、碳素钢及不锈钢等。有时还加入明胶或甘油之类的添加剂。

抛光时必须严格控制溶液温度和时间。温度从室温到 90 ℃，时间自数秒到数分钟，要根据材料、溶液成分经试验后才能确定最佳值。

(2) 半导体材料的化学抛光。如锗和硅等半导体基片在机械研磨平整后，还要最终用化学抛光去除表面杂质和变质层。常用氢氟酸和硝酸、硫酸的混合溶液或过氧化氢和氢氧化铵的水溶液。

7.8.3 水射流切割

人们从"滴水穿石"得到启发，只要加大水流速度和单位面积上的能量密度，就可以加快穿石的速度，并发展成为切割的工具。

1．基本原理

水射流切割又称为液体喷射加工，是利用 100 MPa 以上高压和高速水流对工件的冲击作用来去除材料的，简称水切割，或俗称水刀，如图 7-24 所示。采用水或带有添加剂的水高速冲击工件进行加工或切割。水经水泵后通过增压器增压，储液蓄能器使脉动的液流平稳。水从孔径为 0.1～0.5 mm 的人造蓝宝石喷嘴喷出，直接压射到工件的加工部位上。加工深度取决于液压喷射的速度、压力以及压射距离。被水流冲刷下来的切屑随着液流排出，入口处束流的功率密度可达 106 W/mm^2。

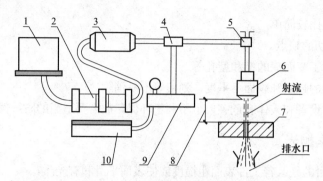

图 7-24 水射流切割原理图

1—带有过滤器的水箱；2—水泵；3—储液蓄能器；4—控制器；5—阀；
6—蓝宝石喷嘴；7—工件；8—压射距离；9—液压机构；10—增压器

2. 材料去除速度和加置精度

切割速度取决于工件材料，并与所用的功率大小成正比，与材料厚度成反比。

切割精度主要受喷嘴轨迹精度的影响，切缝大约比所采用的喷嘴孔径大 0.025 mm，加工复合材料时，采用的射流速度要高，喷嘴直径要小，并具有小的前角，喷嘴紧靠工件，喷射距离要小。喷嘴越小，加工精度越高，但材料去除速度降低。

切边质量受材料性质的影响很大，软材料可以获得光滑表面，塑性好的材料可以切割出高质量的切边。液压过低会降低切边质量，尤其对于复合材料，容易引起材料离层或起鳞。因此，加工复合材料时应采用较低的切割速度，以免在切割过程中出现材料的分层现象。

水中加入磨料等添加剂能改善切割性能和减小切割宽度。另外，压射距离对切口斜度的影响很大，距离越小，切口斜度也越小。有时为了提高切割速度和增大切割厚度，在水中混入了磨料细粉。

切割过程中，切屑混入液体中，故不存在灰尘，不会有爆炸或火灾的危险。对于某些材料，射流束中夹杂有空气，将增大噪声，噪声随压射距离的增大而增大。在液体中加入添加剂或调整到合适的前角，可以降低噪声。

3. 水射流切割应用

水射流切割可以加工很薄、很软的金属和非金属材料，例如，铜、铝、铅、塑料、木材、橡胶、纸等七八十种材料和制品。水射流切割可以代替硬质合金切槽刀具，而且切边的质量很好。所加工的材料厚度小则几毫米，大到几百毫米，例如，切割厚度为 19 mm 的吸声天花板，采用的水压为 310 MPa，切割速度为 76 m/min。玻璃绝缘材料可加工到厚度为 125 mm。由于加工的切缝较窄，可节约材料和降低加工成本，广泛用于建材加工业。

由于加工温度较低，因而可以加工木板和纸品，还能在一些化学加工零件的保护层表面上划线，可用于拆除、销毁未爆炸的炸弹等危险品，也可用于切割、拆除钢筋混凝土等建筑物。

随着工业技术的飞速发展，特种加工的门类也越来越多，除本章所讲述的常用特种加工类型外，还有等离子体加工、磨料流加工、微弧氧化表面陶瓷化处理等方法，也在各自的领域发挥着重要的作用。

思考练习

1. 简述特种加工的概念和特点。
2. 分析特种加工对材料可加工性的影响。
3. 简述电火花成型加工的原理。
4. 什么是阳极溶解？什么是阴极沉积？
5. 简述电化学加工的工作原理。
6. 激光的特性有哪些？
7. 简述激光加工的原理及特点。
8. 简述电子束加工的原理。
9. 简述电子束加工与离子束加工的区别。
10. 简述超声加工的工作原理及特点。
11. 超声加工的应用场合有哪些？
12. 简述光敏树脂液相固化的工作原理。
13. 简述激光粉末烧结成型的工作原理。
14. 简述薄片分层叠加成型的工作原理。
15. 简述熔丝堆积成型的工作原理。

参 考 文 献

[1] 赵正文. 数控铣床/加工中心加工工艺与编程[M]. 北京：中国劳动社会保障出版社，2006.

[2] 谢晓红. 数控机床编程与加工技术[M]. 北京：中国劳动社会保障出版社，2008.

[3] 韩鸿鸾. 数控加工工艺学[M]. 北京：中国劳动社会保障出版社，2005.

[4] 劳动社会保障部和中国就业培训技术指导中心加工中心. 加工中心操作工[M]. 北京：中国劳动社会保障出版社，2004.

[5] 王亚辉，任保臣，王全贵. 典型零件数控铣床/加工中心编程方法解析[M]. 北京：机械工业出版社，2011.

[6] 韩鸿鸾. 数控铣工加工中心操作工（中级）[M]. 北京：机械工业出版社，2007.

[7] 白基成，刘晋春，郭永丰，等. 特种加工[M]. 6版. 北京：机械工业出版社，2014.

[8] 沈建峰，虞俊. 数控铣工加工中心操作工（高级）[M]. 北京：机械工业出版社，2007.

[9] 董建国，龙华，肖爱武. 数控编程与加工技术[M]. 2版. 北京：北京理工大学出版社，2014.

[10] 杨建明. 数控加工工艺与编程[M]. 北京：北京理工大学出版社，2000.

[11] 陈洪涛. 数控加工工艺与编程[M]. 北京：高等教育出版社，2003.

[12] 顾京. 数控加工编程及操作[M]. 北京：高等教育出版社，2003.

[13] 任玉田，包杰，喻逸君，等. 新编机床数控技术[M]. 北京：北京理工大学出版社，2005.

[14] 申晓龙. 数控加工技术[M]. 北京：冶金工业出版社，2008.

[15] 杨晓平. 数控编程技术[M]. 北京：北京理工大学出版社，2009.

[16] 关雄飞. 数控机床与编程技术[M]. 北京：清华大学出版社，2006.

[17] 潘冬. 数控加工工艺与编程[M]. 北京：科学出版社，2013.

[18] 《数控加工技师手册》编委会. 数控加工技师手册[M]. 北京：机械工业出版社，2005.

[19] 潘冬，赵熹. 数控加工技术[M]. 北京：北京理工大学出版社，2012.

[20] 刘立. 数控车床编程与操作[M]. 北京：北京理工大学出版社，2006.

[21] 郑红. 数控加工编程与操作[M]. 北京：北京大学出版社，2005.

[22] 赵太平. 数控车削编程与加工技术[M]. 北京：北京理工大学出版社，2006.

[23] 于春生，韩旻. 数控机床编程及应用[M]. 北京：高等教育出版社，2001.

[24] 李志华. 数控加工工艺与装备[M]. 北京：清华大学出版社，2005.

[25] 李体仁，夏田，杨立军. 加工中心编程实例教程[M]. 北京：化学工业出版社，2006.

[26] 刘长伟. 数控加工工艺[M]. 西安：西安电子科技大学出版社，2007.

[27] 艾兴，肖诗纲. 切削用量简明手册[M]. 北京：机械工业出版社，2019.